KNAUR

*Von Hans-Ulrich Grimm sind bei Droemer Knaur
folgende Titel erschienen:*
Die Fleischlüge. Wie uns die Tierindustrie krank macht
Die Ernährungslüge. Wie uns die Lebensmittelindustrie
  um den Verstand bringt
Garantiert gesundheitsgefährdend. Wie uns die Zucker-Mafia
  krank macht
Chemie im Essen. Lebensmittel-Zusatzstoffe. Wie sie wirken,
  warum sie schaden
Die Kalorienlüge. Wie uns die Nahrungsindustrie dick macht
Die Suppe lügt. Die schöne neue Welt des Essens
Leinöl macht glücklich. Das blaue Ernährungswunder
Vom Verzehr wird abgeraten. Wie uns die Industrie mit
  Gesundheitsnahrung krank macht

Über den Autor:
Dr. Hans-Ulrich Grimm ist Journalist und Autor, er lebt in Stuttgart. Seine jahrelangen Recherchen in der Welt der industrialisierten Nahrungsmittel bewegten ihn, sämtliche Erzeugnisse von Nestlé, Knorr & Co. aus den Küchenregalen zu verbannen, zugunsten frischer Ware von Märkten und Bauern. Seine Erkenntnis: Genuss und Gesundheit gehören zusammen.
Grimms Bücher sind Bestseller. Allein »Die Suppe lügt« ist in einer Gesamtauflage von über 250 000 Exemplaren erschienen und gilt mittlerweile als Klassiker der modernen Nahrungskritik.

Hans-Ulrich Grimm

Katzen würden Mäuse kaufen

Wie die Futterindustrie
unsere Tiere krank macht

Besuchen Sie uns im Internet:
www.knaur.de

»Katzen würden Mäuse kaufen« erschien erstmals 2007.
Erweiterte und aktualisierte Taschenbuchneuausgabe
Juli 2016 Knaur Taschenbuch
© 2016 Knaur Verlag
Ein Imprint der Verlagsgruppe
Droemer Knaur GmbH & Co. KG
Landsberger Straße 346, 80687 , 80636 München
Alle Rechte vorbehalten. Das Werk darf – auch teilweise – nur mit
Genehmigung des Verlags wiedergegeben werden.
Die Nutzung unserer Werke für Text- und Data-Mining
im Sinne von § 44b UrhG behalten wir uns explizit vor.
Covergestaltung: ZERO Werbeagentur, München
Coverabbildung: FinePic®, München
Satz: Adobe InDesign im Verlag
Druck und Bindung: CPI books GmbH, Leck
ISBN 978-3-426-78768-7

Kontaktadresse nach EU-Produktsicherheitsverordnung:
produktsicherheit@droemer-knaur.de

9 11 12 10 8

Inhalt

1. Falsche Tüte
Über Werbung und Wahrheit bei der Tierfutterproduktion
9

Dank Whiskas wahre Wonneproppen / Das Wort Abfall hören sie hier gar nicht gern / Ein Shitstorm gegen die Katzenfutterfirma / Völlig legal: Frostschutzmittel im Futter – doch drei Wochen später war der arme Hund tot / Mysteriöse Leckerlis – der Konzern zahlt, völlig freiwillig

2. Dicker Hund
Industrielles Tierfutter als Gefahr für die Gesundheit
35

Der Kampfhund wurde schwach und schwächer / Tierärzte warnen: Fertigfutter macht süchtig / Allergien, Bluthochdruck, Krebs: Die Tiere leiden menschlicher / Neuer Trend: Fettabsaugen für Hunde / Wenn der Massenstall auf den Magen schlägt / Krank durch Chemie im Futter?

3. Gefährliche Annäherung
Das Tier im Haus: Chronik einer problematischen Beziehung
62

Unglaublich: Hunde im Kochtopf – sogar hierzulande / Warum der Mensch sich Tiere ins Haus holte / Die Wüsten-Gene der Katze und das Futter aus dem Supermarkt / Frau Halsband, der Hund und seine verhängnisvolle Begabung, den Menschen zu verstehen

4. Der Pfui-Teufel-Faktor
Die Tierfutterindustrie und ihre anrüchigen Erfolgsrezepte
82

Neuer Verdacht: Tote Haustiere im Futter für Hunde und Katzen / Klärschlamm zu Tierfutter: Wenn die Ekelbremse versagt / Verwandeltes Wesen: Das Tiermehl hat kein Gesicht / Müllverwertung auf hohem Niveau: Plastik fürs Campinggeschirr – und der Abfall geht ins Tierfutter

5. Geld stinkt nicht
Das weltweite Geschäft mit der Liebe zum Tier
102

Das Tierfutter-Business oder: Die Kunst des Versteckens / Wenn es um unsere vierbeinigen Lieblinge geht, spielt Geld keine Rolle / Pfoten rasieren nicht vergessen! / Verrückte Welt: H-Milch kostet 60 Cent, Katzenmilch 4 Euro / Traumhafte Gewinne mit Hamster, Sittich, Hund

6. Eine Wildwestbranche
Die Skandale ums Tierfutter und ihre Ursachen
125

Dioxin-Alarm: China und Korea stoppen Einfuhren / Wie eine kleine Fettschmelze gleich zweimal große Futtermittelskandale auslöste / Diabetes, Bluthochdruck, Krebs: Die späten Folgen des Supergifts / Bizarres Belgien: Ein marodes Königreich als Modell für Europa?

Inhalt

7. Zweiseitiges Schwert
Die neuen Gefahren durch Hormon-Chemikalien in der Nahrung
148

Das Kohlenhydrat-Debakel: Wie das Trockenfutter die Instinkte der Katze austrickst / Unangenehmer Geruch im Wohnzimmer: Was Darmwinde beim Hund mit Soja im Futter zu tun haben / Das Geheimnis der transsexuellen Fische / Die Hormone und das Hüftgelenk des Hundes

8. Papageien und Knechte
Die Tierernährungs-Experten und ihre Sponsoren
171

Orientierung leicht gemacht: Futterkonzerne erklären den Tierarzt-Studenten die Welt / Die Fressnapf-Fakultät: Der Hörsaal wird Showroom für Royal Canin / Das Zahnpasta-Prinzip: Weißkittel als Verkaufshelfer / Und abends ein Gourmet-Dinner mit vielen Überraschungen

9. Blaue Lippen
Chemie im Futter bedroht die Gesundheit unserer Tiere
193

Leberkrebs, Missbildungen, Libidoverlust: Und alles durch einen Zusatzstoff im Futter / Was hat der Alterungsschutz für Gummi im Tierfutter zu suchen? / Wie Chemiegeschmack dick macht / Epileptische Anfälle durch den Geschmacksverstärker Glutamat?

10. Tödliche Keime
Wie falsches Tierfutter die Menschen krank machen kann
219

Kinder sterben an der Hamburger-Krankheit / Armes Kälbchen: Statt Milch von Mama gibt's ein künstliches Pulver / Pilzgift im Futter: Schon ein paar Milliardstel Gramm können tödlich sein / Die Massentierhaltung als Krankheitserreger / Lidl boykottieren – warum das denn?

11. Schwere Atmung
Hightech im Tierfutter:
Die neue Dimension der Müllverwertung
243

Irre: Bakterien produzieren aus Erdgas lecker Gulasch für Fische, Hähnchen, Hund und Katze / Vorsicht bei den modernen Futterzusätzen: Zu viel ist schnell tödlich / Für die neuen, ausgeflippten Zusätze gilt Nulltransparenz – der Verbraucher erfährt rein gar nichts

12. Leuchtende Augen
Eigentlich ganz einfach:
Die Suche nach dem besseren Futter
267

Ein Happy End in letzter Minute / Jetzt gibt es keine Leckerlis mehr, keine Hundekekse, ja nicht einmal Wurst / Der Hund als Veganer – kann das gutgehen? / Warum Teresa mitten in der Nacht auf den Berg hinauf muss / Käse, der glücklich macht / Was der Gourmet seinem Tier gibt

Literatur 293
Quellenhinweis 305
Register 307

1.
Falsche Tüte
Über Werbung und Wahrheit bei der Tierfutterproduktion

Dank Whiskas wahre Wonneproppen / Das Wort »Abfall« hören sie hier gar nicht gern / Ein Shitstorm gegen die Katzenfutterfirma / Völlig legal: Frostschutzmittel im Futter – doch drei Wochen später war der arme Hund tot / Mysteriöse Leckerlis – der Konzern zahlt, völlig freiwillig

Es ist ein schönes Land, das Land, aus dem Whiskas kommt. Es gibt dort Bäche und Wiesen und Bäume und ganz kleine Häuschen. Alles aber wird weit überragt von einem Turm. Es ist kein Kirchturm, sondern eher ein Fabrikturm, auf ihm sind, ganz oben, eine Katze abgebildet und ein Hund, früher stand *Whiskas* darauf und *Pedigree*, jetzt steht da: *Mars*. So heißt die Firma, sie stellt nicht nur Schokoriegel und andere Süßigkeiten her, sondern auch Futter für Hunde und Katzen. Und das produzieren sie hier.

Sie sind sehr tierfreundlich, klar, es gibt sogar eine kleine Pension für Hunde und Katzen, mit strahlend weißen Wänden, einem leuchtend roten Dach und einem Zaun drumherum. Schon von weitem ist zu sehen, wie die Tiere fröhlich herumtollen. Das sind die »Testesser« der Firma. Man ist auch zu Menschen sehr gastfreundlich hier. Seit Jahren schon, manchmal sogar ganz besonders, wenn die Kritik anschwillt, zum Beispiel ein Shitstorm durchs Internet tobt, wegen der Tierversuche der Firma. Besonders freundlich sind sie auch, wenn die

Zweifel überhandnehmen, ob das, was sie hier produzieren, wirklich so gesund ist für die Tiere, unsere Lieblinge.

Die Besucher sind willkommen, sie dürfen durch eine gläserne Tür gehen und werden an einer Rezeption begrüßt. Im Empfangsraum prangt auch ein großes Plakat mit Whiskas-Werbung, daneben ein Poster, das stolz darauf hinweist, dass sie die Sendung »Hundkatzemaus« im Fernsehen sponsern.

In einer Vitrine sind all die tollen Produkte der Firma aufgestellt: Whiskas, Kitekat, Trill, Pedigree. Eigentlich alles, was Rang und Namen hat in der Welt von Bello, Mieze und Hansi. Auch das berühmte Chappi kommt von hier, deswegen nennen sie die Firma hier im Ort immer noch die »Chappi-Fabrik«.

Die Firma hat ihren Namen schon ein paarmal gewechselt, sie hieß mal *Effem* oder *Masterfoods* und dann schließlich *Mars*, wie der Schokoriegel, den Firmengründer Forrest Mars senior schon im Jahr 1932 erfunden hat. Schon drei Jahre später stieß die britische Hundefutterfirma Chappi zur Firmenfamilie, die sich damals noch *Chappie* nannte. Heute ist Mars die größte Tiernahrungsfirma der Welt, noch vor dem Food-Multi Nestlé und seiner Tierfuttertochter Purina.

Die Tierliebe der Leute ist ein gutes Geschäft. Und weil die Menschen kaum etwas so sehr lieben wie ihre Hunde, Katzen und Kanarienvögel, ist ihre Bereitschaft, für ihre Lieblinge Geld auszugeben, auch nahezu unbegrenzt. Das Tierfutter-Business blüht, und der Trend geht zu luxuriöseren Produkten. Mit immer neuen Kreationen sollen Herrchen und Frauchen verführt werden. Besonders erfolgreich ist das »Hochpreissegment«, sagt eine Branchenkennerin. Die Devise laute: »Luxus pur«.

Für die Tiere ist nichts zu teuer. Vom Tier lebt eine ganze Branche, und sie lebt gut. Spezialgeschäfte breiten sich aus, Hundehotels kümmern sich um die vierbeinigen Freunde, Psychologen pflegen ihre zarten Seelen. Das Tier ist für viele Menschen zum Partner geworden, sie behandeln es wie einen Freund – oder wie einen Lebensgefährten. Die Menschen wollen, dass es dem Tier gutgeht. Sie geben für einen Sack Trockenfutter gern mehr aus als für ein Kilo Rinderbraten.

Es ist auch ein Geschäft mit dem Vertrauen. Wer sein Tier liebt und viel Geld ausgibt, will natürlich auch wissen, ob alles wahr ist, was die Werbung verspricht: dass in Dosen und Säcke nur das Allerbeste kommt. Dass es nichts Gesünderes, dass es überhaupt nichts Besseres gibt für Bello und Mieze als Chappi und Whiskas.

Doch mittlerweile wachsen die Zweifel. Ob das wirklich alles so gut ist, was da mit Millionenaufwand beworben wird. Denn viele Haustiere nehmen zu, und etliche werden krank. Schon gibt es Spezialdiäten für dicke Hunde oder für allergische Katzen. Wie Herrchen und Frauchen leiden auch immer mehr Haustiere an Diabetes, haben Probleme mit Herz und Nieren. Oder erkranken sogar an Krebs. Und das Futter aus den Fabriken, das zeigt sich immer deutlicher, spielt dabei eine zentrale Rolle: Krank macht das Futter in Dosen und Säcken, Schälchen und Beuteln. Denn es ist voll mit Inhaltsstoffen und Zusätzen, die mit Natur nicht viel zu tun haben – und den armen Tieren schwer zu schaffen machen.

In der Werbung sieht es natürlich ganz anders aus. Die Reklame spiegelt eine Welt vor, in der die Katze glücklich ist und der Mensch sich freut. In Wahrheit sorgt sich der Mensch, weil die Katze krank ist. Es bekümmert ihn, denn er liebt sie ja sehr, die Katze, den Hund, den Wellensittich, den Hamster und das Meerschweinchen. Die anderen Tiere liebt er nicht so sehr. Schweine, Kühe, Hühner und die anderen – die »nutzt« er bloß.

Der Mensch hat die Tiere in Klassen eingeteilt: Da ist auf der einen Seite das Haustier, ein Freund und Mitbewohner. Und auf der anderen Seite gibt es das sogenannte Nutztier. Hineingequetscht in Massenställe, ist es ein Lieferant für billige Schnitzel, Hamburger, Eier.

Um das Tier geht es nicht, es geht um den Menschen.

Aus Sicht der Industrie ist das Tier nichts weiter als ein Objekt menschlicher Bedürfnisse. Die Wertschätzung dieser Wesen zeigt sich an einem ganz elementaren Punkt: bei der Ernährung. Für die Nutztiere in den Ställen muss es billig sein, sie sollen ja Profit abwerfen. Bei den Haustieren, den Lieblingen, sieht es anders aus: Da ist das Beste gerade gut genug. Da geben die Leute gern Geld aus. Für Gourmet-Menüs, die anmuten wie vom Lieferservice des Sternerestaurants. Mmmh... Da freut sich der Mensch und kauft gern ein.

Aber was würde die Katze kaufen? Und was der Hund? Tiere haben eigene Bedürfnisse. Sie wollen eigentlich ganz andere Sachen fressen. Jeder weiß das: Katzen würden Mäuse kaufen. Und Hunde Knochen. Das macht bloß niemanden reich. Damit kann man auch keine Werbespots im Fernsehen füllen. Und keine Anzeigen in den Magazinen der Tierfreunde. Die Futterindustrie muss ignorieren, was die Tiere eigentlich wollen. Schließlich kaufen nicht die Tiere das Futter, sondern die Menschen. Die Tierfutterindustrie füttert die Haustiere also mit vermenschlichten Menüs. Und sie mästet die Nutztiere mit Rationen, die nur einem einzigen Ziel dienen, größten Profit in kürzester Zeit zu gewinnen.

Artgerecht ist das nicht. Es ist wider die Natur. Aber die Natur lässt sich nicht betrügen. Und jetzt rächt sie sich. Beispielsweise mit Krankheiten, die direkt oder indirekt Folge der Fütterung sind. So weit ist es schon gekommen, dass die Haustiere die Zivilisationskrankheiten ihrer Herrchen und Frauchen übernehmen. In Wahrheit ist natürlich nicht die »Zivilisation« schuld, sondern die Fabriken, aus denen das Futter kommt.

Kurzum: Krank werden die Tiere aufgrund der Industrialisierung der Nahrungsproduktion. Sie wird zum Gesundheitsrisiko für die Tiere – und auch für die Menschen.

So stecken Mensch und Tier sozusagen gemeinsam in der Industrialisierungsfalle. Und gerade die Haustiere, die der Mensch so liebt, fallen dem Geschäft mit dem Tierfutter zum Opfer. Obwohl der Mensch sein Tier mit den besten Absichten umsorgt und das teure Futter kauft, als ob Geld keine Rolle spiele.

Dabei hatten die Tierfutter-Hersteller bisher eigentlich einen guten Ruf. Namhafte Verbände sind ihre Partner. Auch die Tierärzte stehen auf ihrer Seite, und zwar so gut wie vollzählig. Die Konzerne haben natürlich viel dafür getan, dass ihnen alle gewogen sind. Sie haben die Tierärzte schon im Studium umgarnt, ihnen sogar die Lehrbücher geschrieben; sie haben die Professoren unterstützt, die Fachpresse großzügig mit Werbung bedacht. Und mit Spenden die Vereine und Fachorganisationen günstig gestimmt.

So hatte die Tierfutterindustrie lange die Deutungshoheit. Sie bestimmte in Fachkreisen und unter Tierhaltern, was gut fürs Tier ist. Neben dem industriellen Futter gab es – gar nichts. Allein die Kommerzkost galt als die angemessene Nahrung fürs Haustier, nach wissenschaftlichen Erkenntnissen zusammengestellt. Doch mittlerweile lassen sich die Kollateralschäden nicht mehr ignorieren. Die Unterstützung für die Futterkonzerne, bisher von einer breiten Front getragen, wird brüchiger. Und die Kritik am Industriefutter nimmt zu.

Die Menschen haben ein neues Verhältnis zu den Tieren entwickelt, vor allem zu ihren Hausgenossen, aber auch zu den Tieren in den Ställen, zu denen, die der Nahrungsproduktion dienen. Mit wachsendem Ernährungsbewusstsein stiegen die

Erwartungen, die Anforderungen wurden konkreter, die Standards strenger. Die Kritik nimmt zu, an Fast Food und Fertignahrung generell und schließlich auch an industriell produziertem Futter für die Tiere.

Zahlreiche Skandale haben das Vertrauen der Verbraucher erschüttert. Immer wieder zeigte sich, dass die Rohstoffe fürs Tierfutter in den Schälchen, Säcken und Paketen aus dubiosen Quellen stammen. Zweifelhafte Abfälle und unappetitliche Zutaten finden Verwendung bei der Futterproduktion. Mitunter waren es illegale Machenschaften, doch auch die legalen Praktiken bei der Futterherstellung überschreiten häufig das, was Tierfreunde noch tolerieren.

Schon häufen sich in den USA die Klagen gegen die Tierfutterkonzerne. Grund dafür waren ungesunde Zutaten und sogar Vergiftungsfälle. Durch Futter von renommierten Herstellern seien Tausende von Tieren zu Tode gekommen, so die Vorwürfe. Die Hersteller dementieren natürlich. So finden sich die Konzerne, die sich früher großer Sympathie erfreuten, unversehens im Kreuzfeuer. Sie sehen sich ungewohnter Kritik gegenüber. Dabei sind sie sich keiner Schuld bewusst. Sie haben ja sogar ihre Türen geöffnet für Besuchergruppen, und das nicht nur, wenn ein Shitstorm durchs Internet tobt.

Die deutsche Whiskas-Fabrik zum Beispiel. Sie liegt in Verden an der Aller, einer Kleinstadt mit 27 000 Einwohnern, 43 Kilometer südöstlich von Bremen.

Auch Barbara Grewe war mit so einer Besuchergruppe gekommen. Sie wollte mal sehen, wie das Futter für ihre Lieblinge produziert wird. Ihre Katzen Kitty und Felix bekamen Whiskas praktisch von Geburt an, und es ist ihnen gut bekommen. Wahre Wonneproppen seien sie geworden. »Was will man mehr«, sagt Frau Grewe. Sie ist aus Twistringen angereist, einer 13 000-Einwohner-Gemeinde 70 Kilometer westlich von Verden.

Über Werbung und Wahrheit bei der Tierfutterproduktion

Für die Besucher ist im Werk Herr Meier zuständig. Friedrich Meier. Er wirkt sehr vertrauenerweckend: weißer Kittel. Weißer Helm. Er ist Sicherheitsingenieur. Auch die Besucher müssen sich weiße Kittel überziehen und einen Helm aufsetzen. Wegen der Hygiene und der Sicherheit. Herr Meier führt durch den Betrieb. Erst durch das Büro, es ist ein Großraumbüro, in dem auch die Chefs sitzen und jederzeit ansprechbar sind. Das ist so ein amerikanisches Prinzip. Die Whiskas-Fabrik gehört ja einem amerikanischen Konzern.

Dann geht es durch eine Tür hinaus aufs eigentliche Werksgelände. Bei einer Anlieferungsrampe hält Herr Meier inne. Hier rollen die Lastwagen mit ihren riesigen Anhängern an. Heute ist offenbar Fleisch angekommen. »Badenhop-Fleisch« steht auf den Trailern. Das sei ein Händler aus der Nähe, sagt Herr Meier. Laut Eigenwerbung ist Badenhop »größter Lieferant der Petfood-Industrie«. »Petfood«, so heißt das Futter für unsere Lieblinge in der internationalen Business-Sprache. »Pet« ist das englische Wort für »Haustier«, bedeutet aber auch streicheln, liebkosen, verhätscheln, also das, was wir mit unseren Lieblingen gern machen.

Davon ist in der »Petfood«-Fabrik mit ihren Fließbändern, Abfüllanlagen und Packstationen nichts zu spüren. Dosen sausen. Dampf zischt. Fließbänder rollen. Fleisch kommt aus Düsen, rötlich, cremig, oder fällt aus durchsichtigen Röhren, wie die Kugeln bei der Ziehung der Lottozahlen, in Dosen und Schalen. Ein Spritzer mit »Sauce« obendrauf. Mal farbig, mal durchsichtig. Es sind die Abfüllanlagen für Whiskas, Cesar und Sheba.

Es herrscht ein ziemlicher Lärm. Die Leute in ihren Overalls müssen Gehörschutz tragen. Es riecht auch nicht sehr angenehm. Überall weisen Schilder auf die Geschäftsziele hin, erinnern an die Hygienebestimmungen und weisen auf Bakterien hin, die jederzeit eindringen können. Ein Poster beispielsweise warnt vor *Clostridium botulinum*. Das ist eine Horror-Bazille. Sie produziert ein Nervengift, ein sogenanntes Neurotoxin, das schlimmste Bakteriengift, das die Menschheit kennt. Es kommt vor allem in Dosen und Büchsen vor, weil es sich unter Luftabschluss gut vermehrt. Wenn so etwas in einer Fabrik auftaucht, ist das der Super-GAU, das größte anzunehmende Unglück. Für eine Firma kann das ziemlich teuer werden.

Daher gilt: dem Keim keine Chance. Dafür sorgen riesige Tanks, in denen sterilisiert wird. Bei exakt 127,8 Grad Celsius. Die Hundenahrung soll absolut clean sein.

Dabei ist es dem Hund gar nicht so wichtig, dass die Sachen keimfrei und hygienisch sind. Der Hund mag es ganz gern ein bisschen eklig. Der Hund, meint Herr Meier, hätte es am liebsten gar nicht gekocht. Der würde sein Fleisch verbuddeln und nach einem halben Jahr wieder rausholen. So etwas geht natürlich nicht. Klar, dass der Hund mit so etwas keine Chance hat. Der »Aasfresser«, sagt Herr Meier, der sonst sehr freundlich und aufmerksam ist, fast ein bisschen verächtlich.

Auf so einen Hund kann eine Firma natürlich keine Rücksicht nehmen. Schließlich kaufen nicht die Hunde das Futter, sondern die Menschen. Und die wollen für ihren Liebling nun mal lieber Gourmet-Häppchen mit Reis und Garnelen als Gammelfleisch aus dem Garten.

Zwei große Behälter stehen dekorativ herum. Der eine ist gefüllt mit kleinen orangefarbenen Stückchen: Karotten, ein, zwei Zentner. Die sind irgendwo in einer gemüseverarbeitenden Fabrik ausgesondert worden, waren nicht fein genug für die Menschen.

Der andere Container enthält hellrosa glänzende Stückchen. Lunge, erklärt Herr Meier. Am Behälter hängt ein Schild: »Category 3 Animal By-Products. Nicht für den menschlichen Verzehr geeignet«. Abfälle aus der Lebensmittelproduktion, ganz offenkundig.

Halt! Das Wort *Abfall,* das hören sie hier gar nicht gern.

»Reden Sie nicht über Abfall«, sagt Herr Meier. »Das tut uns weh.«

Schön klingt das auch nicht. Vor allem, wenn man die Werbung im Kopf hat für all die teuren, goldenen Schälchen. Dabei ist der Fall völlig klar: Natürlich kriegen die Haustiere Müll. Oder etwas vornehmer ausgedrückt: Die Tiere erhalten »Schlachtnebenprodukte«. Das sind zum Beispiel die Rohstoffe für den Petfood-Zulieferer Badenhop, dessen Truck in der Whiskas-Fabrik auf dem Hof stand.

Schlachtnebenprodukte? Was ist das denn? »Schlachtnebenprodukte«, das sind alle »nicht zum menschlichen Verzehr geeigneten tierischen Abfälle, welche beim Schlachten anfallen«. Also zum Beispiel »Federn, Borsten, Felle, Häute, Hörner, Klauen« und so weiter.

So erklärt es der Landesverband für Tierkörperbeseitigung und Schlachtnebenproduktverwertung Bayern (LTS). »Abfälle« nennt das der zuständige Fachverband. Auch wenn Herr Meier aus der Whiskas-Fabrik es gar nicht gern hört.

Aber so ist das leider. Der Abfall ist die Basis. Darauf beruht mithin das Geschäftsmodell der Petfood-Industrie. Damit hat sie eine weltweite Erfolgsgeschichte geschrieben. Ein Multimilliarden-Business ist entstanden, das auf einer simplen Idee beruht: aus Müll Geld zu machen.

Es gibt dabei allerdings ein Problem. Für schlichten Müll würden die Tierfreude womöglich kein Geld bezahlen. Er muss daher ein bisschen veredelt werden, durch goldene Schälchen und vor allem durch edle Worte in der Werbung. Das Wort »Müll« ist hier tabu.

Die Tierfutterbranche achtet deshalb sehr sorgsam darauf,

dass die Produkte für unsere Haustiere, die im Fernsehen teuer beworben werden, nicht mit Müll in Zusammenhang gebracht werden. Millionen werden für Reklame ausgegeben, damit die Leute bereitwillig in die Tasche greifen fürs wertvolle Tierfutter. Und wenn sie wüssten, dass Müll in der Dose ist, dann würde womöglich die Kaufbereitschaft schwinden.

Dabei ist es eigentlich nicht weiter schlimm, wenn die Tiere das bekommen, was die Menschen nicht mehr wollen. Schon seit je hat der Mensch die Tiere mit dem gefüttert, was übrig geblieben ist. Hund und Katz bekamen die Reste vom Mittagstisch, und auch das Schwein fraß das, was übrig blieb. Aber heute ist es nicht mehr so, dass der Knochen einfach so vom Tisch fällt und der Hund danach schnappt. Heute hat sich ein ganzer industrieller Komplex etabliert, der international vernetzt ist und sich aus undurchsichtigen Geschäftsverbindungen und Akteuren von mitunter zweifelhaftem Ruf zusammensetzt.

Das zeigt sich bei den Nahrungsmittelskandalen, die immer wieder die Öffentlichkeit erschüttern. Und bei denen es häufig ums Tierfutter geht. Wie damals beim BSE-Skandal. BSE, das steht für *bovine spongiforme Enzephalopathie* und bezeichnet »die schwammartige Gehirnkrankheit der Rinder«. Die Medien sagten auch *Rinderwahn*.

Seither ist das Publikum sensibel für das Thema Tierfutter. Als monatelang wacklige Kühe durch die Hauptnachrichtensendungen stolperten und erstmals Licht ins Dunkel der Ställe fiel, da mischten sich plötzlich Vokabeln wie »Tiermehl« und »Blutmehl« in die Alltagssprache. Es ging auch, alle paar Jahre wieder, um Dioxin, das Supergift, um illegale Hormone, um die »Fleischmafia«.

In solchen Fällen kommt Bewegung auf. Die Medienmaschine rollt, Ställe werden geschlossen, Politiker treten mit markigen Worten vor die Kameras. Gesetze werden verschärft. Agro-Lobbyisten geloben in TV-Talkshows Besserung.

Bei diesen Medienskandalen geht es meist um die Tiere, aus denen die Menschen Schnitzel machen und Roastbeef und Grillhähnchen. Was die Heimtiere bekommen, das blieb dabei weithin im Dunkeln. Die Haustierfutterproduzenten blieben von Skandalen lange verschont.

Das hat sich geändert. Mittlerweile gibt es auch hier Empörung. Die Kritik zielt auf Gifte und Fremdkörper im Futter, aber auch Erkrankungen und Todesfälle, die durch Tierfutter verursacht werden. Empörung gilt auch den Tierversuchen in Firmen, die das Futter für unsere vierbeinigen Freunde produzieren. Besonders aufwühlend ist für viele der Verdacht, dass sogar Kadaver von Hunden und Katzen ins Futter wandern. Kein Wunder, dass vielen die industrielle Tierfutterproduktion selbst wie ein Skandal erscheint. Die Offenheitsoffensive der Konzerne besänftigt die Gemüter nicht. Sie eignet sich kaum dafür, die Stimmung gegen die Tierfutterhersteller wieder zu drehen. Auch die Einladungen zu Betriebsbesuchen, etwa in Verden an der Aller, in der Whiskas-Fabrik, eignen sich dafür nicht.

Zwar zeigen solche Touren gewisse Wirkungen an der Sympathiefront. So gab sich einer, der nach einem Shitstorm die Einladung von Whiskas angenommen hatte, begeistert. Schließlich gebe es ja »sehr, sehr viele Vorurteile in Bezug auf Whiskas« und sogar »sehr viele böse Gerüchte in Bezug auf Tierversuche«. Er habe hingegen »nur tolle Katzen gesehen, aufgeschlossene, verspielte Katzen – Katzen ohne Scheu, Katzen, die wirklich Spaß daran hatten, dort rumzutoben, zu spielen oder einfach nur den Kratzbaum zu malträtieren«.

Ob er auch alles gesehen hat? Schließlich bleibt bei solchen Besichtigungstouren vieles im Dunkeln. So stand das jedenfalls im Lokalblatt *Verdener Nachrichten*. Das war dabei, als im Rahmen der Veranstaltungsreihe »Verden aufgeschlossen« immerhin »15 eingeladene Gäste« auf Fabrikbesichtigung gingen. Die Aufgeschlossenheit hatte dabei natürlich ihre Grenzen, stellten die Mars-Firmenvertreter laut *Verdener Nachrichten* klar: »Auch heute würden nicht alle Geheimnisse der Produktion aufgedeckt« und die Zuschauer »nur an ausgewählte Plätze der Fabrik geführt werden«.

Das ist das Auffallende bei solchen Besichtigungen: Es gibt viel zu sehen, und es wird vieles vorgeführt. Das Wesentliche aber bleibt unerwähnt: die Lieferbeziehungen im Hintergrund. Die Quellen für die Rohstoffe. Folgt man den Beteuerungen der Beschäftigten, dann ist das nur das Allerbeste, was hier verarbeitet wird. Schon im Pförtnerhäuschen der Chappi-Fabrik sitzt ein Mann, der solchen Glauben sehr unterstützt. Auf die Qualität der Rohstoffe lässt er gar nichts kommen: »Das ist besseres Fleisch, als Sie sich jemals gönnen.«

»Wir verwenden Zutaten, die Sie in einem feinen Restaurant finden könnten«, sagt Ken Wilks, stellvertretender Verkaufsdirektor der US-Marke Merrick Pet Care in Amarillo, Texas, gegenüber einem Reporter der Nachrichtenagentur Associated Press.

Eine Broschüre für Tierfreunde verkündet: »Das Fleisch stammt ausschließlich von Tieren, die auch wir Menschen verzehren könnten.« Und empfiehlt daher Fertigfutter sehr (»Deshalb greift, wer seine Katze liebt, zu Fertigfutter«).

Die Wahrheit sieht ein bisschen anders aus.

Solche Sprüche sind nichts weiter als Werbegeschrei und Marketing. Das bekennt die Industrie auch ganz offen, jedenfalls branchenintern.

Was die Menschen mögen, das müssen die Tiere nicht unbedingt lieben. Das weiß Herr Meier von Masterfoods, und das wissen auch die anderen Fachleute der Branche. Für Tiere gelten andere Geschmacksgesetze: »Tiere fressen auch Dinge, die für den Menschen unappetitlich sind (zum Beispiel Tierfutter, Gras, Erbrochenes, Abfall und sogar Kot und Kadaver). Die Annahme, dass Nahrungsmittel Tierfuttermitteln überlegen sind, ist relativ.« So steht es in einem dicken, zweibändigen Wälzer, den der Fertigfutterhersteller Hill's von namhaften Fachleuten schreiben ließ und der als Standardwerk der Tierernährung gilt. Titel: »Klinische Diätetik für Kleintiere«.

Im Kapitel »Kommerzielle Herstellung von Haustierfutter« geht es um die wahre Herkunft der Inhaltsstoffe der Büchsen und Beutel. Und es wird schnell aufgeräumt mit einigen Marketing-Märchen. Zum Beispiel bekennt das Handbuch: »Bei der Vermarktung von Tierfutter werden manchmal auch Geschichten über die Einzelkomponenten aufgebaut, die den Kunden ansprechen. Diese Geschichten sind einfach und glaubwürdig, können den Kunden aber manchmal in die Irre führen.«

Bei der Erfindung solcher Geschichten ist es hilfreich, dass der Gesetzgeber den Dichtern aus der Futterbranche große Freiheit gelassen hat, was zum Beispiel den Umgang mit Wörtern und ihrer Bedeutung angeht.

Zum Beispiel das Wort »natürlich«, das bei den Leuten heute ja sehr beliebt ist. Hier gilt: »Der Begriff ›natürlich‹ ist gesetzlich nicht definiert und kann daher nach Belieben verwendet werden«, so das Standardwerk aus dem Hause Hill's.

Auch bei den Inhaltsstoffen wird manchmal geflunkert. So zum Beispiel mit der Behauptung, die Futterbrocken könnten die Leute auch selbst essen. Das ist verständlich, meint wiederum das Handbuch aus dem Futterkonzern, denn schließlich sollen ja die Menschen die Sachen kaufen: »Das Konzept, das hinter der Vermarktung eines Futtermittels steht, das auch als Nahrungsmittel für den Menschen geeignet wäre, beruht auf der Annahme vieler Tierhalter, dass Tiere dieselben Nahrungsmittel wie der Mensch bevorzugen und brauchen.«

Das ist natürlich Unsinn. Und so wäre es auch nicht ratsam, die Dosen in der Not sonntags auf den Tisch zu stellen. Denn, so wiederum das Handbuch von Hill's: »Die Einzelbestandteile, die der Tierfutterindustrie für die Herstellung von Mischfutter für Haustiere zur Verfügung stehen, reichen von für den Menschen ungenießbaren, aber für Tierfutter noch geeigneten Nebenprodukten bis hin zu den für Menschen geeigneten Nahrungsmitteln, wie es sie auch in den Lebensmittelgeschäften zu kaufen gibt.«

Im Klartext: Fürs Futter unserer Haustiere werden, das wissen auch die Experten der Stiftung Warentest, »die normalen Schlachtabfälle verwendet«.

Und das können, so wissen die Warentester, auch »für den Menschen als genussuntauglich eingestufte Teile gesunder Tiere« sein, wie »etwa Horn, Borsten, Haare und Federn«. Aber, und das vielleicht als Trost für sensible Tierhalter: »Magen-Darm-Inhalt jedoch nicht.«

Immerhin.

Natürlich muss man differenzieren. Es gibt große Unterschiede zwischen einzelnen Futterproduzenten und einzelnen Produkten. Leider kann es der Käufer nicht unbedingt erkennen. Schließlich steht auf den Dosen nicht »Mit Müll hergestellt« oder »Ohne Müll hergestellt«. Dabei werden selbst Produkte wie Whiskas, Chappi, Sheba, Cesar und dergleichen aus solchen Schlachtabfällen hergestellt. So teilte die Herstellerfirma auf Anfrage mit, sie verwende auch »Fleischmehle«, Innereien und andere »Nebenerzeugnisse, die bei der Schlachtung anfallen, aber nicht für den menschlichen Verzehr genutzt werden«.

Eigentlich ist es nicht schlimm, wenn die Tiere Abfall fressen. Das war auch schon früher so. Doch früher war es eine Abfallverwertung der kurzen Wege. Es ging um die Küchenabfälle zu Hause oder die Speisereste aus der Gastwirtschaft. Heute ist alles Big Business. Es sind Big Players, die die Nahrung für Mensch und Tier produzieren. Außerdem gibt es völlig neue Abfälle, Produktionsrückstände aus ganz anderen Branchen. Diese Rückstände werden oft illegal verwertet oder zumindest in moralisch äußerst zweifelhafter Manier – und dank unübersichtlicher Lieferketten teilweise unter berühmten Markennamen verkauft. Und dazu neue, mit Hightech-Methoden aufbereitete Reste aus Quellen, von denen der Tierfreund keine Vorstellung hat – und von denen er niemals erfahren soll.

Das könnte ja die Entsorgungsnöte noch vergrößern.

Die großen Tierfutterkonzerne sind Ableger der großen Konzerne wie Nestlé oder Mars, die auch Nahrung für Menschen herstellen. Big Food. Hier wird alles in gigantischen Mengen produziert. Auch Fleisch. Und dabei fällt viel Abfall an: In Deutschland werden jährlich rund 8 Millionen Tonnen Fleisch erzeugt, 2,6 Millionen Tonnen davon sind Nebenprodukte, die die Menschen nicht essen mögen oder können. In ganz Europa sind es gar 16 Millionen Tonnen solcher Abfälle. Das bedeutet: Es gibt da ein Entsorgungsproblem.

Auf der anderen Seite gibt es ein Nachschubproblem. Allein die deutschen Mars-Fabriken produzieren pro Jahr 300 000 Tonnen Heimtiernahrung: Whiskas, Pedigree, Chappi, Frolic und so weiter. Damit ist die Tierfutterherstellung eine elegante und vor allem eine einträgliche Lösung zur Verwertung der Abfälle.

Schon suchen die Beteiligten nach Wegen zur Perfektionierung. In Wien haben sie ein Forschungsprojekt ins Leben gerufen, das sich mit der Umwandlung von Abfällen in »gesunde«

Inhaltsstoffe fürs Tierfutter beschäftigt. Die Veterinärmedizinische Universität dort ist eine Hochschule, die sehr eng und freundschaftlich mit Tierfutterfabriken und Pharmakonzernen zusammenarbeitet. Natürlich waren auch bei diesem Projekt interessierte Firmen beteiligt, die unter anderem Futterzusätze herstellen. Dazu arbeiteten mehrere andere europäische Universitäten mit, etwa aus Hohenheim, Mailand und dem griechischen Thessaloniki. Ihr internationales Müll-Recycling-Projekt hieß »Safewastes« und wurde von der Europäischen Union gefördert. Der Abfall könnte, verwandelt in Zusätze für Lebensmittel und Tierfutter, »signifikante Gesundheitsvorteile« bieten, nebenbei natürlich auch »Entsorgungs- und Umweltprobleme lösen« und zudem für »ökonomischen Gewinn« bei den beteiligten Unternehmen sorgen.

Das klingt vielversprechend. Und eigentlich auch vernünftig. Müll sparen, die Verschwendung stoppen, Abfälle wiederverwenden, Recycling: alles super Ideen. Deswegen: unbedingt förderungswürdig. Wenn es nur nicht die industrielle Parallelwelt wäre, in der sich die Abfälle in Tierfutter verwandeln.

Denn sobald die Produktion industriell organisiert wird, wird die Versorgungskette unübersichtlich. Da fällt nicht mehr einfach der Knochen vom Tisch. Wo welcher Abfall, verwandelt oder direkt, in welches Produkt gemischt wird, das ist schwer zu erkennen – sogar für die Hersteller. Und schwer zu kontrollieren – zum Beispiel für die Behörden.

Was einer mit eigenen Augen sehen kann, im Werbefernsehen oder bei einer Werksbesichtigung, ist längst nicht das Ganze. Und es sind nicht nur Karottenschnitzchen und Lungenfitzelchen, die im Tierfutter landen. Auf krummen Wegen kommen auch andere Rohstoffe zum Einsatz, die nicht immer appetitlich sind. Für die Tierfutterherstellung gilt, wie bei aller industriellen Nahrungsproduktion, das Gesetz der beschränkten Wahrnehmbarkeit: Was zu sehen ist, ist nicht die ganze Wahrheit.

So gibt es hier in Verden an der Aller, dem Heimtierfutterparadies, keinen Schlachthof. Es gibt hier keine Gemüsebeete. Es gibt kein Sojafeld und keine Zuckerrüben. Alles wird angeliefert. Das Fleisch, die Ingredienzen, sie kommen nicht aus Verden an der Aller und auch zumeist nicht aus dem Land mit den saftigen Wiesen und Bächen und Bäumen und den kleinen Häuschen.

Wie die Warenströme fließen, ist schwer nachzuvollziehen in einer Zeit, in der die Welt zusammengewachsen ist, in der Futter für Hunde und Katzen und Schweine, Hühner, Rinder hunderttausendtonnenfach durch die Lande gekarrt wird. Die andere Seite dieser Lieferkette gleicht der bunten Werbewelt mitnichten.

Dort riecht es unangenehm. Dort sind Leute tätig, die nicht immer den besten Ruf haben. Dort gibt es Lieferbeziehungen, die mitunter etwas unübersichtlich sind. Dort gibt es auch Rohstoffe, die unappetitlich sind, die in der Werbung für Whiskas und Sheba und Pedigree und Nestlé-Purina-Tierfutter nicht vorkommen. In der Dose aber schon.

Fleischpulver, beispielsweise. Oder andere Zutaten fürs Tierfutter. Die werden gerne aus Abfällen gewonnen, zum Beispiel aus den Resten, die die Schlachthöfe übrig lassen. Das kommt dann in die sogenannten Tierkörperbeseitigungsanstalten. Dort werden auch kranke, tote, überfahrene oder auf andere Weise verendete Tiere verarbeitet oder entsorgt. Auch Haustiere, Hunde, Katzen, Kanarienvögel.

Eigentlich müsste dort alles nach Regeln und Vorschriften ablaufen. Schließlich gelten Tierkörperbeseitigungsanlagen als Keimzelle für Seuchen und Krankheiten. Doch mitunter gerät da einiges durcheinander. Es kann hier passieren, dass tote

Haustiere wieder zu Tierfutter verarbeitet werden. Oder sogar Klärschlamm.

Das kommt natürlich nur selten vor.

Aber auch in den besten Kreisen.

Jene Firma beispielsweise, die jahrelang Tausende Tonnen Klärschlamm zu Tierfutter verarbeitet hatte, beliefert alle Großen der Branche. Klärschlamm zu Tierfutter: Das war auch keine kleine Klitsche, bei der das passierte. Es ist eine Firma, die sich auf das Einsammeln von Resten aus der Nahrungskette spezialisiert hat. Sie heißt Rendac und gehörte ursprünglich zu einem der größten Fleischkonzerne Europas: Vion. Ein Unternehmen, das deutsche Supermärkte mit Schnitzeln und Burger King mit Fleisch für die Bulettenproduktion versorgte.

Heute gehört Rendac zu einer milliardenschweren Firma mit dem schönen Namen Darling Ingredients. Deren Hauptquartier liegt in einer Stadt namens Irving im US-Bundesstaat Texas. Das Geschäft von Darling Ingredients besteht nach eigenen Angaben in »globaler Tierkörperbeseitigung«. Die Firma ist nach eigenen Angaben »global führend in der Umwandlung genießbarer und nicht genießbarer Bio-Nährstoffe in eine breite Palette von Zutaten und Spezialprodukten für Kunden in den Branchen Pharmazie, Lebensmittel, Tiernahrung, Futter, Technik, Kraftstoffe, Bioenergie und Dünger«. Der Firmenname Darling (»Liebling«) ist gut gewählt für ein Unternehmen, das sich in einem Milieu bewegt, welches nicht den allerbesten Ruf hatte. Tierkörperbeseitigung, dafür waren einst ja die sogenannten Abdeckereien zuständig, die lagen im sozialen Ranking ganz unten.

Früher, im Mittelalter, lagen die Abdeckereien vor den Stadttoren, weil sie eine potenzielle Brutstätte für Krankheitserreger waren. Die Leute, die dieses Geschäft betrieben, galten als unehrbar. Sie rangierten auf der sozialen Skala weit unten, zusammen mit dem Henker, dessen Aufgaben sie oft gleich übernahmen.

Die Separierung der Abdeckereien hatte einen Grund: Gesundheitsvorbeugung. Den mittelalterlichen Menschen war klar, dass die Bereiche getrennt sein müssen, damit sich Krankheitserreger nicht ausbreiten können. Abdeckereien gibt es auch heute noch, überall im Land. Die Produktion dort ist nichts für schwache Nerven. Ein Mann vom Nachrichtenmagazin *Der Spiegel* hat einmal zugesehen und es dann beschrieben: »Es knackt und kracht in der Knochenmühle, wenn ein ausgedienter Zuchtstier durch das Mahlwerk gedreht wird. Mit einem gewaltigen Blubb platzen die gegorenen Gedärme einer Kuh. Die aufgedunsenen Leiber von Ziegen und Schafen werden in einem Riesentrichter zerschreddert.«

Klingt nicht sehr ansprechend. Und dann kommen auch noch die kleinen Hühnchen:

»In die Fleischmühle kommen auch Küken aus dem sogenannten Muser. Die Maschine diente eigentlich der Obstverarbeitung, wird aber auch zum Zerquetschen der frisch geschlüpften männlichen Küken verwendet, die sich naturgemäß nicht zum Eierlegen eignen, mithin keinen Gewinn abwerfen.«

Tierkörperbeseitigungsanlage, so nannte man bisher solche Einrichtungen, in denen Tierkadaver, Schlachtabfälle wie Knochengerippe, aber auch kranke oder giftbelastete Tiere aus dem Verkehr gezogen wurden.

Wobei das eigentlich ein falscher Begriff ist: Es wird keineswegs alles beseitigt. Und es wird auch nicht alles aus dem Verkehr gezogen. Manches wird auch wieder in die Nahrungskette eingespeist. Und zu Tierfutter verarbeitet.

Empfindsamen Tierfreunden sträuben sich die Nackenhaare bei dem Gedanken, dass ihre vierbeinigen Gefährten Nahrung aus solchen Quellen bekommen. Es ist ja auch keine schöne

Vorstellung, dass das geliebte Haustier sozusagen zur lebenden Mülldeponie wird. Und gesund ist dieser Zustand erst recht nicht, wie immer mehr Veterinäre erkennen.

Die industrielle Abfallverwertung für Tierfutter schadet dem Tier, meint jedenfalls der Hamburger Tierarzt Dirk Schrader: »Die Müllkippe Hund explodiert«, sagt der Veterinär, der in einer kleinen Villa im Ortsteil Rahlstedt Haustiere behandelt. Es sind nicht mehr die großen Seuchen oder die Infektionskrankheiten, die sich ausbreiten. Es sind die chronischen Krankheiten, die heute zu Epidemien geworden sind. Vierbeiner zum Beispiel wurden in den Vereinigten Staaten so dick, dass die US-Regierung sogar eine Schlankheitspille für Hunde zugelassen hat. Die Tiere werden krank, die Haustiere übernehmen die Zivilisationskrankheiten ihrer Herren. Am Ende werden auch die Menschen krank, lassen sich zum Beispiel von Erregern anstecken, die sie in den Mägen ihrer Nutztiere herangezüchtet haben.

Die moderne Art der Tierfütterung ist ungesund. Sie hat das Fleisch, die Nahrung zwar unglaublich billig gemacht, doch sie hat die traditionellen Bindungen zwischen Mensch und Tier gekappt und an ihre Stelle die Logik der Industrie gesetzt. Heute wird alles in Massen produziert – und dadurch zum Gesundheitsrisiko auch für den Menschen: Fleisch ist nicht mehr »ein Stück Lebenskraft«, wie es früher in der Werbung hieß, sondern in Massen verfügbar. Fleisch ist zum Gefahrgut geworden (siehe Hans-Ulrich Grimm: »Die Fleischlüge«). Das, was übrig bleibt, bekommen die Haustiere. Doch auch hier hat sich die globalisierte Industrie dazwischengeschoben.

Mit undurchsichtigen Lieferketten, mancherlei Fremdstoffen, obskuren Zutaten. Zu diesen gehören sogar völlig neue Hightech-Zutaten, etwa eine Art Erdgas-Gulasch. Dieser innovative Futterstoff ist ein Granulat, das mit Hilfe von Bakterien aus Erdgas hergestellt wird. Das Gas wiederum wurde bisher völlig ungenutzt auf den Ölfeldern abgefackelt. Die Europäische Union hat das, trotz Gesundheitsbedenken der zuständigen Behörden, zugelassen (siehe Kapitel 11).

Mit der Globalisierung steigt auch die Gefahr einer klassischen Kontamination des Tierfutters. Schimmelpilze zum Beispiel. Klingt banal. Schimmelpilze können aber dank globalisierter Massenproduktion zum Riesenproblem werden. Zur Gesundheitsgefahr bei Haustieren zum Beispiel. »Im Scheinwerferlicht: Die Lieferkette der Haustiernahrungs-Industrie«, titelte der Branchendienst »Petfood Industry« dazu.

Am 5. Februar 2015 erhob der Amerikaner Frank Lucido aus Discovery Bay in Kalifornien, eineinhalb Autostunden östlich von San Francisco, vor dem zuständigen Bezirksgericht (District Court) von Nordkalifornien Klage gegen Nestlé Purina: Seine Englische Bulldogge namens Dozer (was so viel bedeutet wie: Bulldozer) sei an einer Vergiftung gestorben, hervorgerufen durch Nestlé-Purina-Trockenfutter.

In einer Sammelklage werfen Lucido und 3000 weitere Hundebesitzer der Firma vor, das in »Beneful« gefundene Schimmelpilzgift und das mysteriöserweise ebenfalls eingesetzte Frostschutzmittel Glykol seien für die Krankheitsfälle der Tiere verantwortlich.

Es war um die Weihnachtszeit, als ihn seine Frau anrief: Das Hundefutter sei aus. Frank kaufte einen Sack Purina-Beneful-Trockenfutter.

Drei Wochen später war ihr Hund Dozer tot. Am 23. Januar lag er tot im Garten. Seine anderen Hunde, der elfjährige Labrador Remo und Nella, ein vierjähriger Deutscher Schäferhund, litten unter Nierenversagen und Durchfall.

»Der Arzt hatte gesagt, die Tiere wurden vergiftet«, berichtete Frank: »Ich habe den Eindruck, dass es definitiv mit diesem Hundefutter zu tun hat.«

Die Kläger fordern Schadenersatz in unbestimmter Höhe. Die acht Beneful-Futtersorten sollten unter anderem innere Blutungen hervorrufen, die Leber schädigen, zu Anfällen und Nierenversagen führen. Die Herstellerfirma wies die Vorwürfe als »unbegründet« zurück. »Es gibt kein Qualitätsproblem. Die verwendeten Inhaltsstoffe sind von den Gesundheitsbehörden zugelassen.«

Nestlé-Purina-PR-Chef Bill Salzman verwies auf zwei ähnlich gelagerte Klagen in den Jahren zuvor, die vor Gericht gescheitert waren: »Beneful ist, wie andere Haustiernahrungsmittel, immer wieder Gegenstand von Falschinformationen aus den sozialen Medien. Die Postings enthalten oft falsche, haltlose und irreführende Angriffe, die zu ungerechtfertigten Bedenken und Verwirrung unter unseren Konsumenten führen.«

In einem weiteren Verfahren hatte sich Nestlé Purina im Mai 2014 bereit erklärt, 6,5 Millionen US-Dollar in einen Ausgleichsfonds für Tierbesitzer zu bezahlen, deren Tiere krank wurden durch Leckerlis der Marke »Waggin' Train«, die in China hergestellt worden waren.

Die US-Lebensmittelbehörde hatte bekanntgegeben, dass in diesem Zusammenhang mehr als 1000 Todesfälle bei Tieren zu beklagen seien und mehr als 4800 Erkrankungen. Sogar drei Menschen waren gestorben, nachdem sie die Leckerlis gegessen hatten.

Nestlé Purina war allerdings trotzdem der Überzeugung, dass die Produkte sicher waren: »Es gibt keine Anzeichen, dass die Leckerlis die Gesundheit von Hunden negativ beeinflusst hatten«, sagte ein Konzernsprecher. Bezahlt habe die Firma nur, »damit wir in dieser Sache vorankommen«.

Solche Beschwerden gibt es immer wieder.

So musste die US-Firma Diamond Pet Foods beispielsweise kurz vor Weihnachten 2005 große Mengen Hundefutter zurückrufen, weil das Futter mit Aflatoxin, einem Gift, das vom Schimmelpilz *Aspergillus flavus* produziert wird, befallen war. Die Firma war gezwungen, vor ihrem eigenen Futter zu warnen. »Wenn Ihr Haustier Symptome wie Müdigkeit zeigt, Faulheit oder Lethargie, kombiniert mit Fressverweigerung, gelblicher Färbung von Augen und Zahnfleisch, starkem oder blutigem Durchfall, dann suchen Sie bitte unverzüglich Ihren Tierarzt auf«, so die Pressemitteilung, die über die amerikanische Lebensmittel- und Arzneimittelbehörde U.S. Food and Drug Administration (FDA) verbreitet wurde.

Da waren in Amerika schon 75 Hunde gestorben. Anfang 2006 starben im gleichen Zusammenhang in Israel weitere 23 Hunde.

Todesursache: Leberversagen, nachdem sie »Nutra Nuggets Performance« von Diamond gegessen hatten. 19 verschiedene Diamond-Artikel aus der Fabrik in Gaston im US-Bundesstaat South Carolina mussten zurückgerufen werden.

Die Europäische Union hat über das Schnellwarnsystem 2006 vor den Schimmelpilzen aus den USA gewarnt. Bei einer Untersuchung der Stiftung Warentest im Frühjahr 2006 enthielt eine Probe »Nestlé Purina Beneful« als einzige von 30 getesteten Produkten erhöhte Werte von Deoxynivalenol (DON) und Zearalenon (ZEA). Nestlés »Beneful« gilt als Premium-Futter, wie auch Diamond.

Doch Schimmelgift unterscheidet nicht zwischen Billigfutter und Edelware. 1999 starben 25 Hunde an so einem Gift, das hauptsächlich in der Wal-Mart-Hausmarke Ol'Roy und 53 anderen Produkten enthalten war. 2004 waren in Asien Whiskas, Pedigree und Kitekat betroffen. Ursache war verpilzter Mais.

1995 hatte die Firma Nature's Recipe einen Rückruf starten

müssen wegen des Schimmelgifts Vomitoxin. Der Rückruf hatte die Firma 20 Millionen Dollar gekostet.

Die Zeitschrift *Öko-Test* fand 2004 in allen 20 untersuchten Hundetrockenfuttern das Schimmelpilzgift Deoxynivalenol (DON) – bei vier Produkten mehr als 1000 Mikrogramm pro Kilo, ein Wert, der bei Schweinen als Richtwert für die Maximalbelastung gilt. Erhöhte DON-Werte wurden gemessen in »Animonda Fit & Cross Dinner mit Geflügel und Rind«, in Eukanuba »Adult All Breeds Performance High Activity«, in »TIP Knackige Brocken mit Geflügel und Rind« sowie in »Artus Dog Vollnahrung für Hunde – Ringe mit Fleisch«. Ochratoxin A, ebenfalls ein Schimmelpilzgift, war nachweisbar in »Orlando Vollnahrungsmix«, in »Benutra High Premium« von Aldi und wieder in »Animonda Fit & Cross Dinner«.

Die Untersuchung der Stiftung Warentest 2006 fand bei Nestlé Purina neben den Schimmelpilzgiften auch Gen-Soja, das nicht deklariert war.

Vor allem Trockenprodukte sind offenbar anfällig für Schimmel. Denn trocken ist trendig. »Der globale Trend geht zum Trockenfutter«, sagt das Hill's-Standardwerk »Klinische Diätetik für Kleintiere«.

Doch das Trockenfutter ist bei Experten höchst umstritten. So enthalte es nach Branchenangaben viermal so viele Kalorien wie Nassfutter, erhöht mithin das Risiko für Übergewicht. Die Trockenpellets enthalten auch viele Kohlenhydrate – damit sie nicht zerbröseln. »Aus Verarbeitungsgründen wird Trockenfutter auf Getreidebasis hergestellt«, weiß das Hill's-Handbuch: »Die Stärke fungiert als eine Art Zement.« 40 Prozent Kohlenhydratanteil seien aus technischen Gründen der Standard – »da dieser Anteil den Minimalanforderungen für das Extrusionsverfahren entspricht«. Der Extruder, das ist die Lieblingsmaschine der Food-Fabriken, kann beinahe beliebige Produkte herauspressen – Chips, Spaghetti, aber auch Katzenflocken und Hundepellets.

Damit es unterwegs nicht verdirbt, kommen Konservierungsstoffe rein. Damit es appetitlich aussieht, kommen Farben zum Einsatz. Vitaminverluste können durch künstliche Nährstoffe ausgeglichen werden – was allerdings offenbar Glückssache ist. Denn es ist schwierig, den Bedarf der Tiere zu treffen. Manchmal ist zu wenig drin, häufig aber zu viel. Das kann sogar auf die Gesundheit gehen: Die Stiftung Warentest machte darauf aufmerksam, dass »der Griff zur falschen Tüte« unter Umständen »fatale Folgen haben« könne.

Und weil es nicht so stinken soll, gibt es Aromastoffe, Zucker und Süßstoffe, damit es besser schmeckt – und das Tier mehr verzehrt. Eine besondere Herausforderung ist es offenbar, das Trockenfutter mit Geschmack zu versehen. Dafür gibt es ein ganzes Arsenal von Möglichkeiten, so das Handbuch von Hill's: »Die Pellets der meisten Trockenfutter sind mit Geschmacksverstärkern beschichtet, wie beispielsweise mit tierischem Gewebe, das zuvor durch proteolytische Enzyme verdaut worden ist. Auch Salze, auf der Oberfläche oder im Innern der Pellets enthaltene Fette, L-Lysin, L-Cystein, Mononatriumglutamat, Zucker und Sojasoße wirken geschmacksverstärkend.« Außerdem verwenden die Futtermittelhersteller Blut und Mehl aus Vogelfedern, Nukleotide, Hefeextrakt, Käsetrockenpulver, fermentiertes Fleisch und Molke, fleischhaltige Lösungen, die bei der Extrusion injiziert werden, hydrolysiertes pflanzliches Protein, Eier sowie Zwiebel- und Knoblauchpulver. »Immer häufiger«, so das Handbuch, werden auch industrielle »Aromastoffe eingesetzt, erkennbar am Aroma von Speck und Käse und dem Räucheraroma mancher Haustierfuttermittel und Leckerbissen«.

Das alles aber war bei der Führung im Whiskas-Werk in Verden nicht zu sehen. Was zu sehen war, war eigentlich in Ordnung, sehr sogar, fand Katzenfreundin Grewe aus Twistringen. »Toll. Sauber. Sehr gut«, lobte sie nach dem Rundgang. Sauberer sei das als manche kleine Metzgerei. »Toll.«

Die Menschen vergleichen die Nahrung für die Tiere gern mit ihrer eigenen. Sie suchen auch Sachen aus, die Namen tragen wie die eigenen Lieblingsspeisen. »Festtagsmenü mit Gans nach traditioneller Art« von Cesar beispielsweise. Das ist für den Hund.

Die Leute unterscheiden nicht mehr so sehr zwischen dem, was gut für sie ist, und dem, was gut ist fürs Tier. Viele sehen das Tier sogar als Partner. Das ist sehr gut für die Menschen. Für die Tiere nicht in jedem Fall. Die werden jetzt immer häufiger krank, haben sogar ganz ähnliche Leiden wie die Menschen. Das hat natürlich auch damit zu tun, dass sie das fressen, was der Mensch ihnen vorsetzt. Das ist zwar gut gemeint, aber nicht unbedingt gut fürs Tier.

2.
Dicker Hund
Industrielles Tierfutter als Gefahr für die Gesundheit

Der Kampfhund wurde schwach und schwächer / Tierärzte warnen: Fertigfutter macht süchtig / Allergien, Bluthochdruck, Krebs: Die Tiere leiden menschlicher / Neuer Trend: Fettabsaugen für Hunde / Wenn der Massenstall auf den Magen schlägt / Krank durch Chemie im Futter?

Einst war er ein Kraftpaket. Jetzt ist Victor ein Pflegefall. Der Hund ist schwächer und schwächer geworden, magerte immer mehr ab. Einst wog er 68 Kilo, jetzt sind es gerade noch dreißig. Der Besitzer war ziemlich verzweifelt, als er in die Praxis von Tierarzt Dirk Schrader in Hamburg-Rahlstedt kam: »Mein Hund wird immer dünner, er erbricht sich, frisst nicht mehr richtig.«

Tierarzt Schrader sah ein Tier in einem erbarmungswürdigen Zustand, dünn, abgemagert, die Rückenwirbel traten schon hervor. »Das ist ein alarmierendes Zeichen«, sagt Doktor Schrader, »das deutet auf zehrende Zustände hin.« Zehrende Zustände. Anders ausgedrückt: Irgendwo im Körper gibt es sozusagen ein Entkräftungszentrum, das dem Hund alle Energie raubt.

Dabei ist Victor eigentlich ein Kraftpaket. Er gehört zur Gattung der Molosser. Das sind große, schwere Hunde. Sie gelten als ruhig, aber unerschrocken. Schon im alten Rom wurden sie als Kampfhunde eingesetzt.

Jetzt ist der Hund ein Schatten seiner selbst. Ein elender Vertreter seiner Gattung. Eine erste Untersuchung mit dem Röntgengerät konnte den Fall nur bedingt klären: Schrader gab dem Hund ein Kontrastmittel und wunderte sich, dass dieses im Magen verharrte. Irgendetwas versperrte den Durchgang zum Darm. Der Doktor schlug eine Operation vor, um den Fall zu klären. Der Besitzer aus der nahen Köpenicker Straße erbat Bedenkzeit – und kam noch am selben Tage wieder.

Schrader schritt gleich zur Operation. Er ist darauf eingerichtet, und er hat Erfahrung. Er hat, wie auch seine Kollegen, immer häufiger mit solchen kranken Tieren zu tun. Manche sind, wie das einstige Kraftpaket Victor, ausgezehrt und geschwächt. Oft macht das Immunsystem schlapp. Manche Tiere haben auch Probleme mit den Knochen oder den Gelenken.

Viele Krankheiten breiten sich aus, weil etwas mit der Nahrung nicht stimmt, die die Tiere heute bekommen. Mittlerweile sind die Folgen nicht mehr zu übersehen. Zu den Krankheitsbildern der Tiere gehören inzwischen schon Verhaltensauffälligkeiten und Wesensveränderungen. Viele sind, auch wenn man es bei Tieren nicht so nennt, psychisch krank. Manche Katzen zum Beispiel werden lethargisch, antriebsschwach oder sind irgendwie unausgeglichen. Manche Hunde werden immer aggressiver, angriffslustig, weit mehr, als es ihrem Naturell entspricht.

Blasenkrankheiten, Probleme mit der Bauchspeicheldrüse, sogar Fettlebern und Nierenleiden – die Liste der Diagnosen wird immer länger. Die Tiere werden immer dicker, ein Problem, das auch Herrchen und Frauchen ja oft kennen. Auch hier spielt die Nahrung die zentrale Rolle. Mithin folgen die Tiere den Menschen auch bei den einschlägigen Gebrechen: Herzleiden, Diabetes. Oder sogar Krebs. Tierarzt Schrader hatte auch bei Victor einen Verdacht, der in diese Richtung ging.

Seine Tierklinik betreibt er, zusammen mit seinen Söhnen, in einer hübschen kleinen Villa direkt an der Rahlstedter Straße.

Im Erdgeschoss gibt es zwei Behandlungsräume, gekachelt, mit den tierärztlichen Utensilien: Tupfer, Desinfektionsmittel, Pflaster, Edelstahltische, die höhenverstellbar sind. Es geht drei Treppenstufen hinunter, dann sind Schilder zu sehen:

»OP-Bereich« steht da. »Ruhe bitte«. Und »Achtung, Laser«.

Der kleine Operationsraum ist vielleicht zehn Quadratmeter groß, aber mit modernstem Gerät ausgestattet. Das Lasergerät (»MLT classic«) ist ein matt-silberner Hightech-Apparat mit einem dünnen, geschwungenen, meterlangen Kabel, an dessen Ende ein blaues, kugelschreiberartiges Gerät sitzt. Damit brennt Schrader kleine Tumoren weg. Ein »SurgiVet«-Kontrollgerät überwacht den Puls und die Vitalfunktionen. Dazu kommen drei Sterilisatoren, um die Instrumente keimfrei zu machen.

Sogar einen Narkoseraum gibt es, mit einer Sauerstoffflasche. Für Notfälle. Im großen OP-Saal steht ein imposantes Röntgengerät, eigentlich viel zu groß für kleine Tiere, mit einem halbkreisförmigen Ausleger, damit die animalischen Patienten rundum durchleuchtet und zielgenau behandelt werden können. Schraders Praxis ist technisch auf dem neuesten Stand, viele Apparate und auch manche seiner Methoden stammen aus der Humanmedizin.

Der Arzt ging mit dem schwächelnden Molosser Victor samt Herrchen nach unten in einen Nebenraum des kleinen Operationssaals, bat den Besitzer, mit anzupacken, und legte den Hund auf einen Behandlungswagen. Dann schickte er den Mann weg. Gab dem Hund ein Schlafmittel. Schob den Wagen in den kleinen Operationsraum. Zog den Hund hinüber auf den OP-Tisch.

Sohn Rudolf-Philipp, genannt Rudi, und Helferin Patricia

assistierten jetzt. Schrader hatte schon den Verdacht, dass etwas im Verdauungstrakt nicht stimmte. Die Operation sollte klären, was da los war.

Sohn Rudi rasierte den Hund, Assistentin Patricia nahm den Absaugschlauch und entfernte die Haare. Schrader senior ließ sich das Operationsbesteck reichen, frisch sterilisiert.

»Los, los.« So pflegt er die Operationen zu beginnen. »Nicht so lahm hier.« Hanseatische Kommandos.

Er setzte das Skalpell an, öffnete die Bauchdecke, nahm die Milz heraus und den Darm nebst benachbarten Organen. Und er sah gleich, dass seine Kunst hier am Ende war. Im freigelegten Bauchbereich zeigten sich »erhebliche Verknotungen im Magen-Ausgangsbereich und am Beginn des Darmes«.

Dort steckte ein riesiger Tumor, so groß wie zwei Männerfäuste. Damit war klar, warum das Kontrastmittel den Magenraum nicht verlassen konnte, und auch, warum dem Hund die Kräfte schwanden. Eine Hoffnung auf Besserung gab es nicht.

»Der Hund hat Krebs«, konstatierte der Arzt. »Das wird nichts mehr.« Dann übergab er den Patienten seinem Sohn: »Wieder zumachen.« Rudi nähte Victors Bauch zu, später kam dann der Besitzer und holte das Tier ab.

Krebs bei Hunden und Katzen: Das kommt immer häufiger vor. Mittlerweile sind nach einer Branchen-Faustregel 50 Prozent der Todesfälle bei den Älteren krebsbedingt; Schrader nimmt gar an, 80 Prozent. Er glaubt, dass der Zuwachs bei den Tumoren durch das industrielle Futter verursacht wird: »Mit den Umsatzzahlen der Futterindustrie stieg die Krebsrate massiv an«, behauptet der Arzt. Er ist darauf eingerichtet.

Im Keller von Schraders Tierklinik sind sozusagen die Krankenstationen, Boxen, in denen Tiere lebten, die stationär aufgenommen wurden.

In Box 6 sitzt ein kleiner, süßer Hund, ein Shih Tzu. Er fiept.

Auf dem Rücken hat er eine kleine Plakette: der Anschluss für die Infusion. Er hat es an den Bandscheiben. In Box 7 liegt ein Schäferhund auf einer rosa Decke. Berry. Berry lahmt. Schmerzende Bandscheiben, lahme Beine: Die Probleme am Skelett zählen zu den häufigsten Krankheiten, mit denen Schrader in seiner Praxis konfrontiert wird.

An der Spitze, auf Platz 1 der Hitliste der Hundekrankheiten sozusagen, steht in seiner Praxis eine Art Arthritis: die sogenannte Hüftgelenksdysplasie. Auf Platz 2: Probleme mit der Wirbelsäule, beispielsweise Bandscheibenvorfälle. Platz 3: Hautprobleme, Allergien. Platz 4: Magen-Darm-Störungen. Und auf Platz 5 schließlich, wie bei Victor, dem Molosser: Krebs. Ähnlich sieht auch die Top-Ten-Liste der wichtigsten Tierkrankheiten bei den US-Veterinären Michael W. Fox, Elisabeth Hodgkins und Marion E. Smart aus, den Autoren des kritischen Handbuchs »Not Fit For a Dog« (Für einen Hund nicht geeignet).

Bei Katzen wiederum stehen Erkrankungen des Harntrakts an der Spitze, dann kommen Magenprobleme, Nierenkrankheiten, Allergien, Erkrankungen der Atemwege, Diabetes, Ohrinfektionen und die Darmkrankheit Colitis.

Für den Hamburger Tierarzt Schrader ist völlig klar, warum die Tiere heute mit diesen Krankheiten kommen: Die »Ursache Nr. 1 für Krankheiten beim Hund« ist für ihn Fehlernährung.

Vor allem die artfremden Ingredienzen der industriellen Tiernahrung hat er als Krankheitsauslöser im Verdacht: »Wenn wir die Chemie im Hundefutter wegließen, hätten wir gesündere Hunde.« Schraders Auffassung wird von einer wachsenden Zahl von Tierfreunden und Fachleuten geteilt.

Die Tierärztin Jutta Ziegler, die im österreichischen Hallein bei Salzburg praktiziert und erfolgreiche Buchautorin ist (»Hunde würden länger leben, wenn ...«), prangert ebenfalls die »Folgen der Ernährung mit industriellem Fertigfutter« an. Das Tierfutter, das den Markt derzeit beherrscht, ist für sie ein »reines Kunstprodukt«, mit dem Hunde wie auch Katzen »aktiv krank gemacht werden«.

Wolfgang Ramsleben, Tierheilpraktiker und ehemaliger Präsident des »Deutschen Teckelklubs«, sieht bei Erkrankungen wie Arthritis, Arthrose und der Hüftgelenksdysplasie eine »ausgewogene Ernährung« neben angemessener Bewegung als hilfreich und heilsam an. Zusätzliche Nährstoffe hält er für therapeutisch nicht sehr sinnvoll – denn er glaubt, dass davon ohnehin zu viel verabreicht werde. Schließlich enthält so gut wie jedes Fertigfutter Vitamine. Aber der Overkill macht krank: »Übervitaminisierung und Übermineralisierung« könnten zu den Erkrankungen führen.

Die Hüftgelenksdysplasie, eine Fehlentwicklung des Hüftgelenks, führt dazu, dass ein Hund lahmt. Lange Zeit galt die Krankheit nur als erblich bedingt. Nun allerdings scheint sich die Ansicht durchzusetzen, dass auch die Ernährung eine zentrale Rolle spielt und dass die Ingredienzen des Industriefutters die Krankheit fördern, vor allem die hormonell aktiven Bestandteile, wie manche vermuten.

Der Karlsruher Tierfutterkritiker Klaus Dieter Kammerer war einer der Ersten, die diesen Verdacht äußerten. Von dem Tierarzt Dr. Helmar Lankenfeld aus Neustadt an der Donau, zwischen Ingolstadt und Regensburg, bekam er Zuspruch und Bestätigung. Lankenfeld schrieb: »In unserer Familie hat es immer große Hunde gegeben. In der Nachkriegszeit wurden sie ohne Probleme mit Hausmannskost ernährt. Die Probleme traten erst auf, als wir es besonders richtig machen wollten, mit Fertigfutter.«

»Ich bin Großtierpraktiker und konnte vor einigen Jahren

einen Schäferhund bei einem Bauern beobachten. Der bekam ihn mit ca. sieben Monaten von einem Züchter geschenkt, da er unverkäuflich war. Der Hund lahmte sehr stark, insbesondere aus der Hüfte, und kam hinten kaum hoch. Ich wollte natürlich sofort die üblichen Vitamin- und Mineralstofftabletten einsetzen, was aber am Geiz des Bauern scheiterte. Der Hund wurde mehr oder weniger aus dem Sauentrog ernährt und entwickelte sich zu meinem Erstaunen zu einem prächtigen Schäferhund, dem man nach anderthalb Jahren keinerlei Lahmheit mehr ansah.«

Auch in den USA, dem Heimatland des Industriefutters, mehren sich die skeptischen Stimmen.

»Je mehr ich recherchiere und lerne über kommerzielles Tierfutter und, im Gegensatz dazu, natürliches, vollwertiges Futter, desto mehr bin ich überzeugt, dass es da eine sehr enge Verbindung gibt zwischen minderwertiger Ernährung und schlechtem Gesundheitszustand von Katzen und Hunden«, sagt die US-Industriekritikerin Ann N. Martin (»Protect Your Pet«).

Die US-Tierärzte und Industriekritiker um Michael W. Fox beschreiben in dem Buch »Not Fit For A Dog« eine ganze Fülle von »Gefahren durch die moderne Haustiernahrung«. Haustierfutter ist demnach »unausgewogen«, macht süchtig und enthält oft Zusätze, »die Ihr Haustier buchstäblich vergiften können«. Das erschütternde Fazit der Tierärzte lautet: »Die schlichte Wahrheit ist, dass die Zusammensetzung und Herstellung kommerzieller Heimtiernahrung heute eine klare Gefahr bedeutet für die Gesundheit unserer Haustiere.«

Warum das denn? Sie sind doch wissenschaftlich ausgetüftelt und exakt abgestimmt auf die Bedürfnisse der Tiere? Das behaupten jedenfalls die Hersteller und auch die Tiernahrungsexperten an den Hochschulen.

Das ist natürlich Unsinn. Es ist ja in erster Linie: Müll. Und abgestimmt ist dieser Müll auf etwas ganz anderes, meinen die Kritiker von »Not Fit For a Dog«. Es hängt offenbar vor allem davon ab, welcher Abfall gerade anfällt. Und der wird dann eben den Tieren vorgesetzt:

»Welche Nährstoffe den Haustieren in den normalen kommerziellen Produkten zur Verfügung gestellt werden, bestimmt die wirtschaftliche Verfügbarkeit der Zutaten, die in diese Nahrungsmittel gemischt werden, und nicht ein tatsächliches Bedürfnis der Tiere. Eine Industrie, die auf der Entsorgung der anderweitig nicht zu verwertenden Nebenprodukte der Landwirtschaft basiert, wird ihre Rezepturen natürlich mit besonderem Augenmerk darauf zusammenstellen, welche dieser Nebenprodukte gerade verfügbar sind und zu welchem Preis. Unglücklicherweise hat das zur Folge, dass die Haustiere das essen müssen, wofür die großen Konzerne als Akteure in profitgesteuerten Industrien zu zahlen bereit sind. Die biologischen Bedürfnisse der Tiere sind dabei nur von zweitrangiger Bedeutung.«

Das sind schwere Vorwürfe. Die armen Haustiere sind demnach nichts anderes als Entsorgungspartner für Agrar- und Food-Konzerne. Und sie müssen das fressen, was gerade übrig ist. Dass das Tier darauf angewiesen war, was der Mensch übrig lässt, das war auch schon früher so. Aber jetzt stehen riesige Industriekomplexe zwischen Mensch und Tier. Sie folgen ihren eigenen Gesetzen, produzieren alles in riesigen Massen, operieren weltweit – und richten die Entwicklung ihrer Rezepturen selbstverständlich an den Erfordernissen ihrer globalen Produktion aus. Die Sachzwänge der industriellen Produktion bestimmen mithin die Zusammensetzung des Tierfutters – und nicht die Bedürfnisse der Tiere und der Menschen.

Herr und Hund nähern sich immer weiter an. Sie haben ihr Dasein aufeinander eingestellt. Sie nähren sich aus den gleichen Quellen. Schlucken die gleichen Chemikalien. »In Altersverhalten und Todesursachen ähneln sich Mensch und Hund immer mehr«, sagt die Zoologin und Hundekundlerin Helga Eichelberg.

Vor allem beim Krebs sind die Veterinäre zunehmend in Sorge. »Der Anstieg ist alarmierend«, sagt der US-Veterinär Ihor Basko, Betreiber der »All Creatures Great & Small Clinic« auf der hawaiianischen Insel Kauai. Die meisten Krebsarten, die Menschen befallen, treffen auch Tiere – wenngleich nicht alle Rassen gleichermaßen. Große Hunde wie Neufundländer, Saints, der Irische Wolfshund oder der Deutsche Schäferhund bekommen leichter Knochenkrebs. Bullterrier oder Dalmatiner eher Hautkrebs. Das Krebsleiden der Tiere ist häufig. Die Hälfte aller Todesfälle bei Haustieren über zehn Jahren geht aufs Konto von Tumoren, klagt die Nationale Katzenkrebsstiftung Amerikas (»National Canine Cancer Foundation«).

Die US-amerikanische Morris-Stiftung (»Morris Animal Foundation«) hatte während ihrer Hundekrebskampagne (»Canine Cancer Campaign«) von 2007 bis 2012 mehr als 5 Millionen US-Dollar in 45 Studien zum Thema fließen lassen. Eine dieser Studien, 2014 angelegt an der Colorado State University, sollte zum Beispiel nach »Wegen zur Verbesserung der Krebsbehandlung« suchen. Eine andere, in Australien, Universität Sydney, Start 2015, soll nach Viren suchen, die möglicherweise zu Krebs führen. Drei Jahre zuvor hatte die Stiftung begonnen, 3000 Golden Retriever für die bislang größte Studie zu Krebs bei Tieren zu rekrutieren: die »Golden Retriever Lifetime Study«.

Die Morris-Stiftung hatte schon 1998 eine Studie unterstützt, die bei 720 Todesfällen unter Hunden nach den Ursachen suchte. Das Ergebnis: 479 waren an Krebs gestorben, also weit mehr als die Hälfte, bei zwölf Prozent waren es Herzprobleme, bei sieben Prozent die Nieren, immerhin vier Prozent starben an den Folgen epileptischer Anfälle.

Bei 469 Todesfällen unter Katzen war es in 32 Prozent der Fälle Krebs, bei 23 Prozent Nieren und Harnwege, in neun Prozent der Fälle Herzprobleme. Seit Krebs bei Hunden sozusagen zur Volkskrankheit geworden ist, rüsten auch die Hospitäler auf. Neuerdings gibt es Spezialstationen in Tierkliniken. Und Debatten über den Sinn solcher Behandlungen.

Am 25. Januar 2006 wurde die Abteilung »Onkologie« an der Veterinärmedizinischen Universität Wien (VUW) eingeweiht. Dabei wurde, wie die Hochschule mitteilte, das neue Gerät zur Bestrahlungstherapie von krebskranken Tieren vorgestellt, »ein Linearbeschleuniger der Firma Siemens«. Dieses Gerät sei »in Österreich einzigartig« bei der Behandlung von Tieren. Die Veterinärmedizinische Universität Wien eröffne damit den österreichischen Besitzern von krebskranken Kleintieren »neue Möglichkeiten der Heilung oder Schmerzlinderung für ihren vierbeinigen Liebling«.

An der Universität Zürich gab es ein solches Bestrahlungsgerät für Heimtiere, den Linearbeschleuniger, seit längerem schon. Als der Apparat im Jahr 2006 kaputtging, gab es einen Streit um die Frage, wer ein neues Gerät bezahlen solle, ob Krebsbehandlung bei Kleintieren angesichts des Elends in der Welt ein Luxus sei, für den die Leute selbst aufkommen sollten – oder ob der Steuerzahler zuständig sei, da aus der Behandlung von Tieren auch Schlüsse auf die Krebstherapie bei Menschen gezogen werden könnten.

2011 schließlich erteilte die Vetsuisse-Fakultät an der Universität Zürich den Auftrag für die Beschaffung eines neuen Linearbescheunigers im Wert von über 2,5 Millionen Schweizer Franken (ungefähr 2,3 Millionen Euro), inklusive Umbaumaßnahmen.

Und dabei darf man in der Tat an einen Nutzen für die Menschen denken. Schließlich gelten, so eine Studie amerikanischer Forscher von der Universität von Columbus im Bundesstaat Ohio aus dem Jahr 2015, »Hunde als Modell für Krebs«. Sie könnten als Objekte der Krebsforschung wertvolle Hilfe leisten, so zur Entwicklung wirksamerer Medikamente für Menschen beitragen und darum auch »Zugang zu modernster Krebsbehandlung« bekommen.

Mensch und Tier werden zur Schicksalsgemeinschaft. Denn auch die Menschen leiden zunehmend unter den Lebensbedingungen, die sie den Tieren, insbesondere den sogenannten Nutztieren, zumuten.

Die Tiere im Stall brüten schon neue Bakterien aus, die auch die Menschen bedrohen, wie etwa die neuartigen *E. coli*-Bakterien, an denen weltweit vor allem Kinder sterben – und die jetzt sogar schon im Trinkwasser zu finden sind. Überdies leiden die Menschen zunehmend an den Resistenzen gegen Antibiotika: Die Arzneien wirken nicht mehr, weil die Krankheitserreger sozusagen abgehärtet sind – unter anderem durch ihren massenhaften Einsatz in den Tierställen.

So werden die Ställe selbst zum Risikofaktor. Sie sind die Ursache für die massenhafte Verbreitung von Krankheitserregern, Viren und Bakterien, die sich natürlich umso leichter ausbreiten können, je dichter die Tiere zusammengepfercht sind. Die Enge, die geschwächten Organismen, der Stress durch den Zwang zum schnellen Wachstum – da haben die Erreger leichtes Spiel.

Kurz: die Lebensumstände der Tiere führen dazu, dass sie krank werden. Die Experten sprechen in solchen Fällen von sogenannten Faktorenkrankheiten. Und das Aufkommen von

Faktorenkrankheiten bedeutet schlicht, dass die Massentierhaltung ungesund ist.

»Gerade bei einer hohen Aufstallungsdichte«, so schrieb schon das *DGS Magazin*, ein Fachblatt für Schweine- und Geflügelfabrikanten, hätten »Krankheitserreger ein hohes Potenzial, sich zu vermehren«.

Aber nicht nur die Nutztiere werden krank. Auch die Haustiere werden immer dicker. Und Übergewicht geht nach Meinung zahlreicher Wissenschaftler mit einem erhöhten Risiko für Diabetes einher; auch Kreislaufstörungen können die Folge sein, das Skelett kann unter Übergewicht leiden. Übergewicht schädigt die Leber, erhöht den Blutdruck, geht auf die Gelenke, verursacht Arthritis. Übergewichtige Tiere sterben zwei Jahre früher als ihre schlanken Artgenossen. Und immer mehr Tiere bringen zu viele Kilos auf die Waage.

2007 sind sogar zwei englische Hundebesitzer verurteilt worden – weil ihr Labrador zu fett war. Jeder der beiden Brüder aus der Grafschaft Cambridgeshire, 52 und 63 Jahre alt, musste umgerechnet 370 Euro Strafe zahlen. Ihr Hund hatte 75 Kilo gewogen – mehr als das Doppelte des Normalgewichts. Im Vereinigten Königreich können Hundebesitzer belangt werden, wenn sie den Empfehlungen ihres Tierarztes nicht folgen.

Die britische Tierschutzorganisation PDSA erhebt alljährlich Übergewichtsraten der Tiere Großbritanniens. Nach dem im Jahre 2015 veröffentlichten Report sollen 33 Prozent aller Hunde und je 25 Prozent aller Katzen und Kaninchen zu dick sein. Manche Schätzungen veranschlagen sogar, dass bis zu 45 Prozent der Haustiere übergewichtig sind. »Die Übergewichtsepidemie bei Haustieren ist etwas, das alle Experten in der Tiermedizin besorgt stimmt«, sagte Sean Wensley, Veterinär bei PDSA. Vor allem wegen der Folgen: eines erhöhten Risikos für Diabetes, Arthritis, Herzkrankheiten und manche Arten von Krebs. »Wie bei den Menschen«, sagte Wensley, »kann Übergewicht auch bei Haustieren die Lebenserwartung verkürzen.«

In vielen Weltgegenden sind die idealgewichtigen Haustiere schon in der Minderheit. In den USA zum Beispiel sind 52,7 Prozent der Hunde und 57,9 Prozent der Katzen übergewichtig oder gar fettsüchtig. Das zeigte eine Studie zum Nationalen Tag des Gedenkens an das Übergewicht bei Haustieren im Jahr 2014 (»National Pet Obesity Awareness Day«).

In Deutschland sind 52 Prozent der Haustiere zu dick, so eine Studie von Nicola Becker und ihren Kollegen von der Ludwig-Maximilians-Universität München, die 2012 im Fachjournal *Tierärztliche Praxis Kleintiere* erschien. »Übergewicht ist das größte ernährungsbedingte Problem«, bilanzieren die Autoren. »Im Vergleich zu früheren Studien hat sich die Zahl übergewichtiger Tiere erhöht.«

Das Fachmagazin *Der Praktische Tierarzt* hat schon ein neues Beiheft zum Thema »Diät für Haustiere« publiziert, das Veterinäre an ihre Kunden verteilen können. Das Thema kennen die Menschen nur zu gut. Und manche, vor allem Frauen, legen sich sogar unters Messer, um sich ungeliebte Pölsterchen operativ entfernen zu lassen. Diese Möglichkeit gibt es jetzt auch für Vierbeiner. Die Universität Leipzig hat sich schon 2006 mit einer Studie zur Fettabsaugung beim Hund hervorgetan. Und 2011 vermeldete die Universität Sydney in einer Studie mit immerhin 20 Hunden eine Erfolgsquote von 96 Prozent für die operative Fettabsaugung beim Tier.

Auch die Futtermittelfirmen investieren in Studien zu Übergewicht und Diäten. Marktführer Mars veranstaltete am Sitz des deutschen Hauptquartiers im niedersächsischen Verden ein Expertensymposium zum Thema. Cornelia Ewering, Tierärztin in der Kommunikationsabteilung von Mars Petcare, meinte dazu: »Wenn man weltweit Tierärzte befragt, ist die Antwort einheitlich. Das Hauptproblem hinsichtlich der Gesundheit von Hunden und Katzen ist das Übergewicht.«

Sogar Hengste und Stuten zählen zum Club der Dicken: »Immer mehr Pferde leiden unter Übergewicht«, sagt Professor Doktor Ellen Kienzle von der Tierärztlichen Fakultät der Ludwig-Maximilians-Universität in München. Sie gibt einfache Tipps zur häuslichen Diagnose. Grundregel nach einer Studie der US-Akademie der Wissenschaften: »Wirken Katzen übergewichtig, dann sind sie es auch.« Wer sichergehen möchte, dem empfiehlt Kienzle die Fetterfassung mittels »Schlachtergriff«. »Wenn der Rippenbogen nicht mehr zu sehen ist und der Hüftknochen nicht mehr zu ertasten ist, ist Ihr Tier zu dick.«

Bei der Ursachenforschung in Sachen Übergewicht bei Tieren allerdings gehen die Meinungen auseinander. Einigkeit herrscht noch in der Annahme, dass die »übermäßige Aufnahme von Kalorien« zur »exzessiven Körperfettbildung« führen kann, wie es im Hill's-Handbuch zur Kleintierernährung steht. Diese Form der Überfütterung sei »wahrscheinlich die häufigste Form von Fehlernährung bei Haustieren in der westlichen Gesellschaft«.

Das Futter habe damit allerdings nichts zu tun, meint das Handbuch des Futterherstellers Hill's: »Eine Forschungsarbeit fand keinen Unterschied in der Art des Futters, welches an übergewichtige Tiere verfüttert wird.« Diese Untersuchung stammt allerdings aus dem Jahre 1986.

Die Petfood-Konzerne, die am gesundheitlich riskanten Tierfutter verdienen, wittern natürlich auch in den zunehmenden Tiererkrankungen ein neues Geschäft: Diätfutter. Doch Diätfutter für das Haustier ist nach Ansicht von Kritikern völlig unsinnig. Ebenso wie die – gleichwohl unausrottbare – These, dass mangelnde Bewegung bei Mensch wie Haustier Übergewicht verursache.

Doch woran liegt es dann, wenn unsere vierbeinigen Lieblinge immer dicker werden? Womöglich ist es gerade die überschießende Zuneigung, die Herrchen und Frauchen dazu führt, mehr in den Napf zu tun, als gut ist fürs Tier? Die »emotionale Komponente«, wie das die Tierärztin Gertrude Edtstadtler-Pietsch nennt? Sie kam in ihrer im Jahre 2003 vorgelegten Dissertation über den Umgang mit Hauskatzen an der Ludwig-Maximilians-Universität München zu dem Schluss: »Die hohe Schmackhaftigkeit der Produkte und die fast durchgehend zu hoch angesetzten Fütterungsempfehlungen der Hersteller, gekoppelt mit der emotionalen Komponente des Fütterns, die häufig zu einer Überversorgung der Tiere mit Energie führt, tragen zusätzlich zu einer den tatsächlichen Energiebedarf der Katzen meist übersteigenden Versorgung bei.« Zu wenig Bewegung spiele dabei allerdings auch eine Rolle.

Übergewichtige Tiere: Das ist in der freien Natur eigentlich kaum vorstellbar. Fette Krokodile? Schwabbel-Adler? Löwen mit Wampe? Unvorstellbar. In der Wildnis sind die Instinkte intakt, die die Nahrungsaufnahme regeln.

Den Haustieren aber scheint das instinktive Wissen, wie viel sie fressen müssen, abhandengekommen zu sein. Die US-Tierärztin Dr. Elisabeth Hodgkins meint: »Die Hunde können nicht mehr unterscheiden zwischen dem, was sie brauchen, und dem, was sie wollen.« Das haben sie aber nicht einfach verlernt. Es sind, wie bei den Menschen auch, die industriellen Zusätze, die die natürliche Gewichtsregulation des Körpers austricksen.

Der Zusatz von künstlichen Süßstoffen, Aromen oder auch

des sogenannten Geschmacksverstärkers Glutamat kann dazu führen, dass die Tiere mehr fressen, als sie brauchen, und an Gewicht zulegen. Bei der Mast ist dieser Effekt sogar erwünscht – und von den Herstellern dieser Masthilfsmittel auch in einigen Fällen wissenschaftlich belegt. Und schließlich bewirken die verschiedenen Zutaten, die ins kommerzielle Fertigfutter gekippt werden, auch eine Reihe hormoneller Effekte, die dazu beitragen, dass die Gewichtsregulation gestört wird (siehe Kapitel 10).

Doch nicht nur beim Gewicht, auch bei vielen anderen modernen Leiden der Haustiere wirkt das artwidrige Futter verhängnisvoll. Für die Harnwege zum Beispiel ist vor allem das beliebte Trockenfutter ein regelrechtes Problemfutter. Erkrankungen der Harnwege gehören zu den Leiden, die die Tiere bislang gar nicht kannten. »Katzen, die sich selbst überlassen sind, haben im Allgemeinen keine größeren Probleme mit dem Harntrakt«, schreiben Michael W. Fox und seine Kollegen in »Not Fit For a Dog«.

Anders verhält es sich, wenn sie Trockenfutter fressen: »Der Anstieg bei den Krankheiten des Verdauungstraktes fiel zusammen mit der zunehmenden Verbreitung des gemahlenen Trockenfutters bei Katzen.« Jetzt breiten sich solche Erkrankungen aus. Krankheiten mit dem Fach-Kürzel FLUTD (»Feline Lower Urinary Tract Disease«) sind beispielsweise Erkrankungen der unteren Harnwege der Katze. Dabei staut sich Urin aufgrund von Kristallen (»Harngrieß«), was zuerst zu Entzündungen, dann zu Nierenschädigung und am Ende zu Nierenversagen führt.

Aber woher kommt dieses Problem, das es früher nicht gab? Die Veterinäre der Futterkonzerne tippten auf eine Überdosis Magnesium im Futter, weil sich Magnesium auch in den Harnkristallen fand, die den Urinstau verursachten. Sie entfernten das Magnesium aus dem Futter und fügten Säuren dazu. Viele Katzen entwickelten daraufhin neuartige Kristalle aus Calciumsalzen. Diese Lösungen verschlimmerten das Leiden vieler Katzen.

Die wahre Ursache für die Harnwegsprobleme hätten die Konzerne mit Trockenfutter, ihrem wichtigen Umsatzbringer, selbst zu verantworten, behaupten jedenfalls die Industriekritiker um Michael W. Fox. Denn es sei nachgewiesen, dass einerseits der trockene Charakter des Futters und andererseits sein hoher Getreide- bzw. Stärkeanteil die beiden »wichtigen Faktoren« seien, die zu diesen Krankheiten führen.

Das Trockenfutter ist also problematisch für den Harntrakt der Katzen, weil es trocken ist. Oder, wie es Veterinär Fox ausdrückt: »Wegen seines geringen Feuchtigkeitsgehaltes im Vergleich zu Nassfutter.« Denn der Harntrakt, zu dem auch die Nieren gehören, ist auf ausreichend Flüssigkeit angewiesen. Das Trockenfutter hat davon nicht so viel. Katzen sollten deshalb viel trinken – genauer: Sie sollten die dreifache Menge des Trockenfutters trinken. Das tun sie aber nicht, weil sie eigentlich Wüstentiere sind und ohnehin nicht so viel Flüssigkeit aufnehmen. Das Problem wäre gelöst, wenn die Katzen einfach anderes Futter bekämen. Denn wenn sie »fleischbasiertes Nassfutter fressen« würden, bekämen sie »niemals« diese Krankheiten im Harntrakt.

Ähnlich verhält es sich mit Entzündungen im Verdauungstrakt. Etwa bei der chronisch entzündlichen Darmerkrankung *Inflammatory Bowel Disease*, kurz IBD, auch *Inflammatory Bowel Syndrome* genannt, IBS. Zu den Symptomen zählen Durchfall, Blut im Kot, Erbrechen, Appetitlosigkeit, Bauchschmerzen, Blähungen, Verstopfung und schließlich stumpfes Fell und Haarausfall.

Die Experten sind sich einig, dass es sich um eine Immunreaktion handelt. Der Grund? »Die Nahrung«, sagen die Autoren und Industriekritiker um Michael W. Fox. Sie sei »bei weitem der wahrscheinlichste Auslöser einer allergischen Reaktion, weil die Zutaten im Katzenfutter die wichtigsten Substanzen sind, die mit der Oberfläche von Magen und Darm in Kontakt kommen«.

Anderes Futter gehört also in den Napf, dann herrscht Ruhe im Verdauungstrakt: »Um das Problem zu lösen, müssen wir logischerweise die Substanzen auswechseln, die von den Verdauungsorganen der Katze verarbeitet werden müssen.« Dann wird die Katze vielleicht auch wieder glücklicher. Denn die Verdauungsorgane stehen überraschenderweise in einem Zusammenhang mit ganz anderen Körperregionen, dem Gehirn vor allem, und mithin mit den Gefühlen, der Psyche, dem Befinden. Dass die Gefühle im Bauch entstehen, behauptet der Volksmund. Diese Wahrheit findet jedoch Bestätigung durch die Hirnforschung: 95 Prozent aller Glückshormone, Serotonin zum Beispiel, entstehen im Darm (siehe Hans-Ulrich Grimm: »Die Ernährungslüge«).

So finden sich auch bei Hunden und Katzen immer deutlichere Zusammenhänge zwischen dem Futter und den Gemütskrankheiten, an denen die Tiere neuerdings vermehrt leiden. Gerade die Haustiere entwickeln offenbar zunehmend Neurosen, Ängstlichkeit oder Aggressivität. Bei Katzen äußert sich das in speziellen Verhaltensweisen wie Unsauberkeit oder gar »Protestharnen«, wie der Tierarzt Rolf Spangenberg in seinem Buch über Katzenkrankheiten schreibt: »Auf einmal setzt sie Bächlein und Häufchen in der ganzen Wohnung ab«, und die »Möbel werden mit Urin bespritzt«.

Eine große Zahl von Büchern zeugen von diesen Verhaltensauffälligkeiten: »Der schwierige Hund«, »Verhaltensstörungen bei Hund und Katze« oder auch »Was tu ich nur mit diesem Hund?«. Auch an der Veterinärmedizinischen Universität Wien gibt es immer Vorlesungen zum Thema »Spezielle Verhaltensstörungen bei Hund und Katze«. Ganz oben steht, da die Hochschule den geschäftsmäßigen Seiten des Veterinärwesens gegenüber sehr aufgeschlossen ist, zum Beispiel das Ziel: »Kenntnis der veterinärmedizinisch relevanten Psychopharmaka« und deren Einsatz. So werden auch die seelischen Verstimmungen zu einer neuen Einnahmequelle für die Veterinärsbranche.

Die Reporterin Irene Binal fand bei den Recherchen für ihren Bericht zur psychischen Lage des deutschen Haustiers im *Deutschlandradio* alsbald auch die Spezialisten für die Seelen von Settern, Siamkatzen und Sittichen. Sie fand die Leute aus der Abteilung »Angewandte Tierpsychologie«. Sie reagierte zunächst mit einem Abwehrreflex: »Angewandte Tierpsychologie! So skurril das auch auf den ersten Blick erscheinen mag – die Tiertherapie ist auf dem besten Weg, sich ihren festen Platz im tierärztlichen Spektrum zu erobern.«

Schon hat die Branche ein zusätzliches Einnahmefeld erschlossen: Die Bundestierärztekammer etwa bietet ein Seminar zum Thema »Verhaltenstherapie« an. Zwei Tage, 300 Euro, beispielsweise an der Tierärztlichen Hochschule Hannover, im Hörsaal des Instituts für Tierzucht und Vererbungsforschung, Bünteweg 17p. Für Mitglieder ermäßigte 280 Euro; arbeitslose Tierärzte und Studenten zahlen sogar nur 260 Euro. In der Schweiz gibt der Biologe und Tierpsychologe Dennis C. Turner, gebürtiger Amerikaner und Privatdozent an der Universität Zürich, einen Kurs in tierpsychologischer Beratung. Kosten: 7400 Schweizer Franken (4700 Euro). Der Kurs findet unter dem »Patronat« des Berufsverbandes Diplomierter Tierpsychologischer Berater VIETA statt.

Die neuen Leiden mögen für die Tiere und ihre Hausgenossen traurig sein. Für die Tierbranche sind sie eher eine Herausforderung bei der Erschließung neuer Einnahmequellen. In München schrieb etwa Constanze Pape ihre Doktorarbeit zum Thema »Der Einsatz von Antidepressiva in der Therapie von Verhaltensproblemen bei Hund und Katze«. Das Ergebnis: Die sogenannten Serotoninwiederaufnahmehemmer erwiesen sich als hilfreich bei »angstbedingten Verhaltensweisen« sowie »Zwangsstörungen«. Auch die Substanzen Venlafaxin und Mirtazapin könnten bei der Behandlung eingesetzt werden, sie helfen gegen Depressionen und sind auch bei Menschen bewährte Mittel. Ein Stoff namens Clomipramin erweise sich zumindest ansatzweise als heilsam bei der »Behandlung des Harnmarkierens bei Katzen«, dem offenbar häufigsten Verhaltensproblem bei Katzen.

Für die Epileptiker gibt es Phenobarbital und Primidon, die klassischen einschlägigen Medikamente auch bei menschlichem Anfallsleiden. Diazepam (Valium) soll ebenfalls dagegen helfen, es eignet sich auch zur Therapie für Katzen, die unentwegt miauen. Und gegen eine Krankheit namens CDS gibt es, vom Viagra-Hersteller Pfizer, ein Medikament namens Anipryl. CDS, das ist eine Art Alzheimer bei Hunden (»cognitive dysfunction«, zu Deutsch: geistige Fehlfunktion).

Viele der vermeintlich bisswütigen Hauswächter sind offenbar ganz arme Hascherln. Für sie gibt es Produkte wie »Zylkène«, ein »Ergänzungsfuttermittel« für Hunde zur »Bewältigung von Angst und Stresssituationen«, ab 15,25 Euro pro Packung. Auch für Katzen erhältlich.

Schon sollen 10 bis 20 Prozent der amerikanischen Hunde auf Psychopharmaka sein, »weil sie im Falle des Allein-gelassen-Werdens die Wohnungsreinrichtung zerstören, Kot und Urin hinterlassen und dauerhaft bellen«, sagt die Tierärztin Jutta

Ziegler aus dem Salzburger Land. Die Symptome ließen sich mit einem Mittel wie »Reconcile« angeblich gut unterdrücken. »Reconcile« ist für den Hund das, was für Menschen »Prozac« ist: eine Psychopille, ein Glücksfall – vor allem für die Aktionäre.

Für die Betroffenen gilt das nicht unbedingt. Bei der Dobermännin Sandrina beispielsweise. Für die Tierärztin Dr. Ziegler war es ein verstörendes Erlebnis, als sie Sandrina zum ersten Mal sah. »Sie ist eine wunderschöne Hündin. Das Auffälligste für mich ist die totale Nichtansprechbarkeit des Tieres. Es ist ihr vollkommen egal, ob man sie anschreit oder anderweitig versucht, ihre Aufmerksamkeit zu erregen. Sie reagiert in keiner Weise.« Das Tier verhält sich derart merkwürdig, weil es auf Droge ist. Die Droge heißt »Reconcile«, der Wirkstoff Fluoxetin. Es ist die Substanz aus der berühmt-berüchtigten »Glückspille« »Prozac«, die in Europa unter dem Namen »Fluctin« vertrieben und vom US-Pharmagiganten Eli Lilly hergestellt wird.

Es ist offenbar die passende Pille für den Hund in einer Welt der Scheidungen und Beziehungsabbrüche. Denn das Präparat kann, so die Europäische Arzneimittelbehörde EMEA (»European Medicines Agency«) in London, »die klinischen Symptome (Verhaltensauffälligkeiten) von trennungsbedingten Störungen bei Hunden verbessern«. Das Medikament unterdrückt offenbar die Anteilnahme. Das hat aber auch eine gewisse Apathie zur Folge. Denn wenn der Hund nicht mehr trauern darf, gerät natürlich sein Gefühlshaushalt grundsätzlich durcheinander – durch die Pille, nicht durch die Probleme auf der Beziehungsebene. Laut Arzneimittelagentur zählt zu den Nebenwirkungen neben Anorexie (Appetitlosigkeit) auch Lethargie (Teilnahmslosigkeit). Zudem wurden »Koordinations- und Orientierungsstörungen« beobachtet. Oder »Anfälle«.

Sandrina bekam das Medikament, weil sie als verhaltensgestört galt. Im Welpenalter war sie kaum zu bändigen, praktisch niemals müde und »regelrecht immun« gegen Erziehungsmaßnahmen, berichtet Ziegler. »In der Hundeschule wird sie bald regelrecht geächtet.« Sie ist ein kleiner Tyrann: »Es ist unmöglich, sie leinenführig zu machen. Sandrina hüpft und springt an der Leine, bellt ständig und terrorisiert alle.«

Der Tierarzt weist daraufhin in die pharmakologische Richtung. Erst mit einem Spezialfutter: »Calm Stressmanagement« aus dem Hause Royal Canin, erhältlich für Hunde und Katzen. Und dann »Reconcile«. Jetzt dominierte offenbar die Droge das Verhalten.

In der Familie, berichtet Dr. med. vet. Ziegler, »wirkt sie seltsam teilnahmslos und absentiert. Auch das Kuscheln mit Herrchen, Frauchen und den Kindern mag Sandrina nicht. Das scheint ihr regelrecht unangenehm zu sein. Aber allein bleiben kann sie auch nicht. Da springt sie über alle Tische und Stühle und hinterlässt massive Verwüstung im Heim« der Familie. Tierärztin Ziegler glaubt, dass das Futter, die chemische Aufrüstung, nicht die Lösung sei, sondern die Ursache der Probleme: »Sandrina bekommt vom Welpenalter an ausschließlich Industriefutter.« Und genau das könnte ein Grund für die Verhaltensauffälligkeiten sein. Schließlich haben sich auch bei hyperaktiven Kindern Ernährungstherapien als wirksam erwiesen (siehe Hans-Ulrich Grimm: »Die Ernährungslüge«).

Bei Tieren ist es offenbar ganz ähnlich. Schon 1996 hatte eine Studie von Veterinären der amerikanischen Tufts University einen Zusammenhang zwischen Ernährung und Verhalten gezeigt. Manche Hersteller haben daraufhin Beruhigungsmittel ins Futter gemischt – mit dem Ergebnis, dass die Hunde dann völlig lethargisch und apathisch wurden.

Der US-amerikanische Hundetrainer und Autor William E. Campbell hatte schon 1999 in seinem Buch über Verhaltensprobleme bei Hunden (»Behavioral Problems in Dogs«) vermutet, dass die allgegenwärtigen Kohlenhydrate in der kommerziellen Tiernahrung zu Hyperaktivität und Hypersensibilität bei Hunden führen können. Auch ein Mangel an sogenannten Omega-3-Fetten kann wie bei Menschen eine Rolle spielen. Das zeigte eine Studie der Universität im italienischen Pavia aus dem Jahr 2008: Bei aggressiven Hunden wurden besonders niedrige Omega-3-Werte gemessen.

Diese wichtigen Fette fehlen oft in Industrienahrung, weil sie schnell verderben. Sie finden sich in Fischen, auch in Leinöl. Sie sind aber auch in Fleisch enthalten, vor allem in dem von artgerecht mit Gras gefütterten Rindern.

Der britische TV-Veterinär Joe Inglis verweist zudem auf Zusatzstoffe. Sie könnten ja auch bei Kindern zu Hyperaktivität führen – und bei Hunden und Katzen sei das ganz genauso: »In den zwölf Jahren, die ich als Tierarzt praktiziere, habe ich einen erheblichen Anstieg an Problemen infolge schlechter Ernährung gesehen, einschließlich Allergien und Intoleranzen, und Verhaltensproblemen, die mit Zusatzstoffen in Verbindung stehen.« Es sei »unverantwortlich«, sagt Veterinär Inglis, »diese ganzen Zusatzstoffe bei Haustiernahrung zu verwenden«, wo es doch zahlreiche »Fallbeispiele« gebe, »wie sie Schaden anrichten können«. Zornig resümiert der Arzt: »Die Profite werden über das Wohlergehen der Tiere gestellt.«

Tierärztin Ziegler sieht die Industrienahrung generell als Ursache der vielfältigen Störungen: »Der Zusammenhang zwischen menschlicher Ernährung und Erkrankungen des Nervensystems ist mittlerweile ins Bewusstsein vieler Menschen gedrungen. Aber ein Zusammenhang zwischen der Industriefütterung unserer Hunde und deren Verhaltensstörungen wird leider so gut wie nie in Betracht gezogen. Der Ernährungsfaktor wird als wichtige Ursache einer psychischen Störung schlichtweg übersehen. Durch industriell hergestelltes Futter kann bei empfindlichen Hunden eine Reaktion des Immunsystems (Allergie) ausgelöst werden, die ihre Wirkung entfaltet, indem sie in die Funktionen des Gehirnstoffwechsels eingreift.«

Dabei hätte, meint Tierärztin Ziegler, der negative Einfluss des Industriefutters bei Patientin Sandrina »eigentlich auffallen müssen«. Schon wegen der »ständigen Blähungen, der manchmal auftretenden Durchfälle sowie des abartigen Appetits und des Fressens des eigenen Kots«. Doch für die Futterkonzerne – und die ihnen freundschaftlich verbundenen Tierärzte – sind diese Symptome keine Warnung, dass mit dem Futter etwas nicht stimmt. Schließlich können Industriekonzerne nur Fabrikfutter. Daher produzieren sie einfach weiter – mehr Fabrikfutter und zusätzlich die Spezialprodukte zur Lösung der Probleme, die durch Fabrikfutter entstehen.

Allergien, zum Beispiel: »Das nimmt fast schon erschreckende Ausmaße an. Es ist erstaunlich, wie viele Hunde hier Probleme haben«, sagt etwa Frank Weber, Geschäftsführer des bayerischen Tierzubehörhändlers Hundemaxx. Andererseits ist das auch wieder ein Geschäftsfeld, eine neue Chance für die Futterfirmen. Denn Allergikerfutter, das sei »zunehmend ein Thema bei den Tierhaltern und damit auch ein Markt«, sagt ein Sprecher des Industrieverbands Heimtierfutter.

Eine richtige Lösung ist das natürlich nicht, jedenfalls nicht für die Betroffenen. Aber für die Bilanzen der Tierfutterhersteller. Und so haben die Futterkonzerne für bald jede Krankheit und Wohlbefindensstörung ein Spezialfutter entwickelt.

Das profitabelste Feld ist natürlich die »Zuckerkrankheit« Diabetes. Da gibt es zum Beispiel *Royal Canin Diabetic DS37*, den 12-Kilo-Sack für 55,55 Euro. Macht pro Kilo 4,62 Euro. Oder *Eukanuba Weight/Diabetic Control*, das Kilo zu 6,65 Euro.

Ein bisschen teuer vielleicht, aber was soll man sagen, die Leute sind begeistert: Yvonne H. zum Beispiel schreibt im Internet: »Nachdem unser Hund (Labrador) so stark zugenommen hat (was hauptsächlich an Faulheit lag), sind wir zum Arzt gegangen, um herauszufinden, was wir tun können. Er hat uns dann dieses Futter angeboten. Auch wenn Eukanuba vielleicht etwas teurer ist, das Futter ist definitiv sein Geld wert! Ich denke, dass es meinem Hund schon viel besser geht.« Andere sind nicht ganz so begeistert. Denn gerade die Gegenmittel der Konzerne verschärfen die Probleme offenbar noch. Behaupten jedenfalls fachkundige Kritiker wie Jutta Ziegler. Und sie kennt auch Beispiele dafür. Mischlingshündin Senta etwa, »das wandelnde Fass auf vier Pfoten«. Senta wiegt 28 Kilo, bei der Größe eines Cockerspaniels. »Sie watschelt wie eine Ente, und jeder Schritt bereitet ihr Beschwerden.«

Zusätzlich zum »normalen« Trockenfutter bekommt Senta noch sogenannte Hundesnacks, »also Kalorienbomben mit enorm viel Zucker als Geschmacksträger«. Schon im Alter von einem Jahr hatte sie außerdem sogenannte Antiläufigkeitsspritzen bekommen. Auch das kann Nebenwirkungen haben. Das darin enthaltene Hormon (Progesteron) könne »Diabetes auslösen«, meint Veterinärin Ziegler. Mit fünf Jahren wurde Senta schließlich zuckerkrank. Sie wurde gespritzt, mit Insulin. Die Familie nimmt es zwar hin, aber so richtig glücklich ist keiner der Beteiligten.

Darum wird Senta mit Diätfutter versorgt. Nur: Der Erfolg ist »sehr bescheiden«. Denn: Beim Diätfutter entwickelt Senta »noch größeren Appetit« als bei normalem Industriefutter. Kein Wunder, meint Tierärztin Ziegler: Das übliche Diätfutter für Dicke und Diabetiker enthält diverse Zutaten, die zwar billig sind, aber eigentlich eher kontraproduktiv. Die sogenannte Lignozellulose zum Beispiel. *Lignum*, das ist lateinisch und heißt

»Holz«. Das frisst normalerweise kein Hund. Denn »von Holz wird man nicht satt«.

Die logische Folge der Einnahme: »Der Hund entwickelt entsprechende Heißhungerattacken«.

Die Diätrationen fördern also womöglich Diabetes – die Krankheit, gegen die das Spezialfutter eigentlich helfen soll. Bei dieser Erkrankung kann, neben Zucker und anderen Kohlenhydraten, auch ein Zusatz namens Carrageen eine Rolle spielen (E407). Darauf deutet jedenfalls eine Studie der Universität von Illinois in Chicago hin. Bei Darmleiden steht er schon länger im Verdacht – auch wenn die Hersteller hartnäckig dementieren.

Auch die weiteren Zutaten können Krankheiten auslösen, befürchten jedenfalls Kritiker. Geflügelmehl, zum Beispiel. Geflügelmehl enthält »vom Geflügel faktisch alles, was abfällt« bis hin zu Federn, sagt Ziegler. Das ist auch nicht so ideal für einen Hund, der ja gemeinhin nicht am Federkleid von Hühnern knabbert, und zwar mit Grund: Er braucht schließlich »hochwertiges Eiweiß«, das sich etwa in Fleisch findet, und nicht »minderwertiges«, das in Federn enthalten ist. Das Ergebnis der falschen Tierernährung: »Durch die Verfütterung dieser gefährlichen ›Light‹-Produkte provozieren wir aber just Folgeerkrankungen wie beispielsweise Leber- und Nierenleiden.«

Aber keine Sorge. Auch dagegen gibt es wieder Spezialfutter, zur »Unterstützung der Nierenfunktion« wie auch zur »Unterstützung der Herzfunktion bei chronischer Herzinsuffizienz«, bei »akuter Resorptionsstörung des Darms« und zum Ausgleich »unzureichender Verdauung«. Es gibt sogar Spezialfutter, das gut für die Zähne sein soll.

Aus jedem Daseinszustand, jeder Lebensäußerung des Heimtiers, und wenn es Melancholie und Schwermut sind, ergibt sich nunmehr die Chance eines Geschäfts. Sehr pfiffig –

das Industriefutter ist sowohl die Ursache als auch die Lösung für kranke Tiere.

Pech für die Haustiere. Jetzt leben sie seit Tausenden von Jahren mit dem *Homo sapiens* in häuslicher Gemeinschaft. Und sie hatten auch allerlei Vorteile: Immer ein warmes Plätzchen oder ein sicheres Zuhause. Aber ausgerechnet der Gefährte Mensch ist für das Haustier zum Gesundheitsrisiko geworden. Oft sogar mit Todesfolge.

3.
Gefährliche Annäherung
Das Tier im Haus:
Chronik einer problematischen Beziehung

*Unglaublich: Hunde im Kochtopf – sogar hierzulande /
Warum der Mensch sich Tiere ins Haus holte / Die Wüsten-Gene
der Katze und das Futter aus dem Supermarkt /
Frau Halsband, der Hund und seine verhängnisvolle Begabung,
den Menschen zu verstehen*

Sie lebt in einer schönen Gegend: grüne Wiesen, auf denen Kühe grasen, manchmal auch Ziegen. Kleine Städtchen, propere Dörfer. Viele neue Häuser, aber auch moderne Fabriken. Sie wohnt in einem kleinen Haus mit Garten, ganz in der Nähe des Fürstentums Liechtenstein, im Hintergrund die Berge; eineinhalb Autostunden sind es nach Zürich. Niemand käme auf die Idee, dass hier in dieser Gegend Hunde im Kochtopf landen. In China vielleicht oder in Korea. Aber hier, mitten in Europa?

Edith Zellweger engagiert sich seit 32 Jahren für den Tierschutz. Sie war Friseurin, als Schweizerin sagt sie »Coiffeuse«. Sie trägt opulenten Ohrschmuck, eine weiße Nicki-Jacke mit Kapuze und ist dezent geschminkt. Sie sieht ein bisschen aus wie eine Wahrsagerin. Dauernd klingelt das Telefon. Sie liebt die Tiere, Hunde, Katzen, auch Kälber und Lämmer. Frau Zellweger kümmert sich um alle Tiere. Im Garten springen die Hunde herum. Seit ihre Mutter aus der Souterrainwohnung ausgezogen ist, leben dort 29 Katzen mit eigenem Garten.

Das Tier im Haus: Chronik einer problematischen Beziehung

Edith Zellweger hat die Welt darauf aufmerksam gemacht, dass Hunde und Katzen als Speise keine chinesische Spezialität sind. Sie ist zur Spezialistin geworden für dieses Thema, das nicht nur ein bisschen unappetitlich ist. Auch zur Anklägerin. Denn eigentlich ist es unglaublich, was sie berichtet. Sie ist sich sicher, dass auch hierzulande Hunde gegessen werden. In der Schweiz und anderswo in Europa. »Hündiges«, sagt sie als Schweizerin. Und so ist sie dann zur Hunderetterin fürs Privatfernsehen geworden, auch für Boulevardzeitungen, wenn es immer mal wieder um das Skandalthema ging: Schweizer essen Hundefleisch!

Das ist heutzutage kaum noch vorstellbar. Vielleicht ist das mittlerweile vorbei, das wollen wir mal hoffen. Aber es war eine verbreitete Praxis. Und nicht nur bei den Schweizern. Auch bei den Deutschen, den Dänen oder bei den Briten.

Dass Hundefleisch gegessen wird, gibt es heute noch in einigen Weltgegenden. Die Beziehung zwischen Mensch und Haustier hat ja sogar, seltsamerweise, so angefangen, vor Tausenden von Jahren. Das jedenfalls wollen Forscher herausgefunden haben.

Sie haben sich dann angefreundet, Mensch und Hund und Katze. Nur in Notzeiten wanderten sie in den Kochtopf, der Hund und auch die Katze. Mittlerweile werden sie selbst in China mehr und mehr zum Kuscheln gebraucht. Es ist also ein zivilisatorischer Fortschritt, wenn Mensch und Haustier sich jetzt so nahe sind, wenn sie sogar Partner sind. Und nicht der eine den anderen in die Pfanne haut.

Die Beziehungsgeschichte von Mensch und Haustier ist eine Geschichte der Anpassung – allerdings einer, bei der der tierische Teil nicht nur der Gewinner war.

Der Mensch hat das ehedem wilde Tier »domestiziert«, also ans Haus gewöhnt. Heute ist dem Haustier die Nähe zum

Menschen zur Natur geworden. Das war für Hund und auch Katze einerseits bequem. Sie kriegen das Essen gebracht, sie haben es warm, sie werden geduscht, entwurmt und zum Arzt gebracht, wenn ihnen was fehlt.

Andererseits müssen sie neuerdings auch häufiger zum Arzt. Das ist die Schattenseite ihrer Annäherung an den Menschen. Also: Vor allem für die Tiere ist es eine ambivalente Angelegenheit, sich auf die Lebensgemeinschaft mit dem Menschen eingelassen zu haben.

Vielleicht werden die Tiere heute nicht mehr verspeist, sondern eher verhätschelt. Aber das ist auch nicht unbedingt das, was gut ist für einen ehemaligen Wolf, den Hund, oder für das frühere Wüstentier Katze. Denn der Mensch glaubt natürlich, er habe es mit einem Kuscheltier zu tun. In Wahrheit aber ist Bello immer noch mit dem Wolf und Mieze mit dem Wüstentier verwandt. Tief drinnen jedenfalls, im Verdauungstrakt, um genau zu sein, dort, wo der Inhalt der Gourmetschälchen und der Trockenfutterkartons ankommt. Und Spuren hinterlässt.

So wird der Mensch auf neue Weise zum Risiko für seine Gefährten. Subtiler, indirekter, natürlich auch unbewusster als früher, als er seinen Freund und Mitbewohner tatsächlich verspeist hat. Und das nicht nur in fernen Ländern, sondern auch in Mitteleuropa. Sogar in der schönen Schweiz, wie Frau Zellweger behauptet, die Expertin für die Ambivalenz der Beziehung zwischen Mensch und Haustier.

Ihr Vater und zwei ihrer Brüder waren Metzger. Sie ist als Kind beim Schlachthof aufgewachsen. Und sie kennt diese Praktiken sozusagen aus persönlicher Erfahrung: »Ich bin so aufgewachsen«, sagt Edith Zellweger.

Sie haben selbst Hunde gegessen?

Zellweger: »Ich war als Kind oft bei einer anderen Familie. Der Junge war ein Jahr älter als ich, die Mutter hat gut gekocht, später habe ich dann erfahren, dass die auch Hunde geschlachtet haben.«

Das haben sie Ihnen erzählt?

Zellweger: »Die Hunde waren einfach nicht mehr da. Erst gab es sie, und dann waren sie nicht mehr zu sehen. Oder der Hund ist gestorben, dann haben sie ihn gegessen.«

Und das war kein Tabu?

Zellweger: »Einer hat das später auch erzählt, dass er Hunde isst, und hat dann gelacht und gesagt, ich hätte auch schon davon gegessen.«

Das war ganz normal.

Zellweger: »Ja, auch wenn es beim Musikverein ein Essen gegeben hat, da hat man gesagt, es hat Hund gegeben.«

Das wurde nichts verheimlicht?

Zellweger: »Nein, nein, da hat es dann geheißen, es hat wieder Hündiges gegeben. Der Musikverein hat ein Fest gehabt, und da hat es Hündiges gegeben.«

So wie anderswo eine Wurst.

Zellweger: »Ja, ja. Also im Grunde genommen, wenn wir ehrlich sind, ob man Hunde isst oder ob man Kalb isst …«

Das stimmt natürlich auch wieder.

Die Unterscheidung zwischen Haustier und Nutztier, sie ist ja auch eher willkürlich. Anfangs, als die Beziehung begann, war der Unterschied zwischen Nutztier und Haustier nicht besonders groß. Als der Mensch den Wolf ins Haus holte, begann eine lange Freundschaft – aber zunächst stand allein der Nutzen des Tiers im Vordergrund.

Bisher hatten die Forscher ja angenommen, der Wolf sei domestiziert worden, um Wachdienste zu leisten bei Familie Feuerstein, so etwa vor 10 000 Jahren. Mittlerweile hat sich gezeigt: Die Inanspruchnahme des Hundes begann viel früher –

und nicht nur in Europa. Und es ging auch nicht (nur) um den Security-Job.

Neuen Untersuchungen zufolge lebten die ersten Hundehalter in Asien. Das jedenfalls legen Gen-Analysen an 5392 Hunden aus aller Welt nahe, deren Ergebnisse im Herbst 2015 in den *Proceedings of the National Academy of Sciences* veröffentlicht wurden. Das Forschungsteam um Laura M. Shannon von der Cornell University in Ithaca im US-Bundesstaat New York verortete die ersten Wölfe, die gezähmt ins Haus geholt wurden, in der Mongolei und in Nepal, so etwa vor 15 000 Jahren. Der Fund eines gezähmten Wolfs in Südchina wurde auf die Zeit von vor 16 300 Jahren datiert.

Doch auch in Mitteleuropa gab es Belege für frühe Hundeliebe der Menschen. So entdeckten Archäologen in einem Grab bei Bonn-Oberkassel Hundeknochen, die immerhin 14 700 Jahre alt waren. Womöglich ein frühes Beispiel gemeinsamer Bestattung von Herr und Hund. Auch in der Chauvet-Höhle im Tal der Ardèche in Südfrankreich, 100 Kilometer nördlich von Avignon, fanden sich einschlägige Pfotenabdrücke neben den Fußabdrücken eines Mädchens. Der Wolf war immerhin schon so zahm, dass er das Mädchen in die Höhle begleitete. Und das vor 26 000 Jahren. In der Goyet-Höhle in der belgischen Provinz Namur, eine Autostunde südöstlich von Brüssel, wurde sogar ein 36 000 Jahre alter Schädel entdeckt, der von einem Hund stammen könnte. Und es geht noch älter: Womöglich sind sie schon seit 40 000 Jahren an der Seite des Menschen, die Hunde. Das jedenfalls schlossen schwedische Forscher aus Knochenfunden von der nordrussischen Halbinsel Taimyr, gemäß einer Studie, die sie im Frühsommer 2015 im Fachjournal *Current Biology* veröffentlichten.

Die Katzen folgten den Hunden vor etwa 10 000 Jahren, und zwar zunächst in Asien. Das jedenfalls meint der Archäologe und Biologe Jean-Denis Vigne vom Naturhistorischen Museum in Paris, der Anfang 2016 im Magazin *Plos One* über Früh-Katzen in China berichtete. Als Urahn der heutigen Hauskatze gilt die Nubische Falbkatze *(Felis silvestris libyca);* sie war, wie Vigne schon 2004 in *Science* berichtet hatte, in einem uralten Grab auf der Insel Zypern gefunden worden, nur 40 Zentimeter von einem menschlichen Skelett – kein Zufall, eher Zeugnis früher Zuneigung, schlussfolgerte der Franzose. Oder Folge nützlicher Talente – etwa in der Mäusejagd. Deshalb wurde sie ja als Haustier auserkoren in vielen Teilen der Welt.

Beispielsweise im alten Ägypten.

Dort ist das ehemalige Wüstentier zum ersten Mal sozusagen in menschliche Dienste getreten. Ihm wurde eine höchst wichtige gesellschaftliche Funktion zugestanden: Denn in Ägypten waren die Kornkammern die Basis des Reichtums. Die Katzen schützten die Speicher vor Mäusefraß. Somit hatten sie auch am Reichtum ihren Anteil und wurden daher geehrt und geschätzt. Die Wertschätzung für die Katze in Ägypten ging so weit, dass sie dort als heiliges Wesen galt. Wenn eine von ihnen starb, trauerten die Menschen um sie wie um ein Familienmitglied. Die Menschen rasierten sich zum Zeichen ihres Schmerzes die Augenbrauen ab, trugen Trauerkleidung und sangen Klagelieder. Das tote Tier wurde mit kostbaren Bändern umwickelt, in einen Katzensarg gelegt und auf dem Katzenfriedhof begraben. Die Katze wurde einbalsamiert wie ein König, auf dass sie auch im Jenseits als Hüterin der himmlischen Kornkammern ein nützlicher Begleiter des Menschen sei. Seit dem dritten vorchristlichen Jahrtausend gab es eine Katze als Göttin: Bastet mit Namen, Gattin des Sonnengottes Re. Sie war die Göttin der Liebe, der Fruchtbarkeit, der Anmut und der Schönheit. Als Mondkatze bewachte sie bei Nacht die Sonne und bekämpfte deren Todfeindin, die Schlange der Finsternis.

Auch in anderen Weltregionen war die Katze Bestandteil religiöser Zeremonien. Von Indien aus gelangte sie nach China, wo Katzen die Bewahrer des gesellschaftlichen Reichtums waren. Sie beschützten die Kokons der Seidenraupen und bewahrten die geistigen Überlieferung, indem sie in den Tempeln die alten Handschriften vor Ratten und Mäusen schützten. Die Chinesen glaubten, dass nur der Mensch und die Katze eine Seele besäßen.

Im europäischen Mittelalter war die Katze demgegenüber das finstere Element, die schwarze Katze etwa galt als Schülerin des Teufels. Als Begleiterin der Hexen traf die Katze die gesellschaftliche Ächtung, die den Hexen galt. Auf ihrem Besenstiel reiste die Hexe bekanntlich stets in Begleitung einer Katze durch die Lüfte. Auch im Hexenhaus hatte die bucklige Hausherrin eine Katze auf der Schulter. Diese Nähe zur schwarzen Magie wurde den Katzen zum Verhängnis. Häufig endeten sie gemeinsam mit der Hexe auf dem Scheiterhaufen.

Ein inniges Verhältnis zu einem Tier, besonders zur Katze, galt damals als Blasphemie. Sowohl unter den Armen als auch bei Aristokraten und Klerikern gab es aber Katzenfreunde. Mit den ihr unterstellten magischen Kräften nahm die Katze in der damaligen Heilkunst einen wichtigen Platz ein. Fast alles von ihr wurde zu medizinischen Zwecken genutzt.

Zur gleichen Zeit traf die Katzen dasselbe Schicksal, das Hunde ebenso wie Hühner, Kälber und Kühe ereilte: Sie dienten als Nahrungsmittel. Und das noch ziemlich lange. Jedenfalls in schlechten Zeiten.

Das ist der Grund, warum die Katze scherzhaft auch »Dachhase« genannt wird. Der Ausdruck stammt angeblich aus der Zeit, als die Türken Wien belagerten, 1683 war das. Rheinländer kennen das Kölner Karnevalslied »De Wienands han 'nen Has em Pott. Miau! Miau! Miau!« von Willi Ostermann und finden das vermutlich sogar lustig. Das moderne Medienpublikum sieht das heute in der Regel anders.

Der italienische Fernsehkoch Beppe Bigazzi jedenfalls wurde nach Protesten von Tierschützern und Katzenfreunden von dem Sender *Rai Uno* entlassen, weil er in seiner Sendung ein Rezept für gebratene Katze präsentiert hatte. Doch er fand auch Zuspruch. Fausto Maculan, Weinexperte, hielt zu seinem Freund: »Ich stehe zu Bigazzi und werde bei der ersten Gelegenheit Katzenfleisch probieren«, sagte er der Zeitung *Corriere del Veneto*. Auch im Schweizer Kanton Tessin soll, wie das Boulevardblatt *Blick* in Erfahrung brachte, das Menü »Miau Miau« immer noch verbreitet sein.

Neueste Forschungen deuten darauf hin, dass die Trennung zwischen Haustier und Nutztier tatsächlich fragwürdig ist. Nicht einmal der Hund hatte immer seine Sonderposition. Er wurde offenbar, in grauer Vorzeit, nicht für den Einsatz als Wächter oder Hofhund oder Schoßhündchen ins Haus geholt, sondern als … nun ja: Speisetier. Wenn man so sagen will: »Wahrscheinlich wurden Hunde ursprünglich auch als Fleischlieferanten domestiziert«, sagt Hal Herzog, Psychologieprofessor an der University of Western Carolina. Auch der Genetiker Peter Savolainen vom Royal Institute of Technology in Stockholm glaubt, dass der Wolf in China einzig darum in die häusliche Gemeinschaft aufgenommen worden sei, um verspeist zu werden. Und zwar, wie er 2009 im Fachblatt *Molecular Biology and Evolution* schrieb, schon vor 10 000, neueren Forschungen zufolge vielleicht sogar schon vor 40 000 Jahren.

Bis zur reinen Freundschaft mit dem Tier war es ein langer Weg. Im Vordergrund der Beziehung stand immer irgendein Nutzen. Hunde dienten vor 3000 Jahren in China sogar als Diagnosehelfer der Doktoren. Denn den Chinesen war schon damals bekannt, dass Hunde mit ihren extrem empfindlichen

Nasen Krankheiten beim Menschen erriechen können – eine Fähigkeit, die in neuester Zeit durch wissenschaftliche Untersuchungen nachgewiesen wurde, beispielsweise für verschiedene Krebsarten.

Auch in Mesopotamien war der Hund im Gesundheitswesen tätig, als das heilige Tier der Heilgöttin Gula. Geachtet wurde er, so vermuten Fachleute, wegen der angeblich heilsamen Wirkung seiner feuchten Zunge. In Griechenland stand er ebenfalls in medizinischen Diensten, als Begleiter des Heilgottes Asklepios.

Der Hund hatte in der Antike allerdings auch seine abgründigen und aggressiven Seiten. In der antiken Mythologie ist er häufig Jagdbegleiter, vertritt aber auch das Finstere und das Jenseits. Der Höllenhund Zerberus hatte seine Aufgaben in der Unterwelt. Außerdem kam es vor, dass Hundeopfer am Grab und im Kult der finsteren Göttin Hekate dargebracht wurden.

Und leider diente der Hund, wiewohl Kultwesen, immer auch als Speise. Die kulinarische Tradition des Hundeverzehrs reicht etwa in China lange zurück: »In China essen sie Hunde, und das schon seit der Jungsteinzeit«, notierte die Korrespondentin der *Zeit* und fühlte sich dadurch wohl legitimiert, ihren Lesern auch gleich ein Rezept mitzuteilen: »Hund in Meeresschildkrötensud«. (»Man nehme einen Hund und eine Meeresschildkröte. Füge Salz, Kumin, Anis, Ingwer, Sanddornbeeren und elf weitere Gewürze hinzu, lassen das Ganze acht Stunden lang unbedeckt bei mittlerer Hitze köcheln. Vor dem Servieren abkühlen.«) Hundefleisch zu essen sei gesund, sagen die Anhänger der Traditionellen Chinesischen Medizin. Es wärme den Körper, stärke Niere und Magen und gilt als Potenzmittel. Der Hund wurde sogar als Lieferant des besseren Fleisches geschätzt. Bekam eine Frau einen Jungen, gab's Hundefleisch, wenn es nur ein Mädchen war, bloß Schwein.

Mittlerweile ist den Chinesen diese Tradition peinlich. Bei der Olympiade 2008 hatte die Regierung die 41 Restaurants, die allein in Peking Hundefleisch anbieten, angewiesen, Hund von der Karte zu nehmen.

Dabei ist es überall im Land selbstverständlich, Hund im Restaurant anzubieten. Es gibt sogar ein Hundefleischfest, jedes Jahr zur Sommersonnenwende. Das Fest wird in der Sechsmillionenstadt Yulin in der Provinz Guanxi im Süden Chinas zwischen Hongkong und der vietnamesischen Grenze gefeiert. Dort gibt es Spezialitätenrestaurants wie das »Jadeeinhorn« unten am Fluss. Suppenhund in Streifen geschnitten, süß geschmorter Hund, eine Hundekasserolle mit Meeresfrüchten oder Hund im Fonduetopf mit viel Ingwer stehen auf der Karte. Das bekannteste Gericht ist aber »Knuspriger Hund«.

Als ein Reporter der *Süddeutschen Zeitung* dort war, fragte ihn der Koch, ein Mann namens Meng: »Sag mal, warum esst Ihr eigentlich Kühe? Was sagen denn die Inder dazu?« Der Reporter ging in sich und notierte selbstkritisch: »Zum Gefühl moralischer Überlegenheit besteht unsererseits also wenig Anlass, zumal in Deutschland das Schlachten von Hunden erst 1986 verboten wurde.« Stimmt tatsächlich.

In vielen Weltgegenden und Bevölkerungsgruppen der Geschichte und Gegenwart ist der Verzehr von Hundefleisch also aktenkundig – bis hin zu den Sioux-Indianern. Bei den Komantschen war es hingegen tabu, Hundefleisch zu konsumieren. Demgegenüber wurden Hunde in Sibirien und in der Südsee und in Notzeiten auch in Europa, in Frankreich, Belgien und in Deutschland, verspeist. Die *New York Times* hatte schon zu Beginn des 20. Jahrhunderts über Hundeverzehr berichtet, in Kassel, auch in München. Dort gab es im Jahre 1903 17 Hundemetzger, und noch 1919 gab es einige in Berlin.

Auch Prinz Henrik von Dänemark, Ehemann von Königin

Margarethe II., gestand der Zeitschrift *sieh & hör*, dass er gern Hundefleisch esse. Und in Großbritannien, wo sich nachweislich 1926 viele Londoner von Hundefleisch ernährten, berichtete die Organisation Animal Aid von einem Catering-Unternehmen, das Labrador-Steaks, Greyhound-Füße und Dackel-Würste auf den Teller bringe.

Neben dieser Tradition des Hundefleischverzehrs hatte sich jedoch früh eine andere Entwicklung angebahnt: der Trend zur Vermenschlichung, zur Verzärtelung des Haustiers. Das klingt natürlich viel besser; besonders tiergerecht ist es nicht unbedingt. Denn auch hier wurde das Tier zum Objekt menschlicher Bedürfnisse. Die Entwicklung der Liebe zum Hund begann schon im 18. Jahrhundert, dem Zeitalter der Aufklärung und des Rokoko, der Zeit der gepuderten Perücken und der ausladenden Röcke.

Das war auch die Zeit, in der Friedrich der Große, der »Alte Fritz«, eine innige Beziehung zu seinen Hündchen pflegte. Der König Preußens (1712 bis 1786) galt als menschenverachtender Tyrann und als Zyniker. Er war ein Militarist, der jahrelang Kriege führte – sein Überfall auf Schlesien kurz vor Weihnachten 1740, in dreifacher Übermacht und mit 22 000 Soldaten, gilt seinen zahlreichen Kritikern als sensationellstes Verbrechen der damaligen Zeit. Über die Menschen hatte er keine gute Meinung: »Die große Menge unserer Gattung ist dumm und böse.«

»Er hat niemals geliebt«, schrieb der Schriftsteller Thomas Mann über den Alten Fritz. Und er meinte damit, dass der die Frauen nicht liebte, sie gar aus seinem Leben verbannte. Geliebt aber hat er doch – die Hunde. Seinen jeweiligen Lieblingshund ließ er sogar in seinem Bett schlafen. Und er sorgte sich rührend um das Wohlergehen der Tiere. Als Hündin Biche 1745 nach der Schlacht bei Soor in die Hände der Österreicher fiel, setzte Friedrich alle diplomatischen Hebel in Bewegung, um das Tier, das er als seine treueste Freundin bezeichnete, zurückzubekommen. Als Biche zurückkehrte, auf den Tisch sprang und ihm die Vorderbeine um den Hals schlang, stiegen ihm Tränen in die Augen. Noch inniger liebte er die Hündin Alkmene. Während des Feldzuges gegen Schlesien wurde ihm ihr Tod gemeldet. Er ließ ihren Sarg in die Bibliothek im Schloss Sanssouci stellen, besuchte nach seiner Rückkehr das schon halb verweste Tier und ließ es in der Gruft beisetzen, die für ihn selbst bestimmt war. Für die anderen Hunde hatte er eigens Gräber neben dem Schloss anlegen lassen. Der Alte Fritz war aber kein Einzelfall. Die Hunde hatten sich von ihren Pflichten emanzipiert und durften auf dem Sofa Platz nehmen.

So begann das Zeitalter der Vermenschlichung, jener Epoche in der Geschichte von Mensch und Haustier, die bis heute anhält. »Man hielt sie jetzt zu dekorativen Zwecken«, schrieb der Biologe und Hundepapst Erik Zimen (1941–2003). Dabei wurden sie nach Kräften verwöhnt: »Wie zu allen Zeiten großer Hundeliebhaberei ging es den vierbeinigen Zöglingen weitaus besser als den meisten Domestiken, ganz zu schweigen vom Gros der Bevölkerung.«

Die Verehrung des Hündchens reichte fast an Vergötzung heran, wie Zeitgenossen mitunter etwas pikiert berichteten. Im *Journal de Paris* beklagte sich im Jahr 1781 ein Leser, dass man sich »bei Gesellschaften nicht mehr niedersetzen kann, ohne eine Hundegottheit zu erdrücken«. In dieser Zeit der Verhätschelung begann der Mensch, die vierbeinigen Gefährten nach seinen Vorstellungen zu formen.

Damals auch begann die gezielte Zucht bestimmter Rassen nach vorgegebenen Merkmalen. Dabei orientierten sich die Zuchtziele noch an der jeweiligen Aufgabe des Hundes: Jagdhund, Hütehund, Polizeihund, Kampfhund, Blindenhund. Später kamen dann gewissermaßen politische Ziele hinzu, und irgendwann ging es vorwiegend um die Schönheit. Der Hund wurde damit zum Spiegelbild der gesellschaftlichen Vorstellungen seiner Epoche – und das blieb so bis zum heutigen Tag.

Insbesondere im 19. und beginnenden 20. Jahrhundert stand dabei die Rassenfrage im Zentrum. Auch wenn sich bald herausstellte, dass die Vorstellung einer Ur-Rasse eher eine Schnapsidee war. Vor allem der Schweizer Hundehistoriker Theophil Studer (1845–1922) war Direktor der zoologischen Abteilung des Naturhistorischen Museums Bern und Urvater aller Kynologen (Hundeforscher). Er vertrat die Theorie vom Ur-Hund, gab ihm sogar den lateinischen Namen *Canis ferus*. *Canis ferus* soll nach Studer ein Wildhund gewesen sein, der parallel zu Wolf, Schakal und anderen Wildhundearten in Eurasien gelebt haben soll. Der Nachteil von Studers Theorie: Niemand hat den Ur-Hund oder irgendwelche Überbleibsel des Ur-Hunds je gesehen. Das hielt Studer von einer Rassentheorie nicht ab, die auf dem Ur-Hund fußte. Andere Forscher erklärten wahlweise den Schakal, den Kojoten und natürlich den Wolf zum Ur-Hund. Dabei standen die Rassen womöglich nicht am Anfang der Entwicklung, sondern markierten eher einen (vorläufigen) Endpunkt in der Beziehung zum Menschen.

Die deutschen Hunderassen beispielsweise gewannen ihre besonderen Eigenschaften und ihre Bedeutung, wie auch die deutsche Nation, im Laufe des 19. Jahrhunderts. Bei den Hunden galten zuvor noch die englischen Rassen als Vorbild. Je deutscher aber das Land wurde, desto deutscher wurde auch der Hund. Im 19. Jahrhundert begann sich das Rassehundewesen zu organisieren. Und Reichskanzler Otto von Bismarck (1815–1898) förderte gar die Karriere eines ersten Nationalhundes: Die Deutsche Dogge wurden zum »Reichshund«.

Kurz darauf wurde der Dobermann gezüchtet, benannt nach Karl Friedrich Louis Dobermann (1834–1894), Steuereintreiber in Thüringen, der die Hunde für Geldtransporte brauchte. Daher sollten sie möglichst scharf sein und bedrohlich wirken. So züchtete er aus Deutschen Doggen, Pinschern und Rottweilern einen Hund, der seinen Namen tragen sollte.

Zum Inbegriff des »deutschen Hundes« aber wurde der Deutsche Schäferhund. Er kam anfangs tatsächlich als Hirtenhund zum Einsatz: in den Schafzuchtgebieten auf der Schwäbischen Alb, in Thüringen, Sachsen und im Elsass. Aber ohne züchterischen Ehrgeiz wäre auch der *German Shepard* nicht zum weltweiten Erfolgsmodell geworden. Es war ein Karlsruher Offizier, Rittmeister Max von Stephanitz (1864–1936), der diesen Ehrgeiz hatte. Stephanitz hatte in der Rheinebene einen Schäfer und dessen Hund bei der Arbeit beobachtet, der folgsam auf Zuruf die Herde kontrollierte. Er war begeistert, wollte aber die Leistungen dieser Sorte Hund weiter optimieren. Also kaufte er nicht dem Schäfer seinen Hund ab, sondern erwarb am 15. Januar 1898 vom Frankfurter Züchter Friedrich Sparwasser einen dreijährigen Rüden mit dem seltsamen Namen Hektor Linksrhein. Stephanitz gab dem Rüden den Namen Horand von Grafrath. Horand war 61 Zentimeter groß, besaß, wie die einschlägige Hundeliteratur weiß, einen »edlen Kopf« und »gute Linien« und war ein »großer Raufer«. Sein »Wurfbruder« Luchs Sparwasser war von ähnlichem Charakter. Von diesen beiden Brüdern stammen die meisten Deutschen Schäferhunde ab.

Stephanitz gründete am 22. April 1899 mit einer Gruppe von Gleichgesinnten in Karlsruhe den »Verein für Deutsche Schäferhunde«. Das Deutsche Reich war noch jung, und Rittmeister Stephanitz war vom deutschen Gedanken so eingenommen, dass sein Verein den Hund in den Dienst der Nation stellte. Schon 1903 brachte er seine deutschtümelnden Tendenzen zum Ausdruck: »Auch Hundezucht steht in Beziehung zum Vaterlande, soll diesem dienen«, verkündete Stephanitz.

Seine Hunde-Ideologie nahm zunehmend völkisch-rassistische Züge an. Er verglich die Hundezucht mit der Entwicklung der Menschen: »Die allgemeine seelische Minderwertigkeit der Sprösslinge aus Verbindungen ungleicher Menschenrassen ist zur Genüge bekannt. Das Eheverbot für Angehörige hochstehender Kulturvölker mit Frauen niedrigerer Rasse ist daher eine durchaus zweckmäßige Maßregel.« Stephanitz vertrat auch den Standpunkt, dass die Deutschen unter dem Einfluss eines »Fremdvolkes« (den Juden) verlernt hätten, »arisch, deutsch und rein zu fühlen«. Wenigstens der Hund sollte rasserein bleiben: »Lassen wir Tierzüchter uns daraus eine Lehre ziehen.«

Solch demonstratives Deutschtum beförderte in jenen Zeiten die Karriere der Schäferhunde: Im Ersten Weltkrieg zeigte sich schon der Heerführer und zeitweilige Hitler-Parteigänger Erich Ludendorff mit Deutschen Schäferhunden, später auch Reichspräsident Paul von Hindenburg, der »Reichsführer SS« Heinrich Himmler und natürlich der »Führer« Adolf Hitler selbst. Doch den Hund konnte sein ungewolltes Deutschtum nicht vor Schaden bewahren. Als Kriegshund musste er zum Militär einrücken: Viele ließen ihr Leben auf dem Feld der Ehre – ganz in der Tradition der Kriegshunde, die es schon in der Antike gab. Zu den römischen Hundekriegern zählten insbesondere die bulligen Molosser, die schon in den Perserkriegen des 5. Jahrhunderts vor Christi Geburt auf griechischer wie auch auf persischer Seite aktiv dabei waren. Damals kämpfte, wie der griechische Historiker Herodot schrieb, »Mann gegen Mann, Pferd gegen Pferd, Hund gegen Hund«. Bei Kelten und Galliern wurden die kämpfenden Hunde durch Rüstungen geschützt. Sie trugen breite Halsbänder mit langen Eisenstacheln und wurden auf die gegnerische Reiterei gehetzt: Hund gegen Pferd. Mancher Hund kam später sogar als Selbstmordattentäter zum Einsatz. Die Armee der Sowjetunion bildete beispielsweise Hunde zur Sprengung deutscher Panzer aus.

Wenn auch die Deutschen die Kriege nicht gewannen – der Deutsche Schäferhund wurde im Ersten und Zweiten Weltkrieg zur führenden Rasse, auch bei den Gegnern. Er stellte etwa 80 Prozent der im Krieg eingesetzten Hunde. Im Ersten Weltkrieg wurden nur einige tausend Hunde verwendet, im Zweiten Weltkrieg waren es insgesamt ungefähr 200 000, allein in Deutschland und Frankreich jeweils 40 000 Tiere.

Mittlerweile ist die militärische Nutzung der Tiere glücklicherweise weitgehend vergessen. Der Hund ist vom Kriegskameraden zum Kuschelpartner geworden. Auch die Rassenfrage hat sich offenbar in Trendsetterkreisen erübrigt.

»Der Trend geht weg vom Rassehund und hin zum ›Rescue Dog‹«, diagnostizierte der Psychologe und Autor Christoph Jung in seinem Buch »Schwarzbuch Hund«. Die Menschen liebten plötzlich Promenadenmischungen und Streuner, die sie aus dem Tierheim holen, am besten, wenn sie im Urlaub in Süd- oder Osteuropa sind. »Heute muss eine gute Tat damit verbunden sein, wenn sich jemand einen Hund anschafft.« Das verschafft einen angenehmen Hormonschub – durch das Kuschelhormon, glaubt Jung: »Als Retter beglückt man sich selbst, denn es führt wahrscheinlich zum Ausstoß des Bindungshormons Oxytocin, wenn man sich daran erinnert und darüber spricht, wie man ein Lebewesen aus einer misslichen Lage befreit hat.«

Doch dann, mit der Renaissance der nationalen Grenzen, erlebte plötzlich auch der deutscheste aller Hunde, der Deutsche Schäferhund, eine Renaissance. Und zwar nicht nur in seinem

Heimatland. Die Frankfurter Tierlogistik-Firma Gradlyn zum Beispiel liefert ihn allwöchentlich in alle Welt – »überall dahin, wo's gerade knallt«. So der Geschäftsführer Faruk Berberovic.

Die Beziehung zum Hund spiegelt die Beziehungen der Menschen untereinander wider. Er nimmt unter den Tieren darum eine besondere Stellung ein. Diese Sonderstellung verdankt der Hund einer ungewöhnlichen Fähigkeit: Er versteht uns. »Was den Hund einmalig macht, ist seine Beziehung zum Menschen und seine Fähigkeit, dessen Mimik und Gestik zu verstehen«, sagt die Freiburger Professorin für Neuropsychologie Ulrike Halsband. Sie erforscht Intelligenz und Sozialverhalten von Hunden. Was Frau Halsband allerdings ein bisschen fehlt, ist die wissenschaftliche Distanz zu ihrem Gegenstand: »Zurzeit lebe ich in einem Rudel mit sieben Hunden«, sagt sie. Shih Tzus und Yorkshireterrier seien es.

Bei aller Liebe leben Mensch und Hund doch in einer ungleichen Beziehung. Der Mensch dominiert natürlich. Heute ist der Hund sogar so weit, dass er Menschen seinen Artgenossen vorzieht. So zeigte eine berühmt gewordene Studie, dass kleine Hundewelpen sich eher fremden Menschen zuwenden als fremden Hunden. »Wir haben ein Wesen kreiert, das nicht nur gut und erfolgreich unsere Kommunikation nutzt, sondern uns auch als Sozialpartner bevorzugt«, sagt die Verhaltensbiologin Juliane Kaminski von der University of Portsmouth in England. So ein Partner ist natürlich praktisch, und manch einer bevorzugt den Vierbeiner als Lebensgefährten. Die Titelgeschichten des Hundehalter-Magazins *Dogs* klingen wie schnulzige Schlagertitel: »Du gehörst zu mir«, »Freunde fürs Leben« oder »Vom Wolf zum Freund« stehen beispielhaft für die emotionale Aufladung des Hunds zum Lebenspartner.

Es ist »bedingungslose Liebe«, was sie mit ihrer Golden Retrieverin Emma verbindet, sagt Dunja Hayali, Fernsehmoderatorin und Autorin des Buchs »Is was, Dog?«. Mensch und Tier verbindet eine »symbiotischen Beziehung«. Für den Menschen scheint das gut zu sein. Sogar gesund. Andererseits ist es eine Beziehung, die krank macht. Jedenfalls den Hund. Der Hund führt ein Menschenleben. Aber er würde gerne ein Hundeleben führen. Daher wird er depressiv. »*Wir* wollen Agility machen. Nicht der Hund«, sagt der Vorsitzende des Berufsverbandes der Hundepsychologen, Thomas Riepe.

Doch neben dem Hund, der zum Kuschelpartner geworden ist, hat sich auch die Katze eine neue Position erobert: als Leitfigur und als Leittier. Die Katze scheint zukunftsfähiger in der modernen Gesellschaft, in der es um flexible Überlebensstrategien geht, und ist dem Befehlsempfänger Hund daher weit überlegen. Das Trendtier Katze sei gleichsam zum Lehrmeister geworden für den Menschen, befand ein deutsches Marktforschungsinstitut namens »Rheingold« (»Institut für qualitative Markt- und Medienanalysen«) in Köln.

Das Institut sieht die Katze als »Kuschel-Katalysator«, sie ermögliche dem Menschen, der flexibel sein soll und egostark und doch sensibel, im charakterlich vorauseilenden Katzenwesen eine »erhabene Spiegelung«. Das Tier zeige ein »Stück natürlicher Überlebenskunst«. So erhoffe sich der Mensch, »sich auch selbst ein Stück mit der widerstandsfähigen Überlebenskunst der Katze ausrüsten zu können und sich auf diese Weise gegen härter werdende Zeiten und den Großstadt-Dschungel zu wappnen«. Die Katze als Kumpan biete mit ihrem streichelweichen Fell nicht nur »Zuhause und Lebendigkeit«, sondern auch »Unabhängigkeit und Freiheit«. Im Schnurren strahle sie »Emotionalität« aus und biete so, alles in allem, bei aller Katzenhaftigkeit auch ein Stück »Menschlichkeit«. Das nun spiegelt sich auch in der Ernährung wider. Sie bekommt jetzt die tollen Gourmetmenüs. Der Mensch kauft das, was er selbst gern hätte.

Detlev Nolte, Sprecher des Industrieverbandes Heimtierbedarf (IVH), sagt: »Das, was der Verbraucher im Lebensmittelbereich akzeptiert und für gut befindet, versteht er auch im Tiernahrungsbereich.« Sogar am Erscheinungsbild des Tierfutters wird »konsequent gearbeitet«, so der Zentralverband zoologischer Fachbetriebe. Darum gibt sie es, die »Fleischterrine mit Wild und Karotten«, »Lamm à la Mediterranée«, »Huhn à la Provence«.

Doch das ist nicht unbedingt zum Vorteil der Katze. Denn die Katze ist ein wildes Wesen, ein Wüstentier – auch im Verdauungstrakt, der auf das Leben der Ahnen eingerichtet ist. Die Katzen stammen von der kleinen nordafrikanischen Wildkatze ab. Anders als ihr Verwandter, der Löwe, jagt sie nicht im Rudel größere Beutetiere, sondern allein, und ihre Beute ist eher klein: die Maus, bekanntlich. 10 bis 12 Mäuse sollen es am Tag etwa sein. Und das bedeutet: Katzen sind reine Fleischfresser. Wenn sie etwas anderes zu sich nehmen, bekommt ihnen das nicht. Eigentlich braucht eine Katze ausschließlich Fleisch. Viel Eiweiß. Denn sie kann keine sogenannte Arachidonsäure bilden, sondern muss sie aus dem Fleischverzehr erhalten. Besonders wichtig für die Katze ist auch das berühmte Taurin, das sie ebenfalls nicht selbst produzieren kann. Taurin wird allerdings bei der Erhitzung von Fabrikfutter, auch beim sogenannten Extrudieren des Trockenfutters, zerstört, zumindest teilweise. Taurinmangel führt zu Sehstörungen und zu Herzproblemen, zu Nervenleiden, zu Störungen des Immunsystems und der Fruchtbarkeit und auch, wenn es mit der Fortpflanzung doch klappt, zur Beeinträchtigung der fetalen Entwicklung.

Auch wichtig: Fleischfresser wie die Katze können mit Kohlenhydraten nicht richtig umgehen. Die sogenannte Kohlenhydrattoleranz liegt bei nur fünf Gramm pro Kilo Körpergewicht. Wenn Katzen mehr davon zu sich nehmen, bekommen sie Durchfall. Was in der Wüste von Vorteil ist, kann dem Haustier schaden: Die Katze als Wüstenbewohner kann mit sehr wenig Wasser auskommen. Der Nachteil: Selbst wenn sie mehr Wasser braucht, etwa wenn sie viele Brekkies frisst, säuft sie nicht genug. Einfach wegen der Wüsten-Gene. Konzentrierter Harn und alle Probleme des Verdauungstrakts sind mögliche Folgen der mangelnden Wasseraufnahme der Katze. Das Trockenfutter zum Beispiel scheint also ziemlich ungeeignet für die Katze. Katzen würden ja, wenn es nach ihnen ginge, lieber Mäuse kaufen.

Hunde sind zwar flexibler. Sie fressen vor allem viel und große Portionen. Urahn Wolf schließlich vertilgt etwa vier Kilo am Tag, was 25 Hirschen im Jahr entspricht. Es können aber auch Rehe, Gemsen, Wildschweine, Schafe und Ziegen sein, sogar Vögel, Lurche und Insekten. Oder auch Früchte. Hunde können auch Reis fressen. Inzwischen bekommen auch sie weit mehr als das. Denn heute kümmern sich nicht nur Herrchen und Frauchen um ihre vierbeinigen Lieblinge, sondern ganze Industrien. Und die verwenden leider auch Rohstoffe von zweifelhafter Qualität.

Damit hat sich die Nahrung von Hund und Katze weit entfernt von dem, was ihre Ahnen bekamen – und was mithin ihrer Art gerecht werden würde. Das Tierfutter sieht zwar sehr luxuriös aus und ist auch schön teuer. Aber nicht unbedingt das Beste fürs Tier.

4.
Der Pfui-Teufel-Faktor
Die Tierfutterindustrie und ihre anrüchigen Erfolgsrezepte

Neuer Verdacht: Tote Haustiere im Futter für Hunde und Katzen / Klärschlamm zu Tierfutter: Wenn die Ekelbremse versagt / Verwandeltes Wesen: Das Tiermehl hat kein Gesicht / Müllverwertung auf höchstem Niveau: Plastik fürs Campinggeschirr – und der Abfall geht ins Tierfutter

Denderleeuw ist ein hübscher kleiner Ort mit knapp 19 000 Einwohnern 20 Kilometer westlich von Brüssel. Ein beschauliches Städtchen, dessen Mittelpunkt der Marktplatz ist, der als Parkplatz dient und mit Autos vollgestellt ist. Ganz hinten steht die kleine Kirche aus grauem Stein, dem heiligen Amandus geweiht. Drumherum einige kleine, rot verklinkerte Häuschen, wie sie in der Gegend üblich sind, eine Bäckerei, ein paar Kneipen.

Die Firma Rendac? Die kennen die Leute. Früher, so erzählen sie, seien die Lastwagen oft mit offener Ladefläche herumgefahren, voll beladen mit Kadavern, und da sei dann auch schon mal ein Tierkopf auf der Straße gelandet.

Früher habe es oft bis hierher gestunken, erzählen sie, aber das sei lange her. »Stink kot« haben sie die Rendac-Anlage damals genannt, Stinkhütte. Heute stinkt es oben am Marktplatz nur noch, wenn der Wind ungünstig steht. Drunten am Kanal rieche es öfter, sagen die Leute. Aber die, die dort gebaut hätten, die seien nun wirklich selbst schuld. Sagen sie in der Kneipe. Drunten am Kanal liegt die Firma. In unmittelbarer Nähe haben sie wirklich ein Wohngebiet gebaut, die Häuser sind noch ziemlich neu, viele aus Backstein mit höchst adretten Vorgärten.

Und direkt gegenüber: die Anlage.

Dort, wo die Lastwagen mit den Schlachtabfällen ankommen, da riecht es ziemlich streng. Es riecht nicht im engeren Sinne nach Fleisch, es ist eher ein allgemeiner Müllgeruch. Vielleicht auch der Geruch von Verwesung.

Gleich neben dem Kreisverkehr geht's rein. Links ist der Wertstoffhof der Gemeinde, dort kann man Plastik abgeben, Glas, Sperrmüll. Eine hübsche blonde Pförtnerin weist die Ankömmlinge im Renault und Toyota mit vollem Kofferraum und Anhänger ein. Daneben erheben sich riesige Gebäude. Röhren, Tanks, ein Schornstein, quaderförmige, beige Bauten.

Auf dem größten steht »Rendac«. Es ist so hoch wie ein Hochhaus, ein gigantischer Quader. Schwere Lastwagen kommen hinein, fahren heraus, Tankwagen, Kipper, Container. Sie müssen alle durch eine Desinfektionspfütze auf der Straße. Gebrumm. Gestank. Ein Anmeldehäuschen.

Die Firma Rendac ist sehr bekannt in Belgien und den Niederlanden. Sie ist eine riesige Firma, die sogenannte Tierkörperbeseitigungsanlagen betreibt. In Holland hat sie sogar ein Monopol auf das Einsammeln toter Tiere, auch der Haustiere. Und der Tiere, die beim Tierarzt eingeschläfert wurden. Man kann sie ganz einfach übers Internet melden (»Melden kadavers«), dann kommt der Rendac-Lkw und holt sie ab.

Streng verboten ist natürlich, tote Haustiere zu Haustierfutter zu verarbeiten. Auch wenn das immer wieder vorkommen soll. Behaupteten jedenfalls Kritiker. Bisher fehlten ihnen die Beweise. Jetzt aber gibt es sogar amtliche Untersuchungen, auch ein Verfahren gegen eine Firma – die sogar Strafe zahlen musste.

Das ist die Branche, die die wichtigsten Zutaten liefert für das, was wir unseren vierbeinigen Lieblingen in den Napf kippen. Oft geht es in dieser Branche nicht sehr appetitlich zu. Es riecht unangenehm, und es sieht nicht immer sehr proper aus. Ist ja auch kein Wunder: Schlachtabfälle, Blut, verendete Kadaver – das ist nicht unbedingt das, was gute Laune macht. Und es ist auch nicht besonders gesund.

Früher, im Mittelalter, wurden sie ja sogar vor die Stadttore verbannt, die Abdeckereien, wie sie damals hießen. Aus Furcht, sie könnten Krankheiten und Seuchen verbreiten. Kein Wunder, dass die Branche traditionell lieber im Verborgenen operiert. Sie hat mit der Öffentlichkeit nichts zu tun, auch nicht mit Herrchen und Frauchen, die den Fressnapf füllen. So wurden sie lange schlicht übersehen. Es gab zudem keine gesetzlichen Vorschriften, die die Praktiken in dieser verborgenen Zone regelten. Das hat sich dann, dank diverser Skandale, geändert.

Nicht geändert hat sich natürlich das Kerngeschäft: der Umgang mit den Resten toter Tiere. Die Wiederaufbereitung verwertbarer Teile, das »Upgrading«, wie es heute genannt wird. Und Vorschriften gibt es zwar mittlerweile – aber das bedeutet nicht gleich, dass beispielsweise die Käufer der Futterprodukte für Hunde und Katzen auch erfahren, was sie da erwerben. Und was da wirklich drin ist. Es ist aber auch schwer zu durchschauen. Denn die Zulieferindustrie für die Heimtierfutterbranche ist international tätig, bezieht die Rohstoffe über globalen Lieferketten – da ist die Kontrolle natürlich schwierig. Und so kann es kommen, dass manchmal nicht nur Unappetitliches im Gourmetschälchen landet, sondern sogar Ungesundes.

Die Ermittlungen gestalten sich in solchen Fällen schwierig. Manchmal stoßen die Beamten wieder auf eine besonders innovative Form des »Upgradings« von Abfall. Manchmal aber auch auf gar nichts. Das zeigt dann, dass dieses Kommerzfutter, das oft aus dubiosen Quellen stammt, ein großes Mysterium ist. Auch wenn auf dem Etikett große Firmennamen stehen.

Im Sommer 2015 beispielsweise warnte die amerikanische Lebensmittelbehörde U.S. Food and Drug Administration (FDA) Hundehalter vor einer mysteriösen, mitunter tödlichen Substanz in sogenannten Leckerlis, im Fachjargon »Trockenkauartikel« genannt. Mehr als 5800 Haustiere in den USA waren in den Jahren zuvor erkrankt, 1000 starben sogar – an einer nicht identifizierten Substanz. Die Leckerlis stammten offenbar »fast alle« (so die FDA) aus China, aber auch in Produkten von Herstellern wie Nestlé Purina oder Del Monte wurden sie gefunden. Auch in Australien gab es Berichte über ähnliche Erkrankungen aufgrund der China-Connection.

Bei einer Auswertung der Berichte über Krankheitsfälle stellte sich heraus, dass die Tiere in 60 Prozent der Fälle an Erkrankungen des Magen-Darm-Trakts litten, 30 Prozent hatten Probleme mit Niere und Harnwegen, und bei 10 Prozent ging es um die Haut, neurologische Probleme oder das Immunsystem. Allgemeine Symptome waren Appetitlosigkeit, Antriebsschwäche, Erbrechen, Durchfall, zum Teil blutig, und erhöhter Harndrang. In den Leckerlis wurden Rückstände eines Medikaments namens Amantadin gefunden, das gegen Grippe und die Parkinsonkrankheit eingesetzt wird. Die FDA hingegen hält das Medikament nicht für die Ursache der oft tödlichen Erkrankungen, weil das Spektrum ihrer Nebenwirkungen ganz anders gelagert sei. Außerdem war nicht in allen Erkrankungsfällen die Substanz im Spiel.

Die FDA startete umfangreiche Untersuchungen: Die sogenannte Trockenkauartikel-Untersuchung (»Jerky Pet Treat Investigation«) zog sich über mehrere Jahre hin. Seit den ersten Fällen im Jahr 2007 wurden die zuständigen Leckerli-Divisionen personell und finanziell ständig aufgerüstet. 2014 erschien ein Zwischenbericht – ohne eindeutiges Ergebnis. Die Untersuchung wurde fortgesetzt. Sie bezog sich auf Salmonellen, Schwermetalle und andere Kontaminanten wie Arsen, Kadmium, Blei, Pestizide, Antibiotika, Gifte aller Art. Die Behörde analysierte auch auf mögliche Nebenfolgen von Bestrahlung, ein beliebtes Verfahren der Konservierung. Sie ließ die toten Tiere untersuchen und stieß dabei auch auf viele Krebsgeschwüre, Pilzvergiftungen und diverse andere Krankheiten.

Doch was sie nicht fanden, war eine eindeutige Erklärung für Tausende von Erkrankungen und Todesfälle. Offenbar ist so etwas Schlichtes wie das Futter für Haustiere so kompliziert geworden, dass sogar Scharen von kriminalistisch tätigen Ermittlern der letzten Großmacht dieser Welt davor ohnmächtig kapitulieren müssen. Dabei waren sie sogar nach China gereist, hatten dort recherchiert in Fabriken und bei Behörden. Denn China ist sozusagen das Mutterland der Lebensmittelskandale und als Lieferant unschlagbar billiger Zutaten natürlich auch ins Tierfutterbusiness involviert.

Und die Chinesen schaffen es oft, die Sachen noch ein bisschen billiger zu machen. Das fällt normalerweise nicht groß auf. Aber mitunter sind dann, dank Globalisierung im Futternapf, auch Hund und Katze betroffen. So war das jedenfalls im Jahr 2007 bei einem der größten Tierfutterskandale, die die Welt je sah.

Bei der FDA, der auch für die Kontrolle von Tiernahrung zuständigen US-Behörde, gingen insgesamt über 17 000 Meldungen zu erkrankten Tieren ein. Die FDA sprach damals von 3150 Todesfällen bei Hunden und Katzen im Zusammenhang mit diesem Futter, die Tierschutzorganisation PetConnection registrierte sogar 4867 Todesfälle. Alles in allem ging es darum, billige Zutaten noch ein bisschen billiger zu machen.

Die zunächst betroffene kanadische Firma Menu Foods, die für zahlreiche Markenfirmen produziert, ließ die verdächtigen Produkte zurückrufen, andere Firmen wie Nestlé Purina, Hill's und Del Monte folgten. Insgesamt ging es um 60 Millionen Packungen Feuchtfutter.

Ursache war ein Stoff, der eigentlich für Campinggeschirr verwendet wird, auch für Babyteller. Richtig berühmt wurde der Stoff aber erst im Jahr 2008, als in China Babys gestorben waren, weil der Kunststoff dort von skrupellosen Herstellern auch für Babynahrung verwendet worden war: Melamin. Offenbar war der Stoff aber auch beim Tierfutter gebräuchlich, für Fische, aber auch für Hunde und Katzen. Bei den Haustieren führte die Substanz zu Nierenversagen und in vielen Fällen auch zum Tod. Wie so oft waren die vergifteten Tiere Kollateralschäden der im Tierfutterwesen üblichen Abfallverwertung – die in diesem Fall aber eine völlig neue Qualität hatte. Denn auch wenn der Kunststoff fürs Campinggeschirr produziert wird, fällt Abfall an. Und das war die Substanz, die für viele Hunde tödlich werden sollte. Abfälle der Melaminproduktion wurden gewinnbringend fürs Tierfutter eingesetzt.

»Viele Firmen kaufen Melamin-Abfälle, um Tierfutter daraus herzustellen«, sagte ein Mann namens Ji Denghui, General Manager der Firma Fujian Sanming Dinghui Chemical Company, laut *New York Times*. »Ich weiß nicht, ob es dafür irgendwelche Gesetze gibt. Wahrscheinlich nicht. Weil keine Vorschrift besagt, dass man es nicht nehmen darf, machen das alle. So sind doch die Gesetze in China, oder? Solange nichts passiert, gibt es auch keine Vorschriften.«

Mit Melamin kann bei chemischen Analysen Eiweiß vorgetäuscht werden. Und das bringt bares Geld. »Es ist wahr, dass man viel mehr Profit machen kann, wenn man Melamin zugibt«, sagte der *New York Times* ein anderer Tierfutterverkäufer in Zhanghui, einer Industriestadt südöstlich von Peking. Bei jedem Prozent Protein könne viel gespart werden: »Melamin kostet nur 1,20 US-Dollar, echtes Protein hingegen 6 Dollar«, erklärt er. »Da sehen Sie den Unterschied.«

Früher waren die Melamin-Menüs chinesische Spezialitäten. Aufgrund der Globalisierung aber sind auch entferntere Weltgegenden plötzlich betroffen. Importeur der verhängnisvollen Mixtur war das in Las Vegas ansässige Unternehmen ChemNutra. Zu Tierfutter weiterverarbeitet hatte es die kanadische Firma Menu Foods in zwei kanadischen Werken. Verkauft wurde das Tierfutter schließlich unter fast 100 verschiedenen Markennamen. Die Melamin-Geschichte ist eigentlich die chinesische Variante des universellen Prinzips im Tierfuttersektor. Es heißt: Upgrading. Aufwertung von Abfällen. Und dabei kommen anrüchige Rohstoffe immer wieder mal zum Einsatz. Auch in Europa.

So geriet auch die Firma Rendac vor einigen Jahren in den Strudel eines Skandals. Die Firma hatte damals Klärschlamm aus Schlachthäusern zu Tierfutter verarbeitet. 5000 Tonnen pro Jahr. Das war nicht ungewöhnlich, wurde auch gar nicht verheimlicht, das machten andere Firmen genauso, in Frankreich und auch in Deutschland. Was damals allerdings nicht bekannt wurde: Betroffen war auch Futter für Hunde und Katzen. Die Firma Rendac beliefert die namhaften Firmen aus dem Gourmet-Häppchen-Business. Das behauptete der Direktor, beim Besuch befragt auf dem Gelände – und das bestätigten auch die Firmen.

Nun könnte man meinen, die Branche habe aus diesen Skandalen gelernt, sei geläutert aus den Affären hervorgegangen. Doch immer wieder neue Ungereimtheiten und Skandale zei-

Die Tierfutterindustrie und ihre anrüchigen Erfolgsrezepte

gen anderes. Die Skandale haben mit dem System zu tun, mit den Strukturen in einem globalisierten Geschäft – und wohl auch mit den Mentalitäten, die hier vorherrschen.

Die Tierfutterbranche hat über all die Jahre, da sie weitgehend unbeobachtet und nach ihren eigenen Gesetzen wursteln konnte, das Gespür dafür verloren, was anständig ist und was anrüchig. In dieser Zeit ist offenbar auch die Ekelbremse außer Kraft getreten, die andere Menschen vor dem Umgang mit Exkrementen bewahrt. Der Tierfutterbranche grauste es offenbar vor gar nichts. Und sie kannte auch keine Hemmschwellen bei der Wahl ihrer Rohstoffe. Begünstigt wurden die Praktiken durch die mitwirkenden Chemiker, die noch jeden Rohstoff durch geeignete Geschmacksstoffe einigermaßen appetitlich erscheinen lassen.

Dabei gibt es Gesetze, die auch durchaus Wirkung zeigen. Das ist schon am Werkstor der Rendac-Anlage im belgischen Städtchen Deenderleuw zu sehen. Am Eingang weisen Schilder den Weg: Cat 1 und 2 nach rechts, Cat 3 nach links.

Kategorie 2, das sind nach der Verordnung (EG) Nr. 1774/2002 zum Beispiel »Gülle sowie Magen- und Darminhalt«, ferner Schlachtmaterial, das Arzneimittelrückstände enthält. Zur Kategorie 1 gehören die richtig riskanten Abfälle: die sterblichen Überreste von Tieren etwa, die unter BSE-Verdacht standen oder vergleichbare Krankheiten übertragen könnten. Außerdem gehören die Kadaver von Heim-, Zoo- und Zirkustieren dazu, auch von Versuchstieren und von Wildtieren, wenn der Verdacht besteht, dass sie mit einer übertragbaren Krankheit infiziert sind. Und schließlich werden Küchen- und Speiseabfälle öffentlicher Verkehrsmittel zu dieser Kategorie gezählt.

Kategorie 1 und 2, das sind also Abfallarten, bei denen der Gesetzgeber verhindern wollte, dass sie ins Tierfutter gelangen.

Sie werden daher bei Rendac auch streng separiert. Ein Rendac-Lastwagen ist blitzsauber, ein Schild in der Mitte weist auf den Charakter der Ladung hin: Es ist eine weiße Raute, darauf steht: »CAT 3«. Und: »Nicht für den menschlichen Verzehr geeignet«.

CAT 3 bedeutet: Bei der Ladung handelt es sich um tierische Erzeugnisse der Kategorie 3 nach der Verordnung (EG) Nr. 1774/2002. Diese Verordnung betrachtet die Gilde der Tierkörperbeseitiger als Bibel der Branche. Sie wurde im Jahre 2002 von den europäischen Behörden erlassen, um das ungesteuerte Treiben der Abdeckereien und Tierfutterproduzenten in geordnete und gesundheitlich einwandfreie Bahnen zu lenken.

Es gibt nach dieser Verordnung drei Kategorien von tierischen Abfällen, und jene der Kategorie 3 sind gewissermaßen die feinsten. Dazu gehören beispielsweise »Schlachtkörperteile«, die eigentlich noch »genusstauglich« wären, jedoch aus »kommerziellen Gründen nicht für den menschlichen Verzehr bestimmt sind«. Also Sachen, die man eigentlich noch essen oder zumindest weiterverwenden könnte, die aber schwer zu vermarkten sind: Knochen, Fette, Schwarten und dergleichen. In diese Abfallkategorie fallen aber auch »Schlachtkörperteile, die als genussuntauglich abgelehnt werden«, auch wenn sie noch »keine Anzeichen einer übertragbaren Krankheit aufweisen«. Und schließlich Häute, Hufe und Hörner, Haare und Pelze, Schweineborsten und Federn, auch Eierschalen. Daraus wird zum Beispiel das Futter für die Heimtiere gemacht. Das Material ist laut Gesetz »unverzüglich abzuholen« und dann zu »verbrennen« oder aber »als Rohstoff in einem zugelassenen Heimtierfutterbetrieb zu verwenden«.

Das Schöne für die Firmen wie Rendac: Sie werden zweimal bezahlt. Einmal von den Schlachthöfen, die Geld dafür geben müssen, dass sie ihren Abfall loswerden. Und das zweite Mal von den Kunden, denen sie das »aufgewertete« Abfallmaterial verkaufen.

Als Energiequelle zum Beispiel. So etwas hat dieser Truck geladen, der eben aus dem Rendac-Gelände fährt. Ein Tanklastzug. Michael heißt der Fahrer. Ein Actros-Silo-Lastzug von der Spedition »Hansmeier« aus Paderborn. Tiermehl hat er geladen, sagt er. »Cat 1« steht auf seinem Lastzug. Was passiert mit dem Zeug?

»Das wird alles verbrannt«, sagt Michael. »Das muss ja irgendwohin.«

Es käme ins Zementwerk nach Paderborn.

»Verfüttern darf man das ja nicht mehr seit BSE.«

Tiermehl hat mittlerweile einen schlechten Ruf. Tiermehl gilt schließlich als Auslöser von BSE, der *bovinen spongiformen Enzephalopathie*. Hunderttausende Rinder sind daran erkrankt, die meisten in Großbritannien.

Tiermehl wurde zum Symbol für die Perversionen der modernen Agrarproduktion. Tiere, denen ihre eigenen Artgenossen zum Fraß vorgeworfen werden – ohne dass sie das erkennen können. Das Tiermehl hat kein Gesicht. Nichts mehr erinnert an das Wesen, das es einst war. Es ist nur noch Futter, Proteinquelle, und eine billige dazu. Die Tiermehlaffäre zeigt auch, dass die Tiere selbst eigentlich ganz gut wissen, was für sie das Beste ist. Sie würden Tiermehl niemals fressen. Sie würden vieles von dem, was die Menschen ihnen vorsetzen, niemals fressen. Sie fressen es nur, weil es ihnen mit allerlei chemischen Hilfen schmackhaft gemacht wird. Weil jene Geschmacksnoten, die die Tiere als Alarmsignal empfinden würden, mit Hilfe von Aromen und Geschmacksverstärkern »maskiert« werden.

Tiermehl ist der Stoff, in dem die moderne Tierfütterung zu ihrem wahren Wesen kommt. Niemand kann erkennen, was da verfüttert wird, niemand ist so recht verantwortlich, niemand weiß, aus welchen Quellen es kam.

Die Tiere wissen nicht, was sie fressen, die Bauern wissen nicht, was sie in den Trog kippen. Tiermehl markiert auch den Punkt, an dem die Öffentlichkeit zum ersten Mal aufmerksam geworden ist auf das, was den Tieren vorgesetzt wird.

Es wurde offenbar, dass die Tierfutterbranche sehr phantasievoll ist bei der Auswahl ihrer Rohstoffe. Skrupel oder auch nur ein angemessenes Geschmacksempfinden ist ihr wohl nicht immer im erforderlichen Maße gegeben. Die Tiermehlverfütterung ist zum Skandal geworden, weil an ihr deutlich wurde, dass die »Tierproduktion« auch als Nebendisziplin der Abfallbeseitigung betrieben wird, dass auf die Bedürfnisse der Tiere keinerlei Rücksicht genommen wird und dass es allein um die Rendite geht.

Die Politik hat reagiert, erließ schärfere Gesetze. Doch nach wie vor werden in der Europäischen Union jedes Jahr mehrere Millionen Tonnen Tiermehl produziert. Auch hier in Denderleeuw.

Der Haupteingang der Rendac-Anlage liegt unten am Kanal, direkt neben der Zugbrücke. Ein Firmenparkplatz vor dem eigentlichen Gelände, das eingezäunt ist. Schon von außen zu sehen sind glänzende Rohre, Container, mehrere Gebäude, Baracken. Es sieht ein bisschen aus wie früher an den DDR-Grenzübergängen. Aber alles ist im Umbruch, es herrscht rege Bautätigkeit, alles wird neu gestaltet.

Peter Coele ist der Direktor des Werkes. Er empfängt Gäste in einem Raum, der auch sehr nach Umbau aussieht. Es ist ein Kaminzimmer, eingerichtet im Stil der fünfziger Jahre. An der Wand hängen Fotos aus der Welt von Rendac. Ein Lastwagen in den Firmenfarben Blau und Weiß fährt übers Land, eine Kuh schaut zu. Ein Rendac-Lkw fährt nachts an einer Metzgerei vor. Die Fotos sagen: Überall im Land, bei Bauer und Metzger, bei Tag und bei Nacht, holt Rendac die Reste.

An der Stirnseite des Raumes hängen Architektenzeichnungen, sie zeigen die geplanten Umbaumaßnahmen im Werk Denderleeuw. Werksdirektor Coele ist ein großer, hagerer Mann, freundlich und auskunftsbereit. 100 000 Tonnen Tiermehl, sagt er, produzieren sie aus Material der Kategorien 1 und 2. Das ist jenes Tiermehl, das als Energieträger verkauft wird. Es sei mit Kohle, Gas und Öl vergleichbar und werde nur etwas aufwendiger produziert. Bei den übrigen Abfällen aber, den Geschlechtsteilen, der Haut, den Knochen und anderen Abfällen, kurz: den Schlachtabfällen der Kategorie 3, wird der Nährwert genutzt.

»Das wird verarbeitet zu Tiermehl und Fett«, sagt er.

Und wer bekommt das? Die Tierfutterindustrie, sagt er.

Welche Firmen?

Er nennt die großen Pet-Food-Hersteller: Den Whiskas-Konzern, der auch Chappi herstellt, Brekkies, Kitekat. Royal Canin. Und Nestlé Purina. 50 000 bis 60 000 Tonnen Tiermehl pro Jahr. Allein von seiner Firma, von seinem Werk in Denderleeuw.

Tiermehl ist eine ganz normale Zutat in den Rezepturen der kommerziellen Tierfutterproduzenten. Zum Einsatz kommen, so Hill's »Handbuch zur Diätetik der Kleintiere«, Mehl aus Geflügel-Nebenprodukten, Knochenmehl, Schafsmehl, Fischmehl. Manche Kritiker argwöhnen auch, dass noch andere Lebewesen, unsere eigenen Haustiere, zu Mehl verarbeitet werden. Diesen Verdacht haben amerikanische Journalisten an die Öffentlichkeit gebracht, im *San Francisco Chronicle* im Jahr 1990 unter der Überschrift: »Wie Hunde und Katzen im Haustierfutter wiederverwertet werden«.

Die kalifornische Tierärztin Eileen Layne von der Veterinärsvereinigung CVMA (»California Veterinary Medical Association«) sagte damals zum *Chronicle*: »Wenn Sie auf den Etiketten des Haustierfutters lesen ›Fleisch und Knochenmehl‹, dann ist das gleichbedeutend mit: ›Gekochte und verwandelte Tiere inklusive einiger Hunde und Katzen‹.« Schließlich stürben jedes Jahr »Millionen amerikanischer Katzen und Hunde«, manche werden von ihren trauernden Hinterbliebenen bestattet, andere aber würden ins Recycling gegeben und könnten dann als Hautcreme zu neuen Ehren kommen. Oder eben als Tierfutter.

Der Verdacht wurde gestützt durch Rückstände eines Narkosemittels namens Pentobarbital im Haustierfutter. Das ist weit verbreitet und dient zum Einschläfern von Tieren. Bei einer Untersuchung des »Centers for Veterinary Medicine« (CVM) der amerikanischen Überwachungsbehörde FDA im Jahre 2002 enthielten von 74 Proben mehr als die Hälfte geringe Rückstände der Droge. Gesundheitsschädlich ist so eine Dose Hundefutter mit Schlafmittel nicht unbedingt – jedenfalls bei den gemessenen Rückstandsmengen. Schlimmstenfalls würde Bello ein bisschen schläfrig werden. Und selbst das ist kaum zu befürchten. Dafür müsste man schon die eingeschläferten Tiere pur fressen, so wie jene Zootiere in Dresden, die auffällig müde wurden, nachdem sie Pentobarbital-haltige Kaninchen gefressen hatten.

Aber: Für die Kritiker sind die Rückstände des Einschläferungsmittels ein Zeichen dafür, dass Haustiere zu Haustierfutter verarbeitet, die armen Hausgenossen mithin zum Kannibalismus gezwungen werden. Genauere Nachforschungen führten zunächst zu Entwarnung. Eine Untersuchung von kommerziellem Haustierfutter der Produktionsjahre 1998 und 2000 durch die FDA-Unterabteilung für Veterinärmedizin erbrachte zwar tatsächlich Rückstände von Pentobarbital. Und sie ergab auch, dass praktisch alle Proben Bestandteile aus Tierkörperbeseiti-

Die Tierfutterindustrie und ihre anrüchigen Erfolgsrezepte

gungsanlagen enthielten. Tiermehl. Rindermehl, Knochenmehl. Fett. Talg. Allerdings fanden die Veterinäre keinerlei Erbgut von Hunden oder Katzen. Sie vermuteten, dass das Mittel von eingeschläferten Rindern oder Pferden stammte.

Die großen US-Haustierfutterproduzenten schwören mittlerweile auch Stein und Bein, dass sie solche Rohstoffe nicht (mehr) verwenden.

In Europa wären solche Rohstoffquellen heute ohnehin nicht zulässig. Nach den neuen Bestimmungen könnten tote Katzen und Hunde nicht als Kategorie-3-Material ins Hundefutter kommen.

Könnten …

Aber die toten Haustiere kommen offenbar doch ins Tierfutter. Das behaupten jedenfalls Kritiker. Und Vorgänge in Spanien legen den Verdacht nahe. In Spanien ermittelten im Jahr 2013 Fahnder der Guardia Civil, weil möglicherweise Hundefleisch zu Tierfutter verarbeitet worden war.

Auf die Spur gebracht hatte sie Olga Costa, Leiterin eines kleinen Tierheims in der 13 000-Einwohner-Stadt Cambados am Atlantik, eine Autostunde von der Pilgerstadt Santiago de Compostela entfernt. Die Tierfreundin hatte im Jahr zuvor aufgrund anonymer Hinweise eigene Recherchen aufgenommen und weitere Ermittlungen in Gang gesetzt. Im Zentrum stand eine Tierkörperbeseitigungsfirma namens Fernando Corral e Hijos S.L. (Fernando Corral und Söhne) mit Sitz bei Salamanca, ein paar hundert Kilometer weiter im Landesinneren in Richtung Madrid.

Die Firma Corral, die die Rohstoffe für Tiernahrung herstellte, belieferte 42 Unternehmen in Spanien, aber auch den Niederlanden und Portugal. In ihrer Produktionsanlage wurde bei Analysen Genmaterial von Hunden gefunden. Im Hintergrund, so der Verdacht der Polizei, war ein kriminelles Netzwerk von Tätern aktiv, das tote Haustiere, aber auch Straßenhunde gesammelt hatte und sie, anstatt sie zu verbrennen, zu Tierfutter weiterverarbeitet hatte. In einem Lager fanden die Ermittler dann auch 15 Tonnen toter Tierleichen.

Die Firma Corral war dabei offenbar kein unbeschriebenes Blatt: Sie war den Behörden einige Jahre zuvor schon einmal wegen ähnlicher illegaler Praktiken aufgefallen. Corral hatte damals Materialien der Kategorie 1, zu denen auch die Haustierkadaver gehören, mit solchem der Kategorie 3 vermischt, das für die Verwendung bei der Futterproduktion zugelassen ist. In diesem Fall wurde der Betrieb nur vorübergehend geschlossen und musste 1500 Euro bezahlen.

Der schottische EU-Abgeordnete Alyn Smith befürchtete, dass »angesichts des EU-weiten Tierfuttermarktes« die Hundepartikel weite Verbreitung gefunden haben könnten. Eine Mars-Sprecherin allerdings versicherte, dass in ihrem Haus nur die gesetzlich zugelassenen Rohstoffe »in die Verarbeitung« gelangten. Das klingt beruhigend. Ist es aber nicht unbedingt. Es muss auch nicht in jedem Falle gesünder sein. Oder gar besonders appetitlich.

Denn bei den Rohstoffen handelt es sich in den meisten Fällen um: Müll. Müll aus allen nur denkbaren Quellen. Und neuerdings sogar aus Rohstoffen, für die die Phantasie außerhalb der Branche kaum ausreicht. Als Prinzip gilt dabei, Reststoffe aller Art so aufzubereiten, dass die Tiere sie fressen. Die Nutztiere, also Kühe, Schweine, Geflügel und Fische, sollen das Futter fressen. Aber auch die Heimtiere, besonders die Hunde und Katzen, sind diejenigen, die die Hersteller im Blick haben.

Scharen von Forschern beschäftigen sich seit Jahren mit Möglichkeiten, den Müll auf möglichst profitable Weise zu verwandeln und den Tieren vorzusetzen. Als Klassiker gilt ein Werk holländischer Wissenschaftler von der Landwirtschaftlichen Universität Wageningen über die Gewinnung von Geflügelfutter aus Müll. Besonders originell war dabei der Gedanke, den Tieren ihre eigenen Ausscheidungen vorzusetzen. Es ging also darum, Hühnerfutter aus Mist herzustellen, den Exkrementen der Tiere. Mithin eine Art Kreislaufwirtschaft. Hinten raus, vorne rein.

Nun kann das bei Hühnern durchaus mal vorkommen, wenn sie über den Hof stolzieren, nickend und pickend, dass sie auch mal ein Häufchen aufpicken. Das muss nicht unbedingt schlecht sein, kann sogar zur Immunstärkung dienen, meinen altgediente Tierärzte. Anders sieht es aus, wenn das Häufchen-Picken zum Prinzip erhoben wird.

Das sterilisierte Erzeugnis aus Hühnerkot nennen die Experten DPW (Dried Poultry Waste, getrockneter Geflügelmüll). Es ist Messungen zufolge reich an Calcium, Phosphor, Vitamin B und wertvollen Aminosäuren. In Europa ist die Verfütterung von Kot derzeit verboten. Auch haben die Mistforscher Briefe von Menschen erhalten, die Bedenken hinsichtlich »ethischer Fragen« hegten, berichtet Antionius van der Poel, einer der beiden Wissenschaftler aus Wageningen: »Diese Leute lehnten es aus moralischen Gründen ab, dass die Hühner gewissermaßen mit ihren eigenen Ausscheidungen gefüttert werden.«

Van der Poel und sein Forscherkollege Adel El Boushy aber waren absolut überzeugt von den Qualitäten ihres Rohstoffs. Dabei ging es ihnen nicht allein um die Verfütterung von Hühnermist an Hühner, sondern auch um städtischen Müll, Gerbereiabfälle und Klärschlamm. Die Wissenschaftler empfahlen das alles auch für Schafe, Lämmer, Rinder und Milchkühe.

Man dürfe natürlich den Kot nicht pur verfüttern, so raten sie, aber ein Mistanteil von bis zu 40 Prozent bringe erstaunliche Ergebnisse. Die Qualität der Eier von mistgemästeten Hennen sei höher, die Viecher würden das Futter zudem besser verwerten. Weil aber das Federvieh zumindest die Fähigkeit besitze, »süß, salzig, sauer und bitter zu unterscheiden«, raten die Müllverwerter El Boushy und van der Poel zur Geschmackskosmetik bei den Futterbeigaben: »Die Akzeptanz der Nahrung, die auf Müllprodukten basiert, sollte durch die Verwendung von Süßstoffen verbessert werden.«

Das Buch ist zum ersten Mal 1994 erschienen. Die Verwendung von Exkrementen als Tierfutter war damals in Europa schon verboten. Das Thema stieß in der Branche aber offenbar auf nachhaltiges Interesse, so dass das Autorenteam ein Handbuch für Geflügelfutter aus Müll verfasste, das im Jahr 2000 als »Handbook of Poultry Feed From Waste Processing and Use« erschien.

John P. Blake vom Fachinformationsdienst *Poultry Science* war höchst angetan: Es sei, schrieb er in einer Rezension, ein Buch von »beträchtlichem Wert« für Forschung und Praxis. Und auch für die Ausbildung von Fütterungsexperten sei das Handbuch ein »willkommenes Nachschlagewerk« sowie für »jeden, der sich für das Nährstoffgewinnungs-Potenzial von Abfall interessiert«. Schließlich sei noch allerlei Abfall völlig ungenutzt. Und er zählte den ganzen Nährmüll auf: »Geflügelmist, Schlachtabfälle, Klärschlamm, Gerbereiabwässer, städtischer Müll, Frucht- und Gemüseabfälle.« Aufgabe sei die »Integration und Nutzung dieser Abfälle als akzeptable Futtermittelzutat bei der Geflügelproduktion«.

»Der Pfui-Teufel-Faktor ist hoch«, gibt Philip Petry zu, der Präsident der amerikanischen Vereinigung der Futtermittel-Kontrolleure (AAFCO). Aber dank der wertvollen Inhaltsstoffe, schwärmt er, sorgten die Hühnerexkremente im Futter für einen »wirklich guten Proteinsprung«. Selbst das angesehene Wissenschaftsmagazin *New Scientist* lobte die Methode. Die Wissenschaftsjournalistin Debora Mackenzie veröffentlichte darin einen Artikel über preiswerte Futtergewinnung, bei der »Exkremente aus Hühnerställen« einfach »direkt an das Rindvieh verfüttert« werden. Sie räumte ein: »Das Vieh mit Müll zu füttern, mag unappetitlich sein«, doch »es macht Sinn«. Und schließlich fragte sie: »Wovon wird Ihnen eher übel? Wenn Sie erfahren, dass Ihr Käse von einer Kuh kommt, die sterilisierte Hühnerkacke verspeist hatte – oder wenn er von einer Kuh kommt, die Getreide fraß, von dem ein hungerndes Kind hätte satt werden können?«

Die Äußerung zeigt zweierlei: zum einen, dass unappetitliche Produktionsmethoden schon weithin salonfähig geworden sind. Und dass, zum anderen, auch in Wissenschaftskreisen weithin Unkenntnis herrscht über artgerechte Tierernährung. Rinder fressen bekanntlich von Natur aus kein Getreide, sondern Gras. Sie geraten damit nicht in Konkurrenz zu hungernden Kindern. Wenn sie artwidrigerweise Getreide fressen, entstehen im Übrigen aggressive Bakterien, an denen vor allem Kinder sterben, in Amerika, aber auch in Deutschland.

Die Müllverfütterung an die Tiere ist mittlerweile salonfähig. Es gibt sogar eine EU-Richtlinie zur Abfallpolitik (2008/98/EC), die als Ziel die »Recycling-Gesellschaft« ausgibt. Dort wird »Abfall als Ressource« betrachtet. Sogar die Vereinten Nationen und die Welternährungsorganisation haben in Papieren das »große Potenzial« der Abfallverwertung durch Verfütterung an die Tiere gelobt.

Auch aus anderer Richtung gibt es Forderungen zur Müllverwertung: Der »Nichtgebrauch« von Abfallmaterial aus der Tierproduktion könnte zu Entsorgungsproblemen, zu erhöhten Kosten und sogar zu Gesundheitsproblemen führen – wenn der Müll deponiert werden muss. So eine indische Studie aus dem Jahr 2012. Die EU-Aufsichtsbehörden geben folgerichtig auch solchen Verwertungsmethoden ihren Segen, die sensibleren Zeitgenossen als befremdlich erscheinen. Mitunter aber haben selbst die EU-Aufseher noch Bedenken.

Die europäische Lebensmittelbehörde EFSA beispielsweise findet nichts dabei, auch tot geborene Küken ins Futter für Hunde und Katzen zu geben. Jene kleinen gelben Flaumknäuel, die schon in der Schale gestorben sind und im Fachjargon als »Tot-in-der-Schale-Küken« (»Dead-in-shell-chicks«) oder auch als »Brüterei-Müll« bezeichnet werden. Am 13. November 2015 veröffentlichte die Behörde ihre Entscheidung: Sie hat keine grundsätzlichen Bedenken bei »Brüterei-Müll«, wenn alles ordentlich erhitzt wird und Bakterien so abgetötet werden. Weil aber andere Erreger, Pilzsporen oder Viren möglicherweise überleben, seien weitere »realistische Studien« nötig, empfahlen die Experten der EU-Kommission.

Die niederländischen Landwirtschaftsbehörden hatten beantragt, die Einstufung solcher totgeborener Küken zu ändern, von Kategorie 2 sozusagen aufzustufen in Kategorie 3. Denn in der dritten Kategorie wird das Material zusammengefasst, das für die Produkte von Nestlé Purina, Royal Canin, Whiskas und Chappi verwendet wird. Das Risiko durch solche Tot-in-der-Schale-Küken für Haustierfutter in der Dose sei »vernachlässigbar«.

Im Prinzip ist es ja auch durchaus vernünftig – und es wäre im Gegenteil ein Ausdruck von Verschwendung und mithin Unmoral, wenn die Menschen beim Schwein nur das Schnitzel und beim Hähnchen nur die Brust verspeisten und der ganze Rest auf die Müllkippe wanderte.

Aber im Zeitalter der Industrialisierung und Globalisierung der Nahrungsproduktion findet auch diese Form der Verwertung im großen Stil statt. Die Rohstoffe aus dem Abfall werden fabrikmäßig aufbereitet, mit allerlei Zusätzen versehen und dann dem Tier vorgesetzt.

Merkwürdig ist nur: Merken soll das keiner. Das »Upgrading« soll ja dazu führen, dass die Leute viel Geld ausgeben für die Gourmethäppchen in den goldenen Schälchen. Es könnte ja die Zahlungsfreude leiden, wenn bekannt wird, dass in den goldenen Schälchen bloß Müll ist.

Also unternehmen die Firmen viel, damit der Zusammenhang nicht allzu deutlich wird. Die Branche will sich ganz neu präsentieren, im Recycling-Look sozusagen, als Retterin wertvoller Rohstoffe. Auch Designer gingen ans Werk und verpassten den oft schwerreichen Firmen einen neuen Look.

Für die Futterkonzerne geht es schließlich um sehr viel Geld. Und für die Zulieferer natürlich auch. Und so geben sie sich auch die größte Mühe, nur die schöne Seite der Tierfutterproduktion zu zeigen, nicht aber ihre hässliche, auf der es streng riecht und auf der seltsame Rohstoffe zum Einsatz kommen.

Die Branche hat gelernt: Sie mag zwar Rohstoffe aus anrüchigen Quellen verwenden, aber mittels intensiver Öffentlichkeitsarbeit können diese Rohstoffe vollkommen verwandelt werden und schließlich höchst appetitlich erscheinen. Und vor allem: Die entdeckten Rohstoffe sind höchst profitabel. Schließlich ist diese wundersame Wandlung von Abfall in Tierfutter die Basis für ein weltweites Milliardengeschäft: das Geschäft mit der Liebe zum Tier.

5.
Geld stinkt nicht
Das weltweite Geschäft
mit der Liebe zum Tier

*Das Tierfutter-Business oder: Die Kunst des Versteckens /
Wenn es um unsere vierbeinigen Lieblinge geht,
spielt Geld keine Rolle / Pfoten rasieren nicht vergessen! /
Verrückte Welt: H-Milch kostet 60 Cent, Katzenmilch 4 Euro /
Traumhafte Gewinne mit Hamster, Sittich, Hund*

Es ist eine merkwürdige Doppelexistenz, die diese Fabrik hier pflegt. Sie hat zwei Gesichter. Eine schönes und ein hässliches. Das könnte daran liegen, dass sie Hässliches in Schönes verwandelt.

Der junge Mann ist auf der schönen Seite tätig. Er ist Holländer, heißt Geert van der Velden und trägt ein rot-weiß kariertes, kurzärmeliges Hemd. Er präsentiert die schicken Prospekte und die Philosophie der Firma. Es geht darin um glückliche Tiere, abgebildet sind Hunde und Katzen und Schweine, Meeresgetier und Hühner, und auch schöne Menschen, im Geschäftsbericht, der von ganz erfreulichen Gewinnen berichtet.

Die Firma produziert Tierfutter in großem Stil. Dabei ist es vielleicht so eine Art Geschäftsgrundlage, dass die Firma zwei Gesichter hat. Schließlich liefert das Unternehmen auch die Rohstoffe für berühmte Marken wie Whiskas, Chappi, Kitekat oder Nestlé Purina und Royal Canin. Und die verkaufen gern teure Gourmet-Häppchen in kleinen goldenen Schälchen. Da soll niemand daran erinnert werden, dass manches in den

Schälchen aus hässlichen Quellen stammt. Es gibt natürlich auch noch die andere Seite. Da riecht es nicht so gut und da geht es um etwas unappetitliche Rohstoffe. Das sind die zwei Seiten dieser Anlage irgendwo im Wald, neben einem Kanal.

Eine Tierkörperbeseitigungsanlage. Die ganze Anlage wirkt ein bisschen versteckt, mitten im Wald. Herrchen und Frauchen bekommen sie natürlich niemals zu Gesicht. Sie sollen nur die schönen Seiten sehen, in der Werbung zum Beispiel, die eine tragende Rolle spielt in dieser Branche.

Es ist ein Geschäft, das widersprüchlicher kaum sein könnte. Es basiert auf der Liebe, der Liebe zum Tier. Und doch ist da nicht alles zum Besten des Tieres. Denn das Tier ist zum Objekt der Ausbeutung geworden. Für ganze Industrien geht es ums Geld und nicht um das Wohl des Tieres. Das Tier ist Bestandteil des Geschäftsmodells, der Umsatz mit dem Futter nährt ganze Geschäftszweige eines sehr großen Marktes. Und das ist längst nicht alles: Zum Milliardengeschäft sind auch Pflege und Betreuung, Mode und Mobiliar, Schönheit und der ganze Luxus geworden, den viele der vierbeinigen oder gefiederten Lieblinge heute genießen.

Dieses Geschäft schließt auch die medizinische Versorgung der Tiere ein, mithin ihr Leiden. Vielleicht sind Krankheit und Leiden sogar Folgen menschlicher Geschäftstätigkeit.

Am härtesten trifft es die Tiere, die gar nicht geliebt, sondern nur genutzt werden. Das sind die Hersteller von Milch oder Eiern oder die Lieferanten von Fleisch. Der Markt um das Nutztier ist riesig. Gehandelt wird mit dem Futter für die Nutztiere, mit ihren Behausungen, den Ställen und Käfigen, aber auch mit den Medikamenten, mit denen die Krankheiten in diesem Milieu bekämpft werden.

Die Kühe, Schweine, Hühner, auch die Fische in den Käfigen draußen im Meer, sie erfreuen sich keiner menschlichen Zuneigung. Sie vegetieren dahin, zumeist in Massen, und werden schließlich getötet. Der Mensch pickt sich die Filetstücke heraus, die Schnitzel. Und der Rest geht in andere Weltgegenden oder wird zum Futter fürs Haustier. Beide Märkte gehören zusammen, der um das geliebte Tier und der um das genutzte Tier.

Das Geschäft mit dem Tier ist ein höchst erfreuliches, es ist eine Quelle üppig sprudelnder Gewinne. Dem Wohl des Tieres aber dient es nicht. Auch die geliebten Haustiere werden ja zunehmend krank und entwickeln Verhaltensstörungen. Sie werden apathisch, lethargisch und müssen Psychopillen schlucken. Darüber freuen sich Veterinärpharmakonzerne.

Das Futter spielt dabei eine zentrale Rolle. Denn gerade das Geschäft mit der Ernährung unserer tierischen Freunde ist eines, bei der vor allem eine Seite profitiert. Auf dieser Seite steht das Tier nicht.

Es sind Leute wie ein Mann namens James Spratt, mit dem alles begann. Er war ein Pionier in diesem Geschäft. Und am Anfang stand eine Beobachtung im Hafen von London.

Jener James Spratt, Elektriker aus Cincinnati im US-Bundesstaat Ohio, war eigentlich in die Hauptstadt Großbritanniens gereist, um dort Blitzableiter zu verkaufen. Das war im Jahr 1860. Aber schon als sein Schiff im Hafen andockte, machte er eine Beobachtung, die sein Geschäftsleben in eine ganz andere Richtung lenken sollte. Was er bemerkte, hatte mit Resteverwertung zu tun. Denn er sah, wie die Hunde überall auf übrig gebliebene Biskuits warteten, die sie von den Seeleuten bekamen. Das war der Beginn einer weltweiten Erfolgsgeschichte, der Start für die industrielle Produktion von Haustierfutter. Denn James Spratt entwickelte, angeregt durch seine Beobachtung im Hafen von London, eine Futtermixtur für Tiere. Sie bestand aus Weizenmehl, Rinderblut, Gemüse, Roter Bete und Fleisch.

Eine britische Firma übernahm schließlich Spratts Rezeptur und begann 1890 auch mit der Produktion in den USA. Mehrere andere Firmen erkannten die Profitchancen und experimentierten ihrerseits mit Biskuits für Haustiere und anderen Formen von Trockennahrung. Nach dem Ersten Weltkrieg gab es die ersten Dosen mit Pferdefleisch für Hunde in den USA. In den 1930er Jahren folgten Dosen mit Katzennahrung und Trockennahrung auf der Basis von Fleischmehl. Im Zweiten Weltkrieg kam die junge Haustierfutterindustrie aus Mangel an Dosen zum Erliegen. Die Fabriken mussten auf Trockennahrung umstellen. Aus einem unternehmerischen Problem wurde wieder eine Erfolgsgeschichte: Schon 1946 hatte die Trockennahrung fürs Tier einen Marktanteil von 85 Prozent erreicht. In den 1950er Jahren schließlich wurde eine neue Form von Trockennahrung eingeführt, die sich durch neue Maschinen produzieren ließ, welche zur Herstellung von Cornflakes oder sogenannten Frühstückszerealien entwickelt worden waren. Purina war die erste Firma, die diese Maschinen, die sogenannten Extruder, für Tiernahrung nutzte.

Glaubt man den Kritikern, ist Trockennahrung für die Tiere nicht gesund. Denn der hohe Gehalt an Kohlehydraten in der Trockennahrung ist vielleicht noch gut für die Maschinen, aber eher schädlich für die Tiere.

Die Tiere fielen der Technik sozusagen zum Opfer: Der Extruder braucht riesige Menge von Stärke, um zu funktionieren. Zudem gehen durch die hohen Temperaturen des Maschinengangs viele Nährstoffe verloren, die dem Futter nachträglich hinzugefügt werden.

Die fabrikmäßige Produktion des Tierfutters ist also eine lukrative Angelegenheit für viele Beteiligte. Und die Tiere gehören nicht zu den Gewinnern. Dafür lohnt sich das Geschäft für die beteiligten Firmen. Für sie bedeutete die industrielle

Produktion des Tierfutters eine Möglichkeit, günstige Reste anderer Industrien oder Geschäftszweige profitabel zu verwerten.

Food-Konzerne wie Campbell, Mars oder Lipton sahen in der Haustiernahrung bald einen profitablen Weg, die »Nebenprodukte« ihrer eigenen Fabriken zu vermarkten. Das freute natürlich viele der Beteiligten, erinnert sich das amerikanische Institut für Haustiernahrung, das Pet Food Institute (PFI), das 1958 gegründet wurde und von Firmen wie Mars, Nestlé Purina, Royal Canin, Hill's und anderen getragen wird:

»Das Wachstum der Pet-Food-Industrie versorgte nicht nur die Haustierhalter mit besserem Futter für ihre Haustiere, sondern schuf auch profitable zusätzliche Märkte für amerikanische Agrarprodukte und für die Nebenprodukte der Fleischindustrie, der Geflügelindustrie und anderer Branchen, die Nahrung für unseren Konsum produzieren.«

Die Möglichkeit, Heimtierfutter maschinell und massenhaft zu produzieren, wurde zur Basis einer milliardenschweren Industrie, die rund um den Globus operiert und aus der Liebe zum Haustier immer neue Profitquellen erschließt.

»Das Geschäft mit Haustieren kennt keine Grenzen«, schwärmte schon das Wirtschaftsmagazin *brand eins*. Weltweit geben Haustierbesitzer jährlich 76 Milliarden Dollar (68 Milliarden Euro) fürs Tierfutter aus. Allein in Deutschland macht die Heimtierfutterbranche 3,75 Milliarden Euro Umsatz pro Jahr, in Österreich sind es über 400 Millionen, in der Schweiz 500 bis 600 Millionen Franken (450 bis 540 Millionen Euro).

In den USA haben sich die Branchenumsätze in zwölf Jahren fast verdoppelt: von 32 Milliarden Dollar im Jahr 2003 auf 60 Milliarden 2015.

Sogar die Chinesen, traditionell eher dem Hund auf dem Teller zugetan, wollen ihn jetzt als Haustier. Dort sei ein »wahrer Hundehalterboom« ausgebrochen, meldete die *Süddeutsche Zeitung*.

Im Jahr 2014 wechselte bei einer Luxus-Heimtiermesse in der 9-Millionen-Einwohner-Stadt Hangzhou südwestlich von Schanghai ein Tibetischer Mastiff den Besitzer – für 12 Millionen Yuan (1,6 Millionen Euro). Der Hund ähnelte einem Löwen, was für solche Mastiffs typisch ist. Der Verkäufer und Züchter behauptete gar, dass »Löwenblut« in seinen Adern fließe.

Aus Korea, ebenfalls ein Land, das bisher eher dem Hund als Speisetier zugetan war, kommen jetzt auch Nachrichten von einer Trendwende: das Streicheln tritt in den Vordergrund, zunächst bei Katzen. In sogenannten Streichelcafés können die Gäste zum Latte macchiato ein Kätzchen kraulen. Mittlerweile haben auch in Wien, Budapest, London und München solche Katzencafés eröffnet, in denen die Katzen leben und sich von den Gästen streicheln lassen. Sogar in Indien boomt das Geschäft mit dem Haustier. Dort verzeichnet die Heimtierbranche Steigerungsraten von 10 bis 15 Prozent pro Jahr. Die Tiere sind offenbar schon ganz überwältigt von so viel überschießender Zuneigung, viele müssen zum Verhaltenstherapeuten, auch Yoga für Vierbeiner boomt.

Erquicklich sind die Kontakte in erster Linie für die Menschen. Vor allem die Tierfutterhersteller heben die Vorzüge des Zusammenlebens hervor: »Gemeinsam spielen, kuscheln oder sich einfach nur blind verstehen – die Liebe zu einem Hund oder einer Katze ist etwas ganz Besonderes!«, verkündet etwa der Tiernahrungshersteller Nestlé Purina. »Für viele Menschen ist ihr Vierbeiner ein vollwertiges Familienmitglied, Partner oder Freund.«

Tierbesitzer lachen »häufiger als Personen ohne einen Partner auf vier Pfoten«, so die Nestlé-Tierfutter-Tochter. »Gut zehn Mal« lachen die Tierfreunde täglich, wo Tierlose nur sieben Mal lachen. Noch lustiger ist es nur mit Kindern: Eltern lachen 20 Mal am Tag, die Kinder sogar 400 bis 500 Mal. Aber Kinder gibt es nicht so viele: 31 Millionen Haustiere leben in Deutschland, Katzen und Hunde, Vögel, Meerschweinchen, Kaninchen. Aber nur 13 Millionen Kinder. Nur in 18 Prozent der deutschen Haushalte gibt es ein Kind, ein Baby sogar nur in fünf Prozent, ein Tier hingegen in 26 Prozent. Vor allem in den Großstädten scheinen zunehmend Hund und Katze zum Lebenspartner zu werden. Der Mensch nähert sich dem Tier, weil er sich vom Mitmenschen zunehmend entfernt. Viele leben allein, manche einsam. Da wird das Tier zum Partner, zum Menschenersatz.

Und wer einen tierischen Partner hat, der will natürlich nicht knausern: Geld spielt keine Rolle, wenn es um Hund oder Katze oder Wellensittich geht. 9,1 Milliarden Euro jährlich geben die Deutschen für ihre Haustiere aus.

Nach Angaben des Verbandes für das Deutsche Hundewesen (VDH) geben Hundehalter 50 bis 100 Euro pro Monat für ihre Lieblinge aus. In der Schweiz kostet ein Hund bis zu 2000 Franken pro Jahr. Der Kult ums Tier nährt viele Branchen: die Hersteller der Accessoires vom Napf bis zum Halsband, die Pharmahersteller, Chemielieferanten und Zusatzstoffhersteller, die Veterinäre. 9000 Tierarztpraxen gibt es allein in Deutschland – manche spezialisiert auf Schildkrötenleiden oder das Herz des Hundes.

Die Pharma-Firma Bayer Animal Health machte im Jahr 2014 in 120 Ländern einen Umsatz von über 1,3 Milliarden Euro. Der US-Veterinärkonzern Elanco hat sich schon das Tiergeschäft des Schweizer Pharmamultis Novartis und die deutsche Firma Lohmann Animal Health einverleibt. Vor ihm liegt jetzt nur noch der weltgrößte Tierpharma-Konzern Zoetis. Er bringt es jährlich auf 4,8 Milliarden US-Dollar Umsatz (4,4 Milliarden Euro).

Und während vor allem die Deutschen am eigenen Essen sparen, geht's beim Tierfutter steil nach oben: »Generell lässt sich ein Trend zu hochwertigen Premiumprodukten feststellen«, sagte Bianca Corcoran von der Gesellschaft für Konsumforschung der *Lebensmittelzeitung*. Eine seltsame Bewusstseinsspaltung hat offenbar die Menschen, namentlich in Deutschland, ergriffen. Fürs Schnitzel wollen sie nichts ausgeben, aber bei den Schlachtabfällen kennen sie keine Hemmungen – allein weil sie sich in Tierfutter verwandelt haben.

Beim »Kleintierfutter entdecken die Hersteller gerade das Hochpreissegment«, sagt Frau Corcoran: »Dabei reicht die Bezeichnung Premium oder Superpremium für einige Produkte mittlerweile nicht mehr aus. Die Devise heißt vielmehr: Luxus pur oder Hyper Premium.« Die vereinsamten Großstädter opfern sich geradezu auf für ihre vierbeinigen Lieblinge: »Es gibt viele Leute, die tun alles für ihr Tier«, sagt Christoph Puls, Marketing-Chef beim Premium-Futterlieferanten Gimborn. Besonders erfreulich für die Branche: »Das Argument, kein Geld zu haben, spielt nach Umfragen bei der Entscheidung für oder gegen ein Haustier so gut wie keine Rolle«, sagt Detlev Nolte, Sprecher des Industrieverbands Heimtierbedarf.

Das zeigt sich in der Doggy-Dingwelt. Etwa im Shop namens V.I.Pets in Hamburg-Pöseldorf. Vor dem Laden stehen ein älteres Mercedes-Cabrio, ein Opel-Cabrio und ein Ford-Cabrio. In Hamburg fahren sie gern Cabrio und öffnen das Dach, sobald der Regen mal kurz nachlässt. Klar, dass es daher im V.I.Pets-Shop eine Cabrio-Autofahrerbrille fürs Hündchen gibt, das gleich im Fenster ausgestellt ist an einem Schaufensterhund. Im Internet gibt es sogar schon das Designersofa für den Hund, etwa von der Firma Pet Interiors. 1399 Euro kostet zum Beispiel das Modell Lounge Cube Leder in den Maßen 125 x 90 x 25. Dazu passt der Futternapf der britischen Marke

Wowbow »Mija«, Edelstahl an Plexiglasträger für schlappe 168 Euro. Oder Blingmania Platinum, erhältlich bei der Handelsfirma Koko von Knebel ab 699 Euro. »Porzellan mit Echt-Platin dekoriert«. Das ist »Der Napf, der es ins Museum geschafft hat«, sagt stolz die Firmenwerbung. »Sie finden dieses Designwunder im Museum für Kommunikation in Berlin.«

Selbst die Frisur eines Hundes kann man in ein Gesamt-Schönheitskonzept einbetten lassen. Etwa in der Dog Beauty Lounge an der Neuen Weinsteige in Stuttgart. Der Friseur ist nicht nur für Waschen, Föhnen, Nagelpflege zuständig, er rät sogar zur Rasur an den Pfoten. »Bei manchen Hunden riecht das wie Käsefüße«, sagt Hundefriseur Noel Luans. In Brasilien und Kalifornien steigt schon die Nachfrage nach Schönheitsoperationen fürs Tier: Brust verkleinern, Lid straffen und Falten glätten, gehören zum Beauty-Repertoire für Hunde. Die Möglichkeiten reichen bis hin zum »Botox für Boxer« *(Welt am Sonntag)*. Die Beauty-Branche findet das normal: »Warum soll ein Hund nicht schön sein?«, fragt Dr. Edgard M. Brito, Spezialist für plastische Tierchirurgie im brasilianischen São Paulo.

Die US-Firma Neuticles bietet sogar Silikonhoden für kastrierte Hunde. Das soll das »Selbstbewusstsein« der Entmannten heben. Erfinder Gregg A. Miller kam auf die Idee, als sein Bloodhound Buck kastriert worden war. »Ich war wirklich überrascht, als ich merkte, dass die Hoden ein für alle Mal entfernt waren, nachdem Buck kastriert worden war«, sagt Miller. Er war völlig konsterniert: »Buck war nicht mehr Buck!« Dank der Hilfe eines Veterinärs entwickelte er die »Hoden-Implantate für Haustiere« (US-Patent #58-68140). Eine halbe Million Dollar wurde investiert, bevor die ersten Kunsthoden eingebaut werden konnten beim Rottweiler Max, der dem Polizeibeamten Mike Pyle aus Missouri gehörte.

Das Mitgefühl des Menschen fürs Tier kennt offenbar kaum noch Beschränkungen. Manche Menschen tanzen schon mit ihren Hunden. Das heißt dann »Dogdance« und ist die neue »Trendsportart«, wie die *Süddeutsche Zeitung* berichtete. Der Reporter des Blattes war im »Hundesporthotel Wolf« in Oberammergau dabei, als Denise Nardelli die anwesenden Vierbeiner in der Kunst des »rhythmischen Pfotenschwingens« unterwies. Frau Nardelli sei dabei nicht »irgendeine Trainerin«, sondern die »Hundetanz-Päpstin«, Autorin des Standardwerks »Dogdance«.

Steigender Beliebtheit erfreuen sich auch Hundetagesstätten. Hier können Border Collies, Schäferhunde und Afghanische Windhunde ihren Tag verbringen. »Das sind alles Hunde, die normalerweise in Wohnungen warten müssten, bis ihre Besitzer von der Arbeit zurückkommen«, sagt Nadja Knopp, Gründerin der Hundetagesstätte (Huta) »Amicanis« im Berliner Stadtteil Wilmersdorf, die über ein Hofgelände im brandenburgischen Großbeeren verfügt. »Für die Besitzer sind das doch kleine Kinder«, erzählt Babs, die Fahrerin, die die vierbeinigen Lieblinge auf der knapp halbstündigen Fahrt aufs Land kutschiert. Bei Ganztagesbetreuung beträgt die Monatsgebühr beispielsweise für einen kleinen Hund (mit der Größe XS und einem Gewicht, das unter fünf Kilo liegt) 450 Euro. Für Hunde in der Größe XL (mehr als 40 Kilo) werden schon 567 Euro fällig. Plus Kosten fürs Futter, versteht sich.

Und in den Urlaub geht's natürlich gemeinsam, etwa nach Südtirol, ins »Hundehotel Mair am Ort« im Dorf Tirol in der Nähe vom Südtiroler Meran (Slogan: »Urlaub bei Punky und Baffa«). Die »Zweibeiner« dürfen auch mit ins Hotel. Das Zimmer mit Halbpension pro Zweibeiner kostet in der Hochsaison 106 Euro, die Vierbeiner zahlen 14 Euro für die erste Nacht und für jede weitere 8 Euro.

Was aber, wenn der gemeinsame Weg zu Ende geht? Da gibt es dann das Tierkrematorium. Und zur letzten, natürlich gemeinsamen Ruhe kann man sich im Friedhof für Mensch und Tier »Mein Hafen« ein Grab reservieren. 1725 Euro kostet das »Freundschaftsgrab«, plus laufende Gebühren, weitere 92 Euro jedes Jahr. Das Begräbnis gibt's mit Trauerfeier und allem Pipapo.

Für das Tier ist das ja einerseits sehr schön, wenn es bis zur Bahre umsorgt und verwöhnt wird. Und es ist womöglich auch ein zivilisatorischer Fortschritt, wenn das Tier nicht mehr als »Sache« taxiert, behandelt und verspeist wird. Andererseits geht mit der Vermenschlichung der Tiere leicht das Problem einher, dass ein Tier sich nicht dagegen wehren kann, zur Projektionsfläche von Herrchen und Frauchen zu werden, für ihre Wünsche, Gefühle, Bedürfnisse. Oder gar zum Geschäftsobjekt, zum Ziel menschlicher Gier. Gerade beim Thema Fressen stehen die Bedürfnisse der Tiere ja nicht im Mittelpunkt. Dennoch wünschen sich die Halter das Allerbeste für ihre vierbeinigen Lieblinge, und Geld spielt da bekanntlich keine Rolle.

Das wiederum nützt die Futterindustrie gern aus – und schiebt sich zwischen Tierfreunde und ihre Gefährten, mit ganz eigenen Maximen. Und die Liebe gehört eher nicht dazu. Es geht ja ums Geschäft. Die Tierliebe ist da nur Mittel zum Zweck, die wahren Motive und Hintergründe des Geschäfts sollen da schön im Hintergrund bleiben, möglichst unsichtbar bleiben.

Leider können Katzen und Hunde ihr Futter nicht selbst kaufen. Sie würden vermutlich lieber einen großen Bogen um die Tierfuttersupermärkte machen, in denen es so streng riecht. Es ist der Mensch, der in die Supermärkte geht. Und es sind Menschen, die die Dosen und Säcke in den Märkten produziert haben. Und auch das: Es sind Menschen, die davon profitieren – aber nur, wenn sie es richtig anstellen. Das Prinzip der Tierausstatter ist also: die schöne Seite der Mensch-Tier-Beziehung zeigen und alles andere im Dunkeln lassen. So verhält es sich mit diesen Firmen, die der Holländer Geert van der Velden repräsentiert. Sie liefern die Rohstoffe für die ganz Großen der Branche. Sie operieren in Deutschland und europaweit, aber sie sind dabei irgendwie unsichtbar. Das ist das Erfolgsgeheimnis. Die Kunst des Versteckens stellt einen wesentlichen Bestandteil ihres Geschäftsmodells dar.

Wichtig ist es ihnen immer, die schöne Vorderseite auszustellen. Beispielhaft dafür steht die Vion-Fabrik in den Niederlanden. Auf der schönen Seite ist sogar die Luft noch rein. Auf der Seite, wo die Villa steht, in der früher der Direktor gewohnt hat. Von der Straße aus ist sie noch nicht zu sehen, aber wer ein paar Schritte bis zum Tor geht, sieht sie gleich. Sie ist riesengroß, reetgedeckt. Ein parkartiger Garten, stoppelkurzer Rasen, alte Bäume, Blumen. Und alles umzäunt, mit einem schweren braunen Stahltor gesichert. Stacheldraht.

Wir sind mitten in Holland, nahe der Industriemetropole Eindhoven. Heute ist ein schöner Tag, die Sonne scheint durch die Bäume, der Wald am Kanal mutet irgendwie südlich an, unbeschwert. Es ist ein flaches Land, dann und wann ist eine Windmühle zu sehen. Es gibt sogar noch gepflasterte Landstraßen und Kanäle mit Hebebrücken wie aus einem Gemälde von Vincent van Gogh. Diese Anlage im Wald, am Wilhelminakanal, die Tierkörperbeseitigungsanlage, gehörte zur Firma Vion. Aber die Eigentumsverhältnisse haben sich jetzt noch ein bisschen verändert. Es ist auf den ersten Blick nicht ganz einfach zu verstehen. Aber das gehört zum Geschäft. Darauf beruht der Erfolg.

Vion ist einer jener riesigen, weitverzweigten Konzerne, die eigentlich jeder kennen müsste, einer der größten Fleischvermarkter Europas, Branchenführer in Deutschland und in den Niederlanden. Vion beliefert die Fast-Food-Kette Burger King und verkauft an deutsche Supermärkte abgepacktes Fleisch unter der Marke *Food Family*. Vion hat sich auch deutsche Fleischkonzerne einverleibt, Südfleisch beispielsweise und den bayerischen Fleischriesen Moksel, die Pommersche Fleischwaren Anklam und die ehemalige Norddeutsche Fleischzentrale in Bad Bramstedt. Sie haben Betriebe und Niederlassungen im bayerischen Vilshofen und im schwäbischen Crailsheim, in Lüneburg und Regensburg, in Frankfurt und Furth im Wald. Unter anderem.

Aber jenseits von Hamburger und Schnitzel fällt noch einiges ab. So ist Vion folgerichtig auch einer der größten Lieferanten von Rohstoffen fürs Tierfutter. Das ist dann die andere Seite. Der Geschäftszweig, bei dem es um das Tierfutter geht, heißt auch nicht Vion, sondern Rendac. Der Name steht auf einem Schild am Tor in der holländischen Anlage am Kanal. Rendac, das ist jener Tierkörperbeseitigungsanlagen-Konzern, der in Belgien und den Niederlanden tätig ist und zeitweilig berühmt wurde, weil er einmal Klärschlamm zu Tierfutter verarbeitet hat. Rendac steht für alles, was sich hinter den strahlenden Fassaden des Heimtiermarktes verbirgt. Hier riecht es ein bisschen streng, und wie genau die Geschäftsabläufe funktionieren, davon soll nicht viel an die Öffentlichkeit dringen. Denn Rendac nimmt sich der Abfälle von Vion an. Das ist aber jetzt keine Entsorgung, sondern eine Verwandlung – und am Ende wird das Produkt übernommen von einer anderen Firma, die Sonac heißt. Sonac ist total sauber, clean und beliefert die Haustierfutterindustrie mit Rohstoffen. Die sind jetzt natürlich überhaupt keine Abfälle mehr.

Der Abfall, auf dem der Geschäftserfolg des Unternehmens Rendac beruht, wandelt also auf dem Weg in die Tierfutterfabrik seine Gestalt. Das Wort *Abfall* hören sie ja in den Tierfutterfabriken nicht so gern. Bei dieser Firma im niederländischen Son, neben jener Villa im Wald, reden sie auch nicht mehr gern über Abfall. Dabei haben sie ganz zweifellos mit Abfall zu tun.

Auf der Rückseite der Firmenanlage riecht es durchdringend. Ist es der Geruch von Kadavern? Verwesung? Der allgemeine Geruch von Müll und irgendwelchen tierischen Überbleibseln? Vielleicht ist es wieder der Rendac-Geruch. Von außen sind Tanks zu sehen und ein Schornstein. Silbrige Rohre. Ein Backsteingebäude, an dem die Fenster zerborsten sind, manche mit Spanplatten geflickt. Stacheldraht. Auch hier ist die neue Zeit noch nicht ganz angebrochen. Aber der Umbau ist im Gange.

Es gibt Parkplätze für Besucher und Beschäftigte. Und es gibt die andere Seite, auf der die Lastzüge ankommen. In der Mitte der Anlage: ein modernes Verwaltungsgebäude. Innen riecht es nicht. An der Rezeption empfängt eine freundliche Empfangsdame die Besucher. Ein Großdia mit einem Luftbild zeigt das Ausmaß der ganzen Anlage. Die Villa ist zu sehen, die Rohre, Hallen, die ganze Welt, in der die Reste der Tiere verarbeitet werden.

Geert van der Velden ist für den Verkauf der Sachen zuständig. Der junge Mann im rot-weiß karierten kurzärmeligen Hemd. Er versteht sich als Sonac-Mann. Sonac, nicht Rendac.

Rendac, sagt er, sei eigentlich eine Energiefirma.

Energiefirma? Und die holt Schlachtabfälle aus Schlachthöfen?

Die Schlachtabfälle, die zu Tierfutter verarbeitet werden, haben mit den Rendac-Werken nichts zu tun, sagt van der Velden.

»Das sind die Sonac-Werke«, sagt der junge Mann, »und dann gibt es noch die Rendac-Werke.«

Sonac, Rendac, das ist doch eigentlich völlig egal, möchte man meinen.

Doch gerade darauf läuft der ganze Umbau hinaus, dass es eine »strikte Trennung« gibt, so ein Firmenprospekt.

Der tiefere Sinn liegt darin, dass niemand mehr eine Verbindung herstellen soll zwischen den teuren Gourmet-Häppchen in den goldenen Schälchen und den Schlachtabfällen, die die Rendac-Lastwagen abholen.

Dann findet also irgendwo eine Verwandlung der übelriechenden Rendac-Schlachtabfälle in wertvolle Sonac-Rohstoffe statt?

Nein, sagt Herr van der Velden.

Dass ein Schlachthof wie jener in Belgien von einem Rendac-Lastwagen angefahren werde und der dort die Kategorie-3-Rohstoffe für die Tierfutterproduktion abholte, das sei eigentlich ausgeschlossen.

»Das kann nicht sein«, sagt Herr van der Velden. »Das ist normalerweise völlig getrennt, das ist auch gänzlich getrennt, aus Marketinggründen.«

Und: »Ich kann mir nicht vorstellen, dass man mit einem Rendac-Lastwagen Kategorie-3-Ware abholt.«

Rendac holt also keine Schlachtabfälle ab fürs Tierfutter. Sagt der junge Mann. Sonac und Rendac, das sei streng getrennt. Eigentlich soll in der ganzen sauberen Sonac-Welt, in der die Rohstoffe für Whiskas und Kitekat bereitgestellt werden, nichts mehr an das Müllmilieu erinnern, in dem Rendac zu Hause ist. Das ist jetzt alles streng auseinanderdividiert, sagt Herr van der Velden. »Da werden Sie keinen Lkw sehen, wo Rendac draufsteht.«

Rendac sei eine Firma, die beispielsweise Brennstoff für Energieriesen wie etwa Eon verkaufe. Hergestellt aus dem Abfallmaterial der Kategorien 1 und 2. Das auf keinen Fall mehr verfüttert werden darf. Sonac aber ist die Firma, die wertvolle

Rohstoffe für die Haustierfutterindustrie bereitstellt. Vielleicht, räumt er ein, könne es in Einzelfällen mal vorkommen, wegen veränderter Lastwagenplanung in den Ferien. Aber eigentlich verstößt das gegen das Marketingprinzip.

Daher sollen jetzt auch mehr und mehr neutrale Wagen eingesetzt werden. Damit niemand mehr den Zusammenhang herstellen kann zwischen Abfall und dem Futter für unsere kleinen Lieblinge. So möchte auch die Firma Rendac nicht als Lieferant in Erscheinung treten. Rendac holt nur die Abfälle aus den Schlachthöfen. Dann werden sie zu gesichtslosem Mehl verarbeitet, zu Fetten und allerlei Zusätzen – und verlassen dann die Fabrik als hochmoderner, gesunder Zusatz aus dem Hause Sonac.

Sonac ist sozusagen die Schwesterfirma und verkörpert die schöne Vorderseite der Geschäftsarchitektur. Beide gehören mittlerweile zu dem amerikanischen Tierkörperbeseitigungskonzern mit dem schönen Namen Darling. Das bedeutet bekanntlich Liebling.

So haben sie in jenem Business, das man früher Abdeckerei nannte, schon mit Hilfe der Namensgebung jede Erinnerung an die anrüchige Zone der Geschäftsbereiche getilgt. Und damit ganz neue Gewinnmöglichkeiten geschaffen. Das ist pfiffig ausgedacht.

Das löst verschiedene Probleme auf einmal. Da ist zunächst das Entsorgungsproblem, das die Fleischkonzerne haben. Wohin mit den Schlachtabfällen? Davon haben Schlachtkonzerne natürlich mehr als genug. Sie müssen ihren Abfall loswerden und bezahlen mitunter dafür, dass ihn jemand abholt. Rendac übernimmt die Abfälle und verwandelt sie. Sonac versieht sie mit einem coolem Design, gibt ihnen einen neuen Look und beliefert dann unter anderem die Abnehmer in der Tierfutterindustrie.

Sonac hat dafür blitzsaubere Prospekte gestalten lassen, für all die Produkte wie Geflügelfleischmehl, Blutmehl, Fleischmehl und die Rohstoffe für die Haustierfutterindustrie. Selbst das Mehl aus Hühnerfedern (»Sonac Kerapro Federmehl«) wirkt in Sonacs Prospekt höchst appetitlich. Dank einer Kochzeit von 18 Stunden ist der Federcharakter des Rohstoffs auch weitgehend verschwunden. Auf dem Prospekt für »Kerapro«-Federmehl ist ein süßes Kätzchen abgebildet, das nachdenklich an einem stählernen, glänzenden Napf schnuppert. Vielleicht ahnt es noch etwas von der früheren Identität von »Kerapro«.

Herrchen und Frauchen hingegen bekommen garantiert nichts davon mit. Wenn die Rohstoffe zu Mehl verarbeitet worden sind, ist der Abfallcharakter vollständig aufgehoben. Das denken jedenfalls die Tierfutterfirmen. Sie finden Tiermehl prima, loben es in den höchsten Tönen. Eukanuba beispielsweise nennt es vornehm »Mehl aus Hühner-Nebenerzeugnissen« und lobt dessen Eigenschaften: »Mehl aus Hühner-Nebenerzeugnissen ist eine ausgezeichnete Proteinquelle, weil es alle für Fleischfresser, wie Hunde und Katzen, wichtigen Aminosäuren enthält. Unsere Produkte enthalten ausschließlich aus Hühner-Nebenerzeugnissen hergestelltes Auszugsmehl allerhöchster Qualität.« Auszugsmehl, das klingt nach Brötchen und Kuchen und der Hausfrau, die mit gestärkter Schürze in der Küche steht.

So profitiert die Futterindustrie von dieser Geschäftskonstellation. Der Mist verwandelt sich auf den verschiedenen Verwandlungsstufen schließlich in Gold, also in jene sündhaft teuren, golden verpackten Leckereien, die wir unseren vierbeinigen Lieblingen so gern vorsetzen. Der Rohstoff, also der Müll, der am Anfang der Produktionskette steht, ist nicht nur billig. Es gibt sogar noch Geld für jene, die ihn abholen. Dabei handelt es sich um eine Entsorgungsgebühr. Ein betörend reizvolles Geschäftsmodell für diejenigen, die sich am Tierfuttergeschäft beteiligen. Sie kassieren doppelt: zunächst für die Rohstoffe und später für die Produkte. Ganz wichtig ist dabei natürlich, dass die Verbindungen zwischen den verschiedenen Produktionsstufen nicht mehr zu durchschauen sind.

Kein Wunder, dass die Tierfutterherstellung ein begehrtes Geschäftsfeld ist. Vielleicht sogar das profitabelste in dieser ganzen Szene. Mit dem Fleisch, das die Menschen selbst essen, ist nicht wirklich viel zu verdienen, wenn bei Edeka der Schweinenacken 2,22 Euro pro Kilo kostet. Am eigenen Essen sparen die Menschen, wo es geht. Anders verhält es sich mit dem Futter für ihre Vierbeiner. Da spielt Geld keine Rolle. Da bezahlt der Mensch gern 6,50 Euro für ein Kilo Geflügelüberreste, vermengt mit ein bisschen Reis, Maismehl und Rübentrockenschnitzeln. Und für den 4-Kilo-Sack Trockenfutter »MOTHER &Babycat 34« von Royal Canin sind zusätzliche 25,89 Euro zu zahlen.

Beim Tierfutter sind die Leute höchst großzügig – und wenn sie sich die Leckereien für ihre Lieblinge selbst vom Mund absparen müssen. Beim Tierfutter gibt es auch noch grandiose Wachstumsraten und beeindruckende Erfolgsgeschichten.

Das liegt nicht nur daran, dass die Zahl der Tiere stetig zunimmt – trotz schrumpfender Bevölkerungszahlen. 4,1 Millionen Hunde kläfften 1992 in Deutschland, 6 Millionen im Jahr 2014. Die Zahl der Katzen nahm im gleichen Zeitraum von sechs auf 12 Millionen zu, die Anzahl der Aquarien von 0,9 auf 1,95 Millionen. Hinzu kommen mehr als sechs Millionen Hamster, Kaninchen und andere Kleintiere – doppelt so viele wie 1992. Ganz zu schweigen von den Sängern – 3,4 Millionen Ziervögeln.

Ein ziemliches Potenzial. Einer, der das ziemlich optimal genutzt hat, ist ein Mann namens Torsten Toeller. Herr Toeller besitzt Läden wie diesen, draußen am Ortsrand: ein großer Parkplatz, vor der Tür zwei Hundehütten und drinnen die ganze Welt des Heimtierfutters. Lange Regale mit großen Dosen und kleinen Schälchen, mit bunten Snacks und glänzenden Säcken. Mit Halsbändern, Leckereien und Vitaminen. Ein Fressnapf-Laden. Auch in diesem Fressnapf-Laden riecht es streng. Vielleicht ein bisschen wie Hund? Oder eher wie industrielles Futter? Vielleicht auch wie Tierkörperbeseitigungsanlage.

Fressnapf ist die erfolgreichste Neugründung in der Branche. Die Firma wächst ständig, und auch Herr Toeller ist immer in Bewegung: »Morgens frage ich mich, welche Hürde ich heute überspringen kann«, sagte er einmal zu einem Reporter der *Lebensmittelzeitung*. Torsten Toeller hat schon einige übersprungen.

1990 hat er seinen ersten Laden im rheinischen Erkelenz eröffnet. 25 Jahre später hat die Kette, die er als Franchise-Unternehmen organisiert hat, 1300 Läden in 25 Ländern Europas und macht 1,67 Milliarden Euro Umsatz. Die Idee hatte er aus Amerika mitgebracht, doch sein damaliger Arbeitgeber hielt nicht viel davon. So hat sich Toeller kurzerhand selbständig gemacht. Torsten Toeller ist ein Mensch, der gern handelt und entscheidet. Was er nicht leiden kann, sagte er zu dem Reporter der *Lebensmittelzeitung,* ist Gejammer: »Wenn die Leute von Krise reden, krieg ich die Krise.« Das könnte daran liegen, dass seine Branche keine Krise kennt.

Der Lebensmitteleinzelhandel klagt, die Landwirtschaft klagt und die Gastronomie sowieso. Die Branchen, die die Menschen ernähren, klagen seit langem. Vor allem über die Kundschaft: Die Leute wollen kein Geld ausgeben. Ganz anders die Branche, die unsere liebsten Freunde füttert, die Hunde und Katzen, Hamster und Sittiche. Dort hat niemand Grund zur Klage.

Das Tierefüttern war früher ganz einfach: Das Tier bekam das, was die Menschen übrig ließen. Das ist jetzt auch noch so ähnlich. Nur dass die Preise zwischendurch explodiert sind. Ein Sack Trockenfutter »Select Gold« für große Hunde kostet 6,49 Euro pro Kilo, »Sheba Hähnchenbrustfilets« kosten pro Kilo 13,87 Euro, »Shiny Cat« Thunfisch von Gimpet kostet aufs Kilo umgerechnet 17 Euro. Iams-Trockenfutter »Proactive Health« für Katzen von 1 bis 6 Jahren liegt bei 47,97 Euro pro Kilo. »GIMCat Käse-Paste mit Biotin« hat einen stolzen Kilopreis von bis zu 63 Euro.

Die Leute, die beim Lebensmitteleinkauf für sich selbst auf jeden Cent schauen, sind bei Tierfutter grenzenlos großzügig. Beim Billighändler Lidl zum Beispiel kostet die H-Milch für Menschen 60 Cent, die Katzenmilch von Whiskas hingegen gibt's bei Fressnapf für 4,16 Euro pro Liter. Das Tierfutter-Business dürfte für die Beteiligten die reine Freude sein. Und viele können daran teilhaben. Vom Food-Multi bis zum kleinen Garagenproduzenten.

Das große Geschäft machen aber natürlich die Multis. Allein der weltweit tätige Nahrungskonzern Nestlé steigerte seinen Umsatz mit Erzeugnissen fürs Heimtier von sechs Milliarden Schweizer Franken im Jahr 2000 auf über 13 Milliarden 2010. Der Food-Gigant mit seinem globalen Headquarter am Genfer See in der Schweiz ist damit Weltmarktführer bei der Fertignahrung für Hunde und Katzen. »Der Lebensmittelgigant«, notierte die Schweizer *Handelszeitung*, »operiert im schönsten aller Märkte. Das florierende Geschäft mit der Verpflegung der Vierbeiner kennt hohe Margen, aber keine Krisen.« Gewinn vor Steuern und Zinsen, so das Blatt, liegt bei bis zu 20 Prozent. In dieser Liga spielt auch Mars. Das Unternehmen setzt mit Whiskas, Chappi, Pedigree allein in Deutschland 700 Millionen Euro um.

Bei diesem Thema geht es natürlich nicht nur um Bello und Hansi, Mietzi und Mümmelmann. Sondern auch um Zenzi und Theres, um Kuh, Schwein und Huhn. Hier werden noch größere Räder gedreht, hier geht das Spiel um noch größere Summen.

In Deutschland leben:

13 Millionen Rinder (davon 4,3 Millionen Milchkühe)
28 Millionen Schweine
39 Millionen Legehennen
65 Millionen Masthähnchen und Puten.

Tierfutter, das ist ein Multimillionen-Tonnen-Geschäft.

Die weltweite Futtermenge insgesamt beträgt 980 Millionen Tonnen.

Der weltweite Umsatz mit Tierfutter beträgt 460 Milliarden US-Dollar.

Allein in Deutschland werden unvorstellbare Mengen Mischfutter an die Tiere im Stall verfüttert. 80 Millionen Tonnen sind es im Jahr – das ist mehr als der Spritverbrauch im Straßenverkehr. Die großen Mengen kommen zustande, weil die Menschen sehr viel Fleisch essen. 60 Kilo pro Kopf und Jahr sind es in Deutschland, davon knapp 20 Kilo Geflügel. Das Futter kommt selten vom Acker neben dem Stall, sondern zumeist von irgendwo anders. Die EU etwa importiert jährlich bis zu 40 Millionen Tonnen Soja aus den USA sowie aus Argentinien und Brasilien. Die Akteure sind Giganten. Auch wenn ihre Namen nicht immer so gigantisch klingen. Raiffeisen, zum Beispiel. Das klingt eher nach Trachtenjanker und dörflichem Tanz.

Doch Raiffeisen ist Big Business. Allein die deutschen Raiffeisen-Genossenschaften setzen an die 70 Milliarden Euro im

Jahr um – mehr als siebenmal so viel wie die gesamte deutsche Buchbranche, die gerade mal neun Milliarden Euro schafft. Gegenüber Raiffeisen ist die Deutsche Lufthansa mit 30 Milliarden Euro Umsatz fast ein Kleinbetrieb. Und selbst der größte deutsche Lebensmittelhändler Edeka ist mit 47 Milliarden Euro Umsatz im Jahr 2014 ein vergleichsweise kleinerer Krämer. Der Agro-Multi ist auch größer als die deutsche BP, Bayer, Audi und Shell.

Eines der größten Handelsunternehmen in Deutschland ist eine Firma namens Alfred C. Toepfer. Mit einem Jahresumsatz von mehr als 12 Milliarden Euro ist sie weit größer als etwa der Textilkonzern C&A (knapp 7 Milliarden Euro Umsatz) und der deutsche Ableger des Möbelgiganten IKEA (4,4 Milliarden Euro Umsatz). Die Firma Toepfer ist ein vornehmes Hamburger Handelshaus, an dem seit einigen Jahren der amerikanische Agro-Riese Archer Daniels Midland (ADM) die Mehrheit hat.

»Der Handel mit Agrarprodukten ist ein entscheidender Faktor der Weltwirtschaft. Auf diesem Gebiet sind wir zu Hause«, schreibt die Firma in ihrer Selbstdarstellung nicht ohne Stolz. Seit 1919, dem Jahr der Gründung, ist Alfred C. Toepfer im Handel mit Getreide, Ölsaaten und Futtermitteln aktiv. Heute ist die Firma Teil des US-amerikanischen Agro-Riesenkonzerns ADM. Er beschäftigt 33 000 Angestellte in 140 Ländern und generiert einen Umsatz von an die 100 Milliarden US-Dollar (92 Milliarden Euro).

Agro-Konzerne beschränken ihre Aktivitäten schon längst nicht mehr auf die heimische Scholle. Sie sind international verflochtene Großunternehmen und pflegen Geschäftsbeziehungen in aller Welt. Was sie dabei am anderen Ende der Welt beschaffen, landet dann irgendwo in Europa in einem Stall. Dessen Besitzer, also der Bauer hierzulande, hat nicht die geringste Chance, die Lieferbeziehungen der Agro-Konzerne nachzuvollziehen. Darum kauft er immer ein gewisses Risiko ein, wenn er sein Vieh mit dem Futter der Großkonzerne füttert.

Die Firma Toepfer beispielsweise war vor vielen Jahren in einen Dioxin-Skandal verwickelt. Es ging um Milch, die vielfach überhöhte Mengen an Dioxin enthielt. Anfangs standen alle Beteiligten vor einem Rätsel. Die Dioxin-Belastung war zuerst in Südbaden aufgetaucht, doch die Ursache lag am anderen Ende der Welt: Als Dioxin-Quelle wurden sogenannte Zitruspellets identifiziert. Das sind Abfallprodukte der Orangensaftproduktion, die getrocknet und als Viehfutterzusatz verkauft wurden. Die kleinen braunen Kügelchen, die ganz leicht nach Zitrone duften, waren über ein Raiffeisen-Mischfutterwerk aus Brasilien nach Südbaden gelangt. Das Supergift war beim Trocknen der Schalen hineingeraten. Diese Zitruspellets hatte die Firma Toepfer importiert. Für die Dioxin-Belastung konnte sie natürlich nichts. Kann schon mal vorkommen.

Dumm nur, dass so etwas in dieser Branche immer wieder vorkommt. Die Internationalisierung der Produktion von Tierfutter hat die Waren spektakulär verbilligt. Gleichzeitig vervielfachten sich die Produktionsmengen massiv. Darum hat die globale Verflechtung großer Tierfutterunternehmen auch dazu geführt, dass Verantwortlichkeiten verwischt wurden und die Zusammenhänge nicht mehr erkennbar sind. Wenn etwas schiefgeht, ist es daher schwer, die Schuldigen zur Verantwortung zu ziehen. Und leider geht immer wieder etwas schief.

6.
Eine Wildwestbranche
Die Skandale ums Tierfutter und ihre Ursachen

*Dioxin-Alarm: China und Korea stoppen Einfuhren /
Wie eine kleine Fettschmelze gleich zweimal große
Futtermittelskandale auslöste / Diabetes, Bluthochdruck,
Krebs: Die späten Folgen des Supergifts / Bizarres Belgien:
Ein marodes Königreich als Modell für Europa?*

Er wirkt eigentlich ganz sympathisch, wie er da steht, auf dem Hof in der Sonne: rotes Hemd, Ringerfigur, Glatze. Er lächelt und gibt bereitwillig Auskunft, wenngleich ein bisschen zögernd, was man verstehen kann, denn schließlich hat der Mann gleich zwei Skandale ausgelöst, deren Auswirkungen bis nach Amerika und China reichten.

»Very urgent – très urgent«, stand mit leuchtend rotem Alarm-Logo auf dem Titelblatt des europaweiten Schnellwarnsystems (»Rapid Alert System For Food and Feed«). So warnten die europäischen Überwachungsbehörden die Mitgliedsländer: sehr dringend. Es ging um Dioxin in Futtermitteln. Dioxin, das Supergift. Überall in Europa wurden Futtermittel überprüft. Messgeräte liefen heiß, Hunderte von Farmen wurden gesperrt.

»Das Fett von Profat«, so die Warnmeldung der Europäischen Kommission aus dem Jahr 2006, »war hoch kontaminiert mit Dioxin« (400 Picogramm TEQ/g). Profat, so hieß der Betrieb, um den es im Dioxin-Skandal ging, und Jan Verkest, der Mann mit der Ringerfigur, war hier Chef.

Der Betrieb hieß auch mal N.V. Verkest. Die Firma wurde aber umbenannt, denn ihr Ruf war eigentlich schon ruiniert. Die Behörden hatten Verfahren eingeleitet, und wenige Jahre später standen wieder Fernsehteams auf dem Hof. Wieder ging es um Dioxin. Wieder in Futtermitteln. Jan Verkests Firma, eigentlich nur eine kleine Klitsche, speiste ihre anrüchigen Produkte in eine Lieferkette, deren Produkte schließlich in den Supermärkten der Welt landeten.

Der Betrieb lief weiter. »Jeden Tag kommt Fett«, sagte Verkest damals. 300 Tonnen verarbeiteten sie hier jede Woche. »Tierfett, Frittenfett«, sagt Verkest. Fett ist Rohstoff für viele Anwendungsbereiche bis hin zu Kosmetika. Es wird auch weiterverarbeitet zu »Chemie«, wie der Chef sagt. Und natürlich wird es für Tierfutter verwendet.

Schnitzel, Eier, auch das Haustierfutter: Das, was die Menschen und auch ihre vierbeinigen Gefährten zu sich nehmen, war weithin betroffen von den Tricksereien und Gaunereien von Profat. Die normale, alltägliche Nahrung. Ein Epizentrum von Skandalen, die die Welt erschüttern, könnte bescheidener kaum aussehen.

Wiesen, Bauernhöfe, Maisfelder, Bäume. Kühe, die noch grasen dürfen. Ein ländliches Idyll, 29 Kilometer südwestlich der schönen belgischen Universitätsstadt Gent. Zwischen Bauernhöfen liegt das Firmengelände. Ein paar Tanks, eine kleine Halle, ein Hof, auf dem ein Toyota steht und ein Mercedes und ein silberner BMW. Neben der kleinen Werksanlage steht ein Bungalow mit Rasen und Hecken und einer Satellitenschüssel. Dort wohnt Jan Verkest, der Chef.

Schon 1999 stand Verkest im Zentrum eines Skandals. Es ging ebenfalls um Dioxin. Damals war er sogar verhaftet worden. Zwei belgische Minister, Marcel Colla und Karel Prinxten, mussten zurücktreten. 200 belgische Farmen wurden gesperrt,

60 000 Schweine und sieben Millionen Hühner geschlachtet. Die belgische Ausfuhr brach zeitweilig fast vollständig zusammen. Auf eine Milliarde US-Dollar (760 Millionen Euro) wurde der Schaden geschätzt.

Dioxin, das Supergift – sagen die einen. Die anderen sagen: Nun ja, diese winzigen Konzentrationen ... Erst im Jahr 2015 stellte sich heraus, wie gefährlich die Kontamination mit dem Supergift wirklich war. Auslöser war eine wissenschaftliche Studie, die das Krankheitsgeschehen über die Jahre verfolgte. Der Fall Verkest ist ein Lehrbeispiel für diese Branche, in der die Skandale sozusagen zum Geschäft gehören. Beispielhaft zeigt der Skandal, wie undurchschaubar die Lieferketten, wie lax die Kontrollen und wie lahm die Gerichte sind, die es sogar ermöglichen, dass ein Unternehmen, das schon unter Beobachtung steht, seine Geschäfte praktisch ungehindert fortsetzen darf.

Der Dioxin-Skandal von Profat ist auch ein Lehrbeispiel für die Gesundheitsfolgen solch skandalumwitterter Produktionsmethoden, die erst nach vielen Jahren sichtbar werden. Und für die Schwierigkeiten, die Verantwortlichen zur Rechenschaft zu ziehen. Die Produktion ist globalisiert, die Lieferketten sind undurchsichtig. Und Dioxin macht es auch schwer, die Folgen zu erkennen. Denn das ist das Tückische an diesem Supergift, dass es, wenn es in kleinen Dosen eingenommen wird, zunächst ganz harmlos erscheint. Behörden und Medien können daher erste Bedenken beiseitewischen. Wie im Falle Verkest. Immerhin: Da das Zentrum des Geschehens in einem kleinen Land lag, ist es hier noch vergleichsweise leicht, einen Überblick darüber zu gewinnen, was hier eigentlich geschehen ist.

Das Land heißt Belgien. Es darf als Modell für Zustände angesehen werden, in denen sich solche Skandalgeschichten besonders musterhaft abspielen. Außerdem ist Belgien besonders bedeutsam, weil es ein Kernland der Europäischen Union ist und seine Hauptstadt Brüssel gleichsam deren Kapitale. Belgien steht häufig im Zentrum von Skandalen. Nicht nur, wenn es um Landwirtschaft und Lebensmittel geht.

»Belgien, immer wieder Belgien.« So seufzten wortgleich die linke *Tageszeitung* und die konservative *Frankfurter Allgemeine Zeitung* nach dem Pariser Anschlag des sogenannten Islamischen Staates Ende 2015. Auch hier führten die Spuren nach Belgien. Führende Attentäter kamen aus dem Land, waren sogar den Behörden bekannt. Und nachdem der wichtigste endlich festgenommen war, gab es, Ende März 2016, wieder einen schrecklichen Anschlag, mit vielen Toten. Das »Bild vom maroden Königreich«, dessen »Institutionen nicht funktionieren« *(FAZ)* bekommt immer neue Nuancen. Und die Medien verweisen auf die skandalösen Vorgeschichten, etwa den legendären Kinderschänder Marc Dutroux, der in den 1980er und 1990er Jahren sein Unwesen trieb.

Auch beim Pferdefleisch-Skandal im Jahre 2013 stand Belgien im Zentrum des Geschehens. Damals kamen schwer durchschaubare Verbindungen zwischen mafiösen Strukturen und seriösen Supermarktketten ans Licht. Von Aldi bis Edeka, Rewe, Lidl, Kaufland und Kaiser's Tengelmann. Alle hatten sie Pferdefleisch verkauft, unter anderem als »Omnimax Delikatess Rindergulasch«, als Lasagne, Ravioli, Chili con Carne, Tortelloni oder im Hamburger. In vielen Ländern Europas. Sogar in IKEAs Köttbullar hatten Lebensmittelkontrolleure Spuren vom Pferd entdeckt.

Belgien war auch das Heimatland der Fleischmafia, die schon während der BSE-Krise dafür sorgte, dass britisches Fleisch trotz des Embargos in deutsche Würste und Supermärkte kam. Belgien war auch zeitweilig das Zentrum des Hormondopings für Schweine. In Belgien gibt es auch häufig Verbindungen zwischen kriminellen und staatlichen Kreisen. Die Behörden in

Belgien sind nicht für ihren Eifer bekannt. Als einmal zum Beispiel ausnahmsweise ein Veterinärbeamter besonders genau hingeschaut hatte, ist er ermordet worden. Mitten in Europa. Dabei ist Belgien nur ein kleines Land. die Verhältnisse hier wären eigentlich nicht weiter von Bedeutung. Doch weil das Land mit dem Kontinent aufs engste verwoben ist, bringt es die europäischen Verhältnisse zum Vorschein. Darum auch wird für belgische Skandale bisweilen ganz Europa in Haftung genommen.

Beim Dioxin-Skandal von 1999 beispielsweise stoppte die US-Regierung den Verkauf von Geflügel- und Schweinefleischprodukten aus der Europäischen Union. Beim Dioxin-Skandal 2006 wurden nicht nur ein paar hundert landwirtschaftliche Betriebe in Belgien vorübergehend gesperrt, sondern auch 275 Farmen in den Niederlanden und ein halbes Dutzend in Deutschland. Taiwan und Südkorea stoppten Schweinefleischlieferungen aus Belgien. China bezog auch gleich Deutschland mit ein. Der Schaden ging wieder in die Millionen.

Wenn es um Dioxin geht, ist höchste Vorsicht geboten. Zwar sind die Mengen, die gefunden werden, oft gering. Doch selbst diese winzigen Mengen können verheerende Folgen haben. Dioxin gilt als Supergift. Es ist eine der schlimmsten Chemikalien, die über die Menschheit gekommen sind. Über 200 verschiedene Dioxin-Verbindungen kennt die Fachwelt. Am bekanntesten ist das sogenannte Seveso-Dioxin, von Chemikern als »2,3,7,8-Tetrachlordibenzodioxin« oder kurz »2,3,7,8-TCDD« bezeichnet.

Bei der Dioxin-Katastrophe im norditalienischen Seveso im Jahre 1976 waren aus einer Fabrik des Chemie-Multis Hoffmann-La Roche 2,5 Kilogramm von dem Ultragift entwichen und hatten eine der größten Giftkatastrophen der Geschichte ausgelöst. 200 Menschen erlitten schwerste Verätzungen, 700

Einwohner mussten ihre Häuser verlassen, 50 000 Tiere mussten getötet werden, ein Gelände von 87 Hektar wurde evakuiert – auf unabsehbare Zeit.

Die Dioxin-Katastrophe von Seveso war zwar das bislang schlimmste, aber nicht das erste Unglück dieser Art. 1949 gab es einen Unfall mit von Dioxin hervorgerufenen Vergiftungen beim Agro-Konzern Monsanto, 1953 beim deutschen Chemie-Multi BASF. Damals litten vor allem die Beschäftigten unter Vergiftungen, Krebs und Hautkrankheiten.

Das Gift entweicht normalerweise auch aus Industrieschornsteinen und Müllverbrennungsanlagen. Es breitet sich bis in entlegenste Regionen aus. Selbst fernab von Chemiefabriken finden sich seine Spuren in Lebensmitteln. Butterproben aus Ägypten waren ebenso belastet wie Fische aus der Bucht von Tokio. Bei Seehunden aus dem russischen Baikalsee lagen die Werte bei bis zu 175 Picogramm, finnische Meerestiere hatten bis zu 122 Picogramm, amerikanischer Hummer bis zu 58 Picogramm. Dioxin ist überall. Manche Belastungen sind nicht zu vermeiden.

Wenn Dioxin übers Tierfutter aber in Schnitzel und Hühnchen gelangt, dann ist das eine vermeidbare Belastung. So geschah es im Falle des belgischen Fettschmelzers Verkest. Er war natürlich nicht allein daran schuld. Und es ist auch nicht so, dass er da absichtlich ein Supergift reingekippt hätte.

Verkest war gewissermaßen Täter und Opfer zugleich in diesem System, das manche pervers nennen, weil ohne irgendwelche Rücksichten auf Mensch oder Tier noch die aberwitzigsten Quellen angezapft werden, um billiges Futter für die Tiere zu beschaffen, die in unseren Küchen gekocht und gebraten und gegrillt werden. Dieses aberwitzige System ist aber auch sehr profitabel und deswegen attraktiv für alle Mitwirkenden.

Im Falle von Fettschmelzer Verkest war eigentlich eine Firma namens Tessenderlo Chemie für die Dioxin-Verseuchung verantwortlich. Tessenderlo Chemie ist wiederum alles andere als eine kleine Klitsche. Tessenderlo ist ein Chemiegigant, Weltmarktführer bei vielen seiner Produkte. Der Konzern beschäftigt insgesamt 5200 Mitarbeiter in 21 Ländern. Im belgischen Tessenderlo produziert er neben Futterzusatzstoffen Chemikalien aller Art. Im nahen Ham stellt Tesserderlo Chemie unter anderem eine Million Tonnen Sulfate pro Jahr her. Und ebenfalls eine Million Tonnen Phosphate.

Bei der Produktion dieser Zusätze war, so ergaben die Ermittlungen, das Dioxin-Problem entstanden. Bei Tessenderlo waren zwei Filter in der Fettproduktion defekt. Diese Filter hingen nur sehr indirekt mit den Tierfutterzusätzen zusammen. Sie werden für die Säuberung von Salzsäure gebraucht. Die Säure wiederum sorgt dafür, dass Fett von Schweineknochen gelöst wird. Ein recht kompliziertes Verfahren. Aber es soll ja nichts verkommen. Normales Abkratzen reicht nicht aus, wenn noch das letzte Fitzelchen vom Tier zu Geld gemacht werden soll. Durch diese defekten Filter nun gelangte das Dioxin in das Fett, das als Rohstoff für Tierfutterbetriebe verkauft wurde.

Eigentlich ist es ehrenwert, möglichst nichts wegzuwerfen. Wenn aber zu derart gewaltsamen Methoden gegriffen werden muss, um noch den letzten Müll vollständig zu verwerten, dann wird die ehrenwerte Absicht geradezu pervertiert. Dann wäre es doch besser, manche Überreste nicht mehr zu verwerten.

Zum Beispiel das, was die – belgische – Firma Rendac einmal pfiffigerweise ins Recycling fürs Tierfutter einführte. Auch sie zählte zu den Kunden des Fettschmelzers Verkest. Mit ihrer Verwertung von Schlachtabfällen operiert sie in einem Milieu, in der die Rohstoffe ohnehin ein bisschen anrüchig sind. Es war im Jahre 1999, als die Firma in einen Skandal verwickelt war, bei dem eine ziemlich unappetitliche Methode der Tierfutterproduktion öffentlich wurde. Und auch da waren die belgischen Praktiken typisch für das, was auch anderswo praktiziert wird. Denn auch in Frankreich und sogar in Deutschland war aufgefallen, welche Ressource da zu Tierfutter verarbeitet worden war: Klärschlamm. Verschiedene Medien hatten damals darüber berichtet.

Beim deutsch-französischen Tierfutterwerk Saria, das ein direkter Konkurrent der belgischen Rendac ist, sollen täglich zwischen vier und fünf Tonnen Klärschlamm zur Herstellung von Tiermehl verwendet worden sein. Das Unternehmen bestritt die Vorwürfe. Saria ist heute ein ganz seriöses Unternehmen. Es gehört zur Rethmann-Gruppe, einem großen Entsorgungsimperium, das nun auf schicke Prospekte und saubere Geschäfte achtet und Biodiesel und dergleichen herstellt.

Selbst eine öffentliche Einrichtung war schon in einen Tierfutter-Skandal verwickelt. In der Tierkörperbeseitigungsanlage Plattling, einer Einrichtung mehrerer Kommunen 140 Kilometer nordöstlich von München, wurde unter den Augen der bayerischen Staatsregierung Klärschlamm zu Tierfutter verarbeitet. Dass so ein Produktionsverfahren verboten ist, »das haben wir übersehen«, sagte damals die bayerische Regierungssprecherin: »Das ist bedauerlich, aber wahr.«

Auch Rendac räumte ein, dass die Vorwürfe berechtigt seien. Nach einem Report des belgischen Landwirtschaftsministers hatte Rendac 5000 Tonnen Klärschlamm pro Jahr zu Tierfutter verarbeitet – darunter auch Abwässer aus Duschen und Toiletten. Trotz seiner problematischen Vorgeschichte war Rendac auch bei der Entsorgung der dioxinbelasteten Tiere 2006 mit dabei. »Dioxin-Schweine in Son getötet«, meldete das hausinterne Informationsblättchen. Die Schweine, die der Mutterkonzern Vion aufgekauft hatte, überschritten mit 1,3 statt 1,0 Picogramm pro Gramm Fett die Dioxin-Grenzwerte minimal. Aber »Norm ist nun einmal Norm«, so das Blatt – und die Schweine wurden aus dem Verkehr gezogen.

Bei den Hühnern im Jahr 1999 aber war man weniger streng gewesen:

Die dioxinhaltigen Hühner hat die Firma Rendac damals auch geschlachtet – und gleich wieder zu Tiermehl verarbeitet. Nun würde vermutlich jedes Kind davon abraten, dioxinhaltige Hühner zu Tiermehl zu verarbeiten. Rendac fand aber nichts dabei. Es gebe keine gesetzliche Bestimmung, die so etwas verbiete, sagte der Generaldirektor der belgischen Rendac, Guido Vanderstappen.

»In Belgien kommt nichts um«, höhnte daraufhin die deutsche *Tageszeitung*. So ähnlich war das auch im Pferdefleisch-Skandal von 2013. Auch hier wurde dafür gesorgt, dass nichts verkommt. In diesem Fall war es das Fleisch vom Ross. Dass es unter die Leute kam, ist einem Mann zu verdanken, der in einem 2,5 Millionen-Euro-Anwesen im belgischen Schoten, einem Vorort von Antwerpen, lebt: Jan Fasen.

Auch er durfte seine Geschäfte weiter betreiben, obwohl er nur ein Jahr zuvor verurteilt worden war. Er kam vor Gericht, weil er südamerikanisches Pferdefleisch als holländisches und deutsches Rind verkauft hatte. Fasen weist seinerseits alle Schuld von sich: »Ich habe rumänisches Pferdefleisch gekauft, das ist wahr«, sagte er. »Aber das habe ich auch den Kunden verkauft. Es war klar gekennzeichnet. Daher kann ich für die weiteren Probleme nicht verantwortlich gemacht werden.« Wer Augen hat zu lesen, ein bisschen Phantasie und wer nur ein bisschen Niederländisch versteht, der weiß, dass Fasen da gar nichts verheimlicht hat: Seine Firma heißt Draap Trading.

»Draap«, das ist das holländische Wort für »Pferd« (paard), nur rückwärts buchstabiert.

Belgien ist zwar das Zentrum des Geschehens, aber, und das ist ebenfalls typisch, die Vorgänge spielen auch in anderen Ländern: Der Sitz von Draap Trading liegt in Zypern, Eigentümer ist eine Finanzgesellschaft auf den British Virgin Islands. Und die Pferde, die später in Rind verwandelt wurden, lebten und starben in Rumänien. Die Fäden aber liefen offenbar in Belgien zusammen. Vielleicht, weil solche Geschäftspraktiken besondere Kompetenzen erfordern, die hier gehäuft vorhanden sind.

Das klingt sehr nach Vorurteil gegen die belgische Nation. Dabei ist Belgien ein so sympathisches Land. Die Autobahnen sind beleuchtet, der Sprit ist billig, es gibt üppig bewaldete Landstriche, pittoreske Städte. Belgien hat viel mehr zu bieten als die hübsche Hauptstadt Brüssel mit ihrer Altstadt und den vielen Restaurants um den Grand Place. Auch Gent mit seinen Grachten. Oder Brügge mit seiner mittelalterlichen Altstadt. Belgien hat bedeutende Künstler hervorgebracht. Pieter Bruegel den Älteren (1525–1569), den flandrischen Meister des 16. Jahrhunderts. Peter Paul Rubens (1577–1640), den Liebhaber üppiger Formen, auch den für seine bizarren Motive berühmten Surrealisten René Magritte (1898–1967). Ein Belgier hat sogar das Saxophon erfunden: Adolphe Sax.

Auf der anderen Seite hat sich Belgien in vielen Affären einen stabilen Ruf als ziemlich verluderter Staat erworben. Die Belgier mussten, was ihr etwas distanziertes Verhältnis zur Obrigkeit erklären könnte, häufig unter fremder Herrschaft leben. Im 14. und 15. Jahrhundert war das Land unter burgundischer Herrschaft, danach unter den Habsburgern, zeitweilig war es auch mit Spanien und den Niederlanden verbunden. Und im Ersten und Zweiten Weltkrieg war das Land von den Deutschen besetzt.

Die Belgier gelten, das steht sogar in den Reiseführern, als eigenständig und obrigkeitsscheu. Es gelte das Motto: »Erlaubt ist, was nicht verboten ist.« Der Belgier sei geprägt von Staatsverdrossenheit, dem Hang zu gutem Essen und dem Streben nach individuellem Glück. In Belgien sind die Grenzen zwischen Oberwelt und Unterwelt ziemlich fließend. Bei allerlei Affären zeigte sich, dass es bisweilen eine auffällige Nähe zwischen staatlichen Organen und kriminellen Organisationen gibt.

So etwa war es auch im Falle des Kinderschänders Marc Dutroux, der im Juni 2004 zu lebenslanger Haft verurteilt wurde. Er hatte sechs Mädchen entführt, gefangen gehalten und missbraucht. Zwei von ihnen überlebten die Torturen und sagten vor Gericht aus. Zwei Mädchen tötete er und zwei weitere ließ er verhungern. Außerdem wurde ihm der Mord an einem Komplizen zur Last gelegt. Als der Kinderschänder endlich gefangen genommen worden war, zogen sich die Ermittlungen in die Länge. Beweisstücke wurden liegen gelassen, und mehrere Zeugen haben, wie die deutsche Wochenzeitung *Die Zeit* lakonisch feststellte, »unter rätselhaften Umständen« das Zeitliche gesegnet. Selbst ein Strafverfolger, der mit dem Fall befasst war, kam um – von eigener Hand. Hubert Massa, stellvertretender Generalstaatsanwalt von Lüttich, hatte sich selbst erschossen, nur wenige Stunden nach einer Besprechung mit seinem Justizminister. »Oh, bizarres Belgien«, rief *Die Zeit* damals aus.

»Belgien ist krank bis auf die Knochen«, notierte schon 1991 der liberale Politiker Guy Verhofstadt, der später Ministerpräsident wurde. Skandale, die andernorts in einem beschränkten Rahmen bleiben, nehmen in Belgien staunenswerte Dimensionen an.

Zum Beispiel im Fußball.

»In Belgien werden nicht nur Spiele gekauft – dort übernehmen Kriminelle gleich ganze Vereine«, staunte Anfang 2006 die *Süddeutsche Zeitung*. Teile der Jupiter League seien von der chinesischen Wettmafia unterwandert – was aufgefallen ist, weil in Asien unverhältnismäßig hohe Wetteinsätze auf belgische Fußballspiele gesetzt wurden. 500 000 Euro soll allein der Präsident des belgischen Fußballclubs R.A.A. La Louvière vom mutmaßlichen Chef einer chinesischen Mafiagruppe bekommen haben. Die Staatsanwaltschaft ermittelte, der europäische Fußballverband UEFA ermittelte, ebenso der Königliche Belgische Fußballverband, »wenn auch nach irritierend langer Untätigkeit«, wie die *Süddeutsche Zeitung* bemerkte.

Auch der Berater des dopingverdächtigen deutschen Radlers Jan Ullrich war ein Belgier, Rudy Pevenage. »Belgier haben im Radsport einen besonders schlechten Ruf«, notierte im Juli 2006 die *Süddeutsche Zeitung*. »Viele von ihnen entstammen einer ewig gestrigen Generation, die Doping noch als Kavaliersdelikt empfindet.«

Die Strafverfolger lassen sich mitunter überaus lange Zeit, um Delinquenten zu belangen, beispielsweise im Falle der sogenannten Hormonmafia, die fürs Doping der Schweine zuständig ist.

Sieben Jahre dauerte es, bis die Mörder des Amtstierarztes Karel van Noppen verurteilt wurden. Im Februar 1995 wurde sein Mercedes 190 auf der Straße gestoppt. Van Noppen musste aussteigen und wurde auf freiem Feld mit drei Schüssen hingerichtet. Der Veterinär hatte vor seinem Tod einen Untersuchungsbericht über die Zustände in Belgiens Fleischwirtschaft geschrieben. Zwei Drittel aller Rinder und 90 Prozent aller Kälber würden mit Hormonen behandelt. Schlachthöfe, die inspiziert werden sollten, bekämen vorher Tipps aus Kreisen der Kontrolleure, und vielfach sei Bestechung gang und gäbe. Auch ihm selbst sei häufig Geld angeboten worden.

Im Jahr 2002 wurden in Antwerpen die Urteile gesprochen. Drahtzieher waren nach den Erkenntnissen des Geschworenengerichtes zwei flämische Viehhändler. Ein weiterer Mitangeklagter hatte gestanden, den Vater zweier Kinder für 15 000 Euro erschossen zu haben. Der vierte Angeklagte, ein Waffenhändler, hatte die Pistole besorgt.

»Wenn man an die Hintermänner der Mafia gelangt, stößt man im zweiten oder dritten Familiengrad auf die Familie eines Ministers«, sagt Flor van Noppen, der Bruder des Ermordeten, der zusammen mit der Witwe eine Stiftung ins Leben gerufen hat, um den Kampf gegen die Hormonmafia fortzusetzen. Flor van Noppen sieht hier eine Verbindung zu anderen Kriminalfällen: »Kein wichtiger Fall von organisierter Kriminalität wurde in Belgien im vergangenen Jahrzehnt gelöst.«

Dieser »verwahrloste Staat Belgien« *(Frankfurter Allgemeine Zeitung)* darf in einem unschönen Sinn als Modell für Europa betrachtet werden. »Belgien ist im expliziten Sinne beispielhaft für das, was sich in den Nachbarländern unter der Oberfläche abspielt«, meint die belgische Wissenschaftlerin Isabelle Stengers, die sich als Chaosforscherin einen Namen gemacht hat. Wie die Verbindungslinien aus dem belgischen Sumpf bis in deutsche Supermärkte verlaufen, zeigte sich während der BSE-Krise in den 90er Jahren, als in Großbritannien Hunderttausende von Rindern und Kälbern geschlachtet, eingelagert und verbrannt werden mussten, um die Bevölkerung Europas vor der lebensgefährlichen *Creutzfeld-Jakob-Krankheit* zu schützen.

Merkwürdigerweise fanden sich zu jener Zeit dennoch immer wieder Partien von BSE-verdächtigem Fleisch aus Großbritannien auf dem Kontinent, auch in Deutschland. Zu den Kunden des verdächtigen Fleisches gehörte beispielsweise die Firma Stockmeyer aus dem westfälischen Sassenberg, die heute zum Heristo-Konzern gehört. Das Unternehmen hat eigentlich einen guten Ruf.

Da aber offenbar die Erzeugnisse der deutschen Bauern für die Stockmeyer-Würste nicht immer ausreichten, hatte die Firma 40 Tonnen »schieren Rindfleisches« beim Fleischmakler Manfred Saga bestellt. Der wiederum besorgte das Beef in Belgien, bei der Firma Dierickx N.V. im flandrischen Zele. Dass mit dieser Firma etwas faul sein könnte, ahnte der Stockmeyer-Geschäftsführer natürlich nicht: »Das ist kein billiger Jakob, der liefert erste Wahl«, sagte der Chef. Die Lieferfirma gehörte allerdings zeitweilig einem Mann, der verschiedene Unternehmen gründete und bisweilen schließen musste, wegen illegaler Gepflogenheiten. Er galt als namhaftes Mitglied der Hormonmafia.

Das Fleisch, das an Stockmeyer geliefert wurde, entpuppte sich als BSE-verdächtiges Schmuggelfleisch aus Großbritannien. Stockmeyer wiederum beliefert deutsche Supermärkte wie Edeka und Kaufhof, Metro und die Kaufhalle, Tengelmann und Rewe.

Bei solchen Handelsbeziehungen ist es selbstverständlich schwer, für die Reinheit zu garantieren, weshalb es nicht verwunderlich ist, dass die Firma Tengelmann auf die Frage, ob die in einer Filiale gekaufte Wurst frei von BSE-verdächtigem Schmuggelfleisch sei, nicht antworten mochte. Beliefert wurden, über Umwege damals, auch andere Unternehmen mit BSE-verdächtiger Schmuggelware, Supermärkte der Lidl-Kette etwa.

Auch bei den Dioxinkrisen ziehen sich die Handelslinien quer durch Europa. Überall war Tierfutter mit dem Fett aus belgischen Quellen vertrieben worden. In Westfalen, in Brandenburg und Sachsen-Anhalt mussten 2006 Betriebe vorübergehend gesperrt werden.

Und immer wieder führen die Spuren nach Belgien. So war es auch im Jahr 2013, als wieder einmal dioxinhaltiges Futtermittel auftauchte. Das Futter wies das Gift in einer Menge auf, die den geltenden Grenzwert um das 40-Fache überschritt. Es wurde von einer belgischen Firma geliefert. Diesmal stammte das Dioxin offenbar ursprünglich aus China und war Bestandteil des Zusatzstoffs.

In Niedersachsen wurde die dioxinhaltige Futtermittelvormischung »gesperrt« und mithin nicht verkauft und verfüttert. Es wurde aber auch nach Nordrhein-Westfalen geliefert, an zwei Betriebe. Menschen seien nicht gefährdet, versicherten die Behörden: »Eine Gefahr für Verbraucherinnen und Verbraucher kann ausgeschlossen werden«, teilte das Umweltministerium Nordrhein-Westfalens mit. »Hergestellt wurde von den beiden NRW-Betrieben ausschließlich Alleinfutter für Hunde und Katzen.«

Das ist natürlich kein Trost für die betroffenen Haustierbesitzer. Aber sie könnten beruhigt sein, meinte das Ministerium: »Eine Gefahr für die Tiergesundheit ist aufgrund der äußerst geringen Einsatzmenge des Stoffes ebenfalls unwahrscheinlich.« Das ist bekanntlich die Standard-Beruhigungsformel in solchen Fällen. Und sie klingt plausibel. »Die Gesundheitsgefährdung ist nichtig«, befand am 22. Januar 2011 die *Frankfurter Allgemeine Zeitung*, als wieder einmal ein Dioxin-Skandal in Deutschland öffentlich wurde. Anders gesagt: »Null.« So formulierte es bei einer der Dioxin-Krisen in seinem Land der einstige belgische Premierminister Jean-Luc Dehaene, der im Jahre 2014 im Alter von 73 Jahren starb.

Ein Jahr nach seinem Tod hat sich herausgestellt, dass diese Einschätzung falsch war – tatsächlich waren steigende Krankheitsraten in der belgischen Bevölkerung nach der Dioxin-Verfütterung die Folge. Zwar waren es winzige Mengen, die in

Eiern und Schnitzeln gemessen wurden. Nur ein paar Nanogramm.

Doch Fachleute ahnten schon gleich zu Beginn, dass das nicht ohne Konsequenzen bleiben würde für die Gesundheit der Bevölkerung. »Uns war von vornherein klar, dass die Dioxin-Krise von 1999 kein Kinkerlitzchen war«, sagte der Krebsspezialist Professor Nik Van Larebeke von der Universität Gent im belgischen Fernsehen. »Nur haben das einige unter den Teppich kehren wollen.« Dabei hatten Schätzungen schon damals bis zu 8000 zusätzliche Krebsfälle prognostiziert. In Wirklichkeit war es sogar schlimmer, meint der Mediziner, der mit seinem Team die Folgen des Supergifts in den Körpern der Belgier untersucht hat. Im Jahr 2004 hatten sie das Blut von rund 1000 Probanden analysiert. Dabei lagen die Dioxin-Konzentrationen bei manchen Probanden zweieinhalb Mal höher als bei anderen. Im Jahr 2011 wurden sie wieder untersucht und nach ihren Gesundheitsproblemen befragt.

2015 schließlich lag die Auswertung für die Öffentlichkeit vor. Demnach hatte das Dioxin Spuren hinterlassen. Die Menschen mit den höheren Dioxin-Werten litten verstärkt an Bluthochdruck und Diabetes. Und vor allem die Frauen erkrankten deutlich häufiger an Krebs. Das ließ sich auch an den Erkrankungsraten in der Bevölkerung nachvollziehen. Die Bluthochdruckraten stiegen um knapp ein Prozent, die Diabetesraten um 2,5 Prozent, und auch die Zahl der Krebserkrankungen bei Frauen sei in der Folge der Dioxin-Krise um zwei Prozent gestiegen. »Das klingt nach nichts, aber gemessen an den hohen Krebszahlen sind das 20 000 Fälle zusätzlich«, sagt einer der belgischen Forscher.

Ursächlich dafür waren jene winzigen Mengen des Supergifts Dioxin, die unter anderem über Jan Verkests Firma in die Nahrungskette gelangt waren. Zum ersten Mal zeigte sich hier, wie grundlos jene Beruhigungsbeteuerungen sind, mit denen die Behörden in solchen Fällen der Öffentlichkeit gegenübertreten. Besser wäre es, wenn die Behörden dafür sorgen würden, dass das Ultragift nicht in die Nahrungskette gelangt. Natürlich stecken auch nicht immer die Belgier dahinter, wenn Dioxin im Spiel ist. Belgien ist zwar eine Art Anschauungsmodell für besonders erfolgloses Behördenhandeln. Das Versagen der Behörden im Fall von Dioxin-Krisen findet sich aber auch anderswo. Die Tierfutterbranche ist offenbar besonders skandalanfällig.

Denn die Reihe von Skandalen unter den Tierfutterherstellen ist lang: 2008 mussten in Irland 100 000 Schweine getötet werden. Die gesamte Produktion irischen Schweinefleisches für die Insel selbst, aber auch für Großbritannien, Deutschland und zehn weitere EU-Staaten musste zurückgerufen werden. Von Singapur und Südkorea bis zu den EU-Staaten waren insgesamt 25 Länder betroffen. Der Grund: Dioxin gelangte ins Fleisch, weil Industrieöl im Tierfutter enthalten war. Das Futtermittel hatte eine Firma namens Millstream Power Recycling geliefert. Die Firma beteuerte, nichts Unrechtes getan zu haben, sie könne sich auch nicht erklären, wie das Supergift ins Schweinefutter gelangt sei. Auch in Deutschland kommt Dioxin mitunter ins Tierfutter.

So wurden im Dezember 2010 im Tierfutterfett einer Firma namens Harles und Jentzsch, ansässig im schleswig-holsteinischen Uetersen, stark erhöhte Dioxin-Werte festgestellt. Sie überstiegen die Grenzwerte um das Zehnfache. Das verseuchte Fett wurde an 25 Mischfutterhersteller geliefert. Den Behörden nach wurden insgesamt 150 000 Tonnen Futter für Puten, Hühner und Schweine verseucht. In der Folge wurden in 13 Bundesländern 4468 landwirtschaftliche Betriebe gesperrt sowie Zehntausende Schweine und Hühner getötet. Wie das Dioxin ins

Futter geriet, ließ sich nicht abschließend klären. Nach Erkenntnissen der Ermittler war mit Dioxin kontaminiertes Industriefett in das Tierfutterfett geraten. Im Jahr 2014 wurde der Prozess gegen die Hauptverantwortlichen eingestellt, ebenso wie ein weiteres Verfahren am Amtsgericht im niedersächsischen Vechta.

Es machen ohnehin alle das Gleiche, behaupten wenigstens Branchenkenner, die sich sogleich öffentlich zu Wort meldeten, etwa in der *Frankfurter Rundschau*: »Die Praxis von Harles und Jentzsch ist gang und gäbe.« Der Insider meinte, er kenne keinen in der Branche, der nicht »runtermischt«, also dioxinbelastete Fette so lange mit anderen mixt, bis die Grenzwerte eingehalten werden. Das ist eigentlich verboten. Aber es ist profitabel. Die Motive sind klar: Die Preise für Industriefett liegen bei 500 Euro, die für Futterfett aber bei 1000 Euro.

»Eine Wildwestbranche ist das«, sagte ein Beamter des niederländischen Landwirtschaftsministeriums schon 1999 einem Reporter der *Süddeutschen Zeitung*. Die Sozialistische Partei in den Niederlanden hatte damals ihrem Landwirtschaftsminister eine Liste mit Missständen übergeben. Darin wurde unter anderem beanstandet, dass eine holländische Firma Chemikalien in die Slowakei und nach Tschechien transportiert und auf dem Rückweg Altfett mitgenommen hatte, ohne den Tankwagen zu reinigen. Ein Fetthändler holte Öle aus einer Seifenfabrik, manipulierte die Papiere und verwandelte das Öl in Hühnerfutter. Die Manipulation von Papieren ist, glaubt man dem ehemaligen Tankwagenfahrer Rudy W., üblich in der Branche. Gegenüber der belgischen Zeitung *Humo* schilderte er die gängigen Praktiken. Er war häufig mit seinem Lastwagen bei Verkests Fettlieferanten. Seine Erfahrungen: »Anfang der neunziger Jahre holte ich fast jede Woche tierische Fette aus Ungarn, Polen und der Tschechoslowakei. Aus alten, total vergammelten Fabriken. Das war jedes Mal ein Abenteuer. Und ich tat das fast immer mit ungereinigtem Tankwagen, in dem ich zuvor oft sehr giftige Stoffe transportiert hatte: In Osteuropa gibt es keine anständigen Spülinstallationen.«

Es gibt aber nicht nur in Osteuropa munter sprudelnde Rohstoffquellen, sondern auch in Holland. Das Land gilt als Zentrum der Fettverwerter, und das liegt auch an der Rohstoffquelle und den Häfen. »Auf dem Boden der Schiffe liegen meterdicke Lagen von Fetten, Öl und Dreck«, berichtete ein Branchenkenner der *Süddeutschen Zeitung*. Dass diese Fette wiederverwertet werden, ist nicht weiter verwerflich. Wenn diese aber mit Nahrungsfetten vermischt und so in die Nahrungskette eingespeist werden, »dann wird es gefährlich«, sagte ein Fetthändler aus dem holländischen Alblasserdam dem Reporter. Dass Paraffin, gemeinhin als Kerzenwachs bekannt, mitverarbeitet werde, sei auch vorgekommen. »Kriminell wird es erst, wenn jemand hochgiftiges Transformatorenöl dazukippt.« Er vermutete hier eine Dioxin-Quelle.

Dabei müsste es nicht gleich zu Skandalen mit weltweiten Erschütterungen kommen – wenn Alarmzeichen rechtzeitig wahrgenommen würden und die Kontrollen zuverlässig funktionierten. Gerade die belgischen Alarmketten aber sind sehr löchrig und unzuverlässig. Als beispielsweise im Februar 1999 im belgischen Westflamen in Agrarbetrieben plötzlich Küken taumelten, bluteten und manche nach wenigen Schritten tot umfielen, da hätte man sofort Alarm schlagen müssen. Das war beim Viehfutterbetrieb De Brabander im westflämischen Roeselare.

Roeselare liegt in der Nähe der Industriestadt Lille, bis zur Nordsee bei Ostende sind es 50 Kilometer. Die Landschaft um Roeselare ist für belgische Verhältnisse eher hügelig – und sie sieht nach ländlicher Industrie aus. Vierspurige Straßen. Landmaschinenhändler, Baumaschinenhändler. Ein Holzhandel.

Ein Lastwagenanhängerverleih, auf dessen Hof ein ganzes Sortiment mit Anhängern des Molkerei-Konzerns Campina (»Landliebe«) lagert. Ein riesiges Containerlager an der Autobahn. Riesige Mähdrescher. Ein Palettenlager, direkt neben der Autobahn. Ein Fleischgroßhandel.

Die Gegend ist ein Zentrum der international operierenden Agrarindustrie.

Hier beobachtete der Tierarzt André Destrickere die wackligen Küken, und er hätte ahnen können, woran ihr Leiden lag. Denn die Symptome ähnelten jenen, die Jahre zuvor in Italien beobachtet wurden beim Dioxin-Unglück von Seveso. Doch Destrickere hatte noch einen zweiten Job: Er war Berater des Viehfutterfabrikanten De Brabander. In dieser Eigenschaft riet er seinem Klienten, den Küken erst einmal ein paar Wochen frische Luft zu gönnen.

Die Zeit wusste noch mehr: »Tierarzt Destrickere war nicht der Einzige, der im aktuellen Dioxin-Skandal eine schnelle Reaktion verhinderte. In einem Dossier, das am 14. April dem Gericht von Gent zugestellt wurde, steht wörtlich, die Ursache der Vergiftung sei vermutlich eine Ladung Fett mit hohem toxischem Gehalt. Das Genter Gericht leitete das Dossier weiter an den Staatsanwalt von Kortrijk, der es weiterschickte an den Polizeikommissar von Roeselare; da blieb es liegen. Erst am 31. Mai informierte das Genter Gericht die Öffentlichkeit. Da waren die verseuchten toten Tiere vom Februar längst zu Viehfutter verarbeitet und verkauft worden. Der Verbleib von weiteren 52 Tonnen unsauberen Fetts ist nicht geklärt; offenbar wurden sie ins In- und Ausland verkauft.« *Die Zeit* fand das ein »hübsches Beispiel« für den »Klientelismus« in Belgien.

Für Jan Verkest, den Inhaber der kleinen Fettschmelzerei, blieben die Skandale ziemlich lange ohne erkennbare Folgen. Nach dem ersten Dioxin-Fall im Jahre 1999 hatte er seine Firma umbenannt, Verkest in Profat, danach stand wieder sein eigener Name auf dem Schild: »Vetsmelterij Verkest«. Fettschmelzerei Verkest.

Auch der chirurgische Sektor der Schönheitsindustrie steht offenbar auf der Kundenliste der Fettschmelzerei von Verkest. Und auch in diesem Geschäftsfeld zeigt Verkest sein Talent, bei den bedeutendsten und schlagzeilenträchtigsten Affären dabei zu sein. Involviert war Verkest auch in den Skandal um minderwertige Brustimplantate des mittlerweile insolventen Herstellers Poly Implant Prothèse (PIP) aus Frankreich, der im Jahr 2010 aufgeflogen war. Für die Implantate wurden neben billigem Industriesilikon offenbar auch Fette verwendet. Die mangelhaften Implantate von PIP waren weltweit Hunderttausenden Frauen eingesetzt worden, allein in Deutschland waren mehr als 5000 Frauen betroffen.

Nach dem Tod einer Frau mit PIP-Implantaten wurden im Dezember 2011 Vorermittlungen wegen des Verdachts der fahrlässigen Körperverletzung und Tötung eingeleitet. Im Dezember 2013 war der PIP-Gründer Claude Mas zu vier Jahren Haft verurteilt worden.

Die Produkte des skandalgestählten Fettschmelzers Verkest eigneten sich offenbar auch gut für die Implantate. Das behauptete jedenfalls einer der französischen Ermittler: »Das Fett von Verkest wurde mit Silikon geringerer Qualität gemischt und als ein guter Ersatz für das körpereigene Brustgewebe angepriesen.« Der Anwalt des Fettschmelzers allerdings wies alle Vorwürfe zurück. »Meine Mandanten haben ihr Fett nie für den Einsatz bei plastischen Operationen beworben. Wenn das giftige Fett in Silikonbrüsten gelandet sein sollte, dann durch Vermittler, die Verkest selbst belogen haben.«

Trotz ungeklärter Schuldfrage reagierten die betroffenen Frauen wütend auf die Nachricht vom belgischen Fett in Skandalimplantaten. Eine getäuschte Ehefrau gründete eine Facebook-Gruppe namens »Nos seins ne sont pas de friteries« (»Unsere Brüste sind keine Pommesbuden«), die binnen kurzem mehr als 2500 Unterstützer fand. Die Frittenbuden, die in Belgien so etwas wie ein nationales Kulturgut sind, waren ja tatsächlich eine von Verkests Ölquellen.

Elf Jahre nach seiner ersten Dioxin-Krise wurde Verkest immerhin schließlich zu einer Gefängnisstrafe verurteilt. Das Genter Berufungsgericht verurteilte ihn und seinen Sohn im Jahr 2010 wegen ihrer Verwicklung in die Dioxin-Krise zu zwei Jahren Haft. In erster Instanz war die Gefängnisstrafe vollständig zur Bewährung ausgesetzt worden, jetzt nur zur Hälfte. Außerdem wurde der Gewinn aus dem Betrug in Höhe von sieben Millionen Euro eingezogen. 2013 schließlich verurteilte ein Gericht in Gent Verkest zu Schadensersatz in Millionenhöhe an Unternehmen, die durch die Dioxin-Krise Schaden erlitten hatten.

Und auch der belgische Staat hat Ansprüche geltend gemacht. Um die 400 Millionen Euro, davon genau 236 291 451,53 Euro für die Zentralregierung in Brüssel und 149 241 000 für die flämische Region.

Die horrenden Folgen einer Dioxin-Verseuchung haben auch mit den Wirkmechanismen des Supergifts zu tun. Es hat schon in winziger Dosis weitreichende Auswirkungen, weil es ins Regelungssystem des Körpers eingreift und so an zentralen Schaltstellen die Lebensvorgänge stört. Dioxin zählt zu den sogenannten Hormonstörern. Sie bringen die Signalsysteme durcheinander mit der Folge, dass die Körperfunktionen entgleisen.

Diese schädlichen Effekte werden jedoch nicht nur vom Supergift Dioxin verursacht. Von ganz subtil gesundheitsgefährdenden Substanzen gibt es viele.

Sie finden sich in der Umwelt, sogar in völlig entlegenen Gebieten, aber auch in der Nahrung, in den Lebensmitteln für die Menschen, im Futter für unsere Haustiere. Sie werden sogar völlig legal zugesetzt.

Viele dieser Substanzen wirken zerstörerisch, weil sie die Signalwege des Körpers stören und teils massive Erkrankungen, sogar Missbildungen verursachen.

7.
Zweiseitiges Schwert
Die neuen Gefahren durch Hormon-Chemikalien in der Nahrung

Trockennahrung: So bequem für Herrchen – aber wie steht's mit der Katze? / Unangenehmer Geruch im Wohnzimmer: Was Darmwinde beim Hund mit Soja im Futter zu tun haben / Das Geheimnis der transsexuellen Fische / Die Hormone und das Hüftgelenk des Hundes

Es war auf einem Klassenausflug in freier Natur, als amerikanische Schüler plötzlich seltsame Phänomene entdeckten: missgebildete Frösche. Einigen fehlten Beine, manche hatten zu viele, andere hatten sogar zu viele Augen. Das war 1993 im US-Bundesstaat Minnesota. Bald wurden ähnliche Beobachtungen auch aus anderen amerikanischen Regionen gemeldet. In jedem zweiten aller amerikanischen Bundesstaaten wurden solche Frösche gesichtet. Die US-Wissenschaftler James La Clair und Richard Levey vom Scripps Research Institute in La Jolla/Kalifornien etwa fanden unter 5000 jungen Leopardfröschen, die sie während mehrerer Jahre untersucht hatten, 400 verkrüppelte, mit missgebildeten oder fehlenden Hinterbeinen, verkürzten Zehen oder fehlenden Füßen.

Zudem mehrten sich binnen weniger Jahre auch die Beobachtungen über abweichende Körperformen bei anderen Tieren. Sogar der majestätische Weißkopfseeadler *(Haliaeetus leucocephalus)*, das amerikanische Wappentier, war betroffen. Viele der Vögel im Gebiet der Großen Seen kamen plötzlich mit verformten Schnäbeln und anderen Deformationen zur Welt. Im US-Bundesstaat Florida bekamen Alligatorenmütter kaum noch Söhne, und die Großkatzen dort, die Florida-Pumas, litten zunehmend an sogenanntem Hodenhochstand *(Maldescensus testis)*, einer Erscheinung, die zu Unfruchtbarkeit und Krebs führen kann.

Bald zeigten sich ähnliche Phänomene auch in anderen Teilen der Welt. In einem Fluss bei Tokio wurden Karpfen mit extrem kleinen Geschlechtsorganen gefunden, im Sperma von Flundern fanden sich Eier, und Meeresschnecken mit deformierten Geschlechtsteilen wurden aus dem Meer gefischt. Sogar in der Nordsee wurden seltsame Veränderungen beobachtet, und zwar bei den Weibchen aus der Gattung der Wellhornschnecken: Ihnen wuchsen plötzlich Penisse. Auch in England wurden »transsexuelle Fische« (Greenpeace) gesichtet: Bei zahlreichen Fischarten verzögerte sich die Ausbildung der Hoden; männliche Forellen entwickelten weibliche Körpersubstanzen (Vitellogenin), die Forellenherren produzierten Eidotter-Proteine.

Die beobachteten Phänomene deuten auf Veränderungen von großer Tragweite hin. So waren jene Meeresschnecken, deren Weibchen zur Vermännlichung neigen, in manchen Küstenregionen schon bald ausgestorben, weil die verwandelten Schneckendamen keinen Nachwuchs bekamen.

Zunächst ging es nur um Veränderungen, bei denen die Geschlechtsorgane der Tiere betroffen waren. Die Forscher waren alarmiert, weil die Störungen der Fortpflanzung Auswirkungen auf den Fortbestand ganzer Arten haben können. Die bizarren Veränderungen in der Tierwelt lenkten die Aufmerksamkeit der Forscher und der Öffentlichkeit auf jene Substanzen, die in winziger Dosis den Organismus steuern und beherrschen, auf Hormone. Offenbar wurde ihre Funktionsweise gestört. Mittlerweile ist klar, dass die gravierenden Veränderungen im Gesundheitszustand der Haustiere ähnliche Gründe haben können. Die Macht der Hormone erstreckt sich auf den Körper als Ganzes. Hormone wirken unter anderem auf Hunger und Appetit, auf die Figur, die Verdauung und sogar auf Verhalten und Psyche. Alles wird reguliert durch solche Signalsubstanzen.

Umso verhängnisvoller ist es darum, wenn das Konzert dieser Botenstoffe gestört wird. Durch Substanzen, die subtil, aber nachhaltig ins Körpergeschehen eingreifen, auf den gesamten Organismus wirken. Sie stammen aus der Umwelt, aber auch aus der Nahrung; dazu gehören auch Bestandteile, die eigentlich natürlich sind – aber ungeeignet für einen Hund oder eine Katze. Vor allem geschmacksmanipulierende Stoffe vom industriellen Aroma über Glutamat bis zu Hefeextrakt beeinträchtigen den Organismus (siehe Hans-Ulrich Grimm: »Die Kalorenlüge«).

Der Zucker gehört dazu, oder ganz allgemein: ein Überangebot an Kohlenhydraten, das schon für den Menschen problematisch ist, aber erst recht für einen reinen Fleischfresser wie die Katze. Auch Extra-Vitamine können den Hormonhaushalt stören und die Entwicklung von Übergewicht begünstigen. Ebenso problematisch ist Soja, ein Bestandteil, der in Tiernahrung allgegenwärtig ist. Soja wirkt wie ein Geschlechtshormon und hat massive Auswirkungen auf den Organismus. Und schließlich sind es jene Substanzen, die oft als »Weichmacher« bezeichnet werden. Das sind industrielle Chemikalien, die beispielsweise in der Innenbeschichtung von Dosen verwendet werden. Auch Pflanzenschutzgifte, deren Rückstände sich häufig in Nahrungs- und Futtermitteln finden, können mitunter wie Hormone wirken und, so befürchten jedenfalls Kritiker, irreführende Signale aussenden.

Die Wirkungen auf das Sexualsystem, aber auch die Gewichtsregulation hängen dabei durchaus zusammen. Die Weibchen aller Tierarten müssen im Fortpflanzungsfall sehr schnell an Gewicht zulegen. Und daher haben weibliche Geschlechtshormone oft diesen Effekt. Zwischen den Hormonen und ihren verschiedenen Wirkungen auf ganz unterschiedliche Körpersysteme gibt es schwer zu durchschauende Zusammenhänge. Umso problematischer, wenn hier mit fremden Substanzen eingegriffen wird. Dann gerät das System aus dem Gleichgewicht. Zuerst zeigt das Tier Symptome und entwickelt Krankheiten. Dann reagiert der Arzt, gibt Medikamente oder muss sogar operieren. Dabei ist es oft nur die Nahrung, die nicht fürs Tier geeignet ist.

Wenn die Katze zuckerkrank wird, zum Beispiel. Bei den sogenannten Zivilisationskrankheiten spielt neuen Erkenntnissen nach womöglich die moderne Nahrung aus dem Supermarkt eine zentrale Rolle. Denn die Produkte aus den Food-Fabriken überlisten den Körper – den der Tiere ebenso wie den von Frauchen und Herrchen. Die Inhaltsstoffe der Nahrung wirken wie Hormone und stören so die körpereigenen Hormonsysteme.

Aber auch, wenn ein Hund Probleme mit den Gelenken bekommt, kann das mit dem Futter zusammenhängen. Selbst Störungen des Immunsystems oder bestimmte Krebsarten können durch hormonelle Veränderungen im Körper verursacht werden. Wenn die Katze lethargisch wird oder der Hund hyperaktiv, zuweilen aggressiv, dann haben womöglich Botenstoffe diese Verhaltensauffälligkeiten ausgelöst. Das sicherste Anzeichen für gestörte Hormonhaushalte ist aber, wenn die vierbeinigen Freunde langsam immer fetter werden.

Übergewicht. Ein Phänomen, das Frauenzeitschriften seit langem beschäftigt. Abnehmen, die Frühjahrsdiät, die Pölsterchen an den Hüften. Mittlerweile aber ist Übergewicht auch ein Thema für Tierärzte. Übergewicht bei Tieren? Es handelt sich hier um ein Problem, das die Natur bisher nicht kannte. Alle Lebewesen können ihr Gewicht regulieren, ganz zwanglos. Nie hat die Welt einen Löwen gesehen, der plötzlich zu dick ist, um die Antilope zu jagen. Oder einen Adler, den seine Wampe daran hindert, sich in die Lüfte zu schwingen. Und kein Bär macht Diät. Nur die Haustiere, die haben plötzlich ein Problem mit ihrem Gewicht. Genau wie Herrchen und Frauchen, genau wie der Mensch, die Krone der Schöpfung.

Der Einfluss der Hormone auf den Organismus, auf das ganze Leben – das ist erst in Ansätzen erforscht. Dabei sind Hormone von entscheidender Bedeutung. Es gibt wohl keine andere Gruppe von Stoffen im Körper, die eine ähnlich weitreichende Bedeutung haben wie die Hormone. Ausgerechnet sie sind es nun, die beispielsweise durch die Ernährung leicht zu beeinflussen sind. Aber auch durch Umweltgifte oder durch Medikamente.

Schon als Begriff sind Hormone eine komplexe Angelegenheit. Hormone, Botenstoffe, Signalstoffe, Neurotransmitter: Selbst Experten haben Probleme mit einer eindeutigen Begriffsbestimmung. Auch weiß niemand, wie viele von diesen Stoffen es eigentlich gibt. Einige hundert Hormone und ähnliche Signalstoffe sind schon bekannt, insgesamt schätzen Fachleute die Zahl auf 10 000, es könnten aber auch 30 000 sein. Lange Zeit wurden die Hormone aufs Sexuelle reduziert. Dabei reicht ihre Macht weit darüber hinaus. Denn es sind Hormone, die die Herztätigkeit und den Blutdruck regeln, den Puls schneller schlagen oder den Atem stocken lassen. Sie bestimmen die Körpertemperatur, das Wachstum von Kindern, Welpen oder kleinen Kätzchen – aber auch von Krebszellen.

Manche Hormonkundler vergleichen die Situation im Körper mit dem Personalangebot in einem herrschaftlichen Haus, mit allerlei Dienstboten: Gärtner, Köche, Butler, Fahrer, Bodyguards, dazu Haus- und Kindermädchen, Haushälter, Putzfrauen, Privatsekretäre und Pflegekräfte. Nur dass die Boten im Körper einen etwas undurchschaubareren Verantwortungsbereich haben. Denn die Hormone haben oft schwer zu durchschauende Zuständigkeitsbereiche.

So sind auch die Auswirkungen von Störungen schwer abzusehen, weil jedes einzelne Hormon mehrere Aufgaben haben kann, an scheinbar völlig disparaten Stellen im Körper. Die widersprüchlichen Fähigkeiten der Botenstoffe hängen mit ihrer Funktionslogik, aber auch mit ihrer Arbeitsweise zusammen. Diese Stoffe bewegen sich durch den Körper, zielen auf eine bestimmte Stelle und lösen dort einen genau ausbalancierten Effekt aus. Wie im Auto, wo der Druck auf einen Hebel den Scheibenwischer auslöst, ein Druck aufs Gaspedal das Tempo erhöht und der Tritt auf die Bremse den Wagen stoppt. Manchmal drücken Hormone sozusagen die falschen Knöpfe, und andere Stellen als die beabsichtigten werden angesprochen. Das kann dann zu krankhaften Veränderungen an diesen Stellen führen. Manchmal kommen Stoffe ins Spiel, die wie Hormone wirken. Oder es kommt vor, dass bestimmte Stoffe die Hormone stören, mitunter ihre Wirkung auch verstärken.

Manche dieser Stoffe können mithin den Körper umprogrammieren und so etwa dafür sorgen, dass er mehr isst, als er braucht – indem sie das Hungergefühl manipulieren. Das gilt für den Menschen, aber auch für Hund und Katze. Der appetitanregende Effekt gewisser Stoffe ist mitunter sogar erwünscht: So werden in der Agro-Industrie Hormone ganz gezielt zu Mastzwecken eingesetzt.

Bei der »Tierproduktion«, wie man das heute nennt, haben die Hormone einen ganz besonderen Charme. Sie können die

Effizienz nach Wunsch erhöhen. Mit ihnen lässt sich die »Performance« verbessern. Weil die Botenstoffe in das Steuerungssystem des Körpers eingreifen, wird zum Beispiel bei Milchkühen das Milchproduktionszentrum angewiesen, mehr zu produzieren, als von der Natur vorgesehen ist. Einerseits wird das Masttier schneller schlachtreif, andererseits ist sein Fleisch magerer. So lässt sich per Hormon das Verhältnis zwischen Muskelfleisch und Fett prima einstellen. Wie beim Bodybuilder sorgen die Hormone auch beim Schwein für die gewünschte Silhouette. Weil die Botenstoffe für die Einlagerung und die Verteilung der Nahrungsinhaltsstoffe, etwa des Fetts, sorgen, auch für das Wachstum einzelner Körperregionen, kann man durch gezielten Einsatz sogar die Figur des Tieres bestimmen. Gezieltes Schweindesign sozusagen, passgenau für die modernen Verbraucherwünsche und Ernährungsmoden. Der Kunde bekommt dann mehr Schnitzel und weniger Speck.

Außerdem kann man das Wachstum beschleunigen. Mehr Schwein pro Jahr bedeutet mehr Profit pro Bauer. »Der finanzielle Anreiz, Hormone einzusetzen, ist enorm, denn diese steigern bei weniger Futter das Wachstum (um etwa 20 Prozent) – im Grunde erhält man auf diese Art deutlich mehr Protein zu geringeren Kosten«, schreibt die Autorin Vivienne Parry in dem Buch »Tanz der Hormone«. Bei den Haustieren ist dieser Effekt nicht beabsichtigt. Weil aber beim kommerziellen Futter für Hunde und Katzen solche artfremden hormonwirksamen Inhaltsstoffe eingesetzt werden, wird auch bei diesen Vierbeinern die natürliche Gewichtsregulation gestört.

Die Veterinärmediziner von der Cornell University in Ithaca im US-Bundesstaat New York John P. Loftus und Joseph J. Wakshlag haben in einer 2014 erschienenen Studie zum »Übergewicht bei Hunden und Katzen« die Zusammenhänge untersucht. Sie studierten die »komplizierte Natur der Entstehung von Übergewicht« und wollten wissen, welche Rolle der »hormonelle Stimulus« dabei spielt. Vor allem das »Appetitzentrum« im Gehirn sei dabei von zentraler Bedeutung. Dieses Gehirnareal wird von vielen Nahrungsbestandteilen beeinflusst oder auch manipuliert.

Beispiel Zucker. Oder allgemeiner: Kohlenhydrate. Schon beim Menschen wird die Dauerbombardierung mit Süßem, Zucker, Weißmehl, also mit den raffinierten Kohlenhydraten, zum Problem. Dadurch steigt der Blutzuckergehalt. Die Bauchspeicheldrüse muss ständig Insulin pumpen, das »Dickmacherhormon«. Übergewicht und Diabetes wie die damit einhergehenden Krankheiten sind die Folge. Zu ihnen zählen viele Herzkrankheiten, Alzheimer und Krebs (siehe Hans-Ulrich Grimm: »Garantiert gesundheitsgefährdend«).

Dabei ist der Mensch noch vergleichsweise gut auf die massive Konfrontation mit Zucker und anderen Kohlenhydraten vorbereitet. Er ist ein Allesfresser, seine Organausstattung ist darauf eingestellt. Anders verhält es sich bei der Katze.

Für sie hat das »Kohlenhydrat-Debakel«, wie das die Autoren von »Not Fit For A Dog« nennen, massive Folgen: »Für Katzen ist die Schwemme von hochverarbeiteten Kohlenhydraten und Zucker in kommerzieller Tiernahrung gefährlich«, aber gleichwohl »weit verbreitet«. Außerdem stellen sie fest: »Nur ein paar Jahre der Fütterung mit Nahrung von hohem Kohlenhydratgehalt können sogar für die gesündeste Katze zu desaströsen Ergebnissen führen.« Denn »Kohlenhydrate verursachen Übergewicht bei Katzen«. Und sie führten zu Diabetes, Leiden im Harntrakt, Darmkrankheiten, Fettleber und zu Bauchspeicheldrüsenentzündungen (Pankreatitis).

Die Trockennahrung habe immer »einen hohen Gehalt an verarbeiteten Kohlenhydraten« und ist deshalb »extrem ungeeignet für jedwede Katze«. Dabei geht es weniger um die Kalorien, sondern mehr um die Effekte im Körper. So können sie die »Appetitsignale durcheinanderbringen«. Denn die Katze habe ein einzigartiges Signalsystem, das ihr mitteilt, wann sie satt ist und zu fressen aufhören sollte. Das Signalsystem einer Katze ist naturgemäß auf das eingestellt, was sie ursprünglich zu fressen bekam, so die US-Veterinäre. »Die Katze hat sich in einer Umgebung entwickelt, in der es viel Protein und Fett gibt, aber wenig Kohlenhydrate. Daher haben sich Fett und Proteine als jene Signale etabliert, die der Katze zeigen, wann sie zu essen aufhören sollte, wenn sie genügend Kalorien aufgenommen hat.«

Wenn sie nun aber Trockennahrung mit vielen Kohlenhydraten bekommt, reagiert ihr Signalsystem nicht, auch wenn sie eigentlich schon längst genug zu sich genommen hat. Hinzu kommt, dass ihr Körper die vielen Kohlenhydrate nicht verarbeiten kann. Die Bauchspeicheldrüse, die für die Verwertung von Kohlenhydraten Insulin produzieren muss, ist völlig unterdimensioniert. Normalerweise hat sie auch kaum etwas zu tun. Nicht nur die Bauchspeicheldrüse der Katze ist nicht darauf eingestellt, mit solchen Zuckerlasten aus industriell verarbeiteter Katzennahrung umzugehen. Ihr Sättigungssystem ist überdies nicht in der Lage, der Katze mitzuteilen, dass sie genug hat, indem sie sich gesättigt fühlt.

Das Ergebnis dieses ernährungsmäßigen Ungleichgewichts ist, dass die Katze, die sich an Industriefutter überfrisst, mit Hilfe ihrer beschränkten Fleischfresser-Bauchspeicheldrüse ständig Insulin produziert. Insulin aber ist ein »Masthormon«. Es sorgt seinerseits für verstärkten Hunger. Im Ergebnis »scheinen (die Katzen) immer hungrig zu sein, beschweren sich die Besitzer, oder sie sehen, dass die Katze das Futter liebt, deshalb muss es ja gut sein, ansonsten würden sie es ja nicht fressen«. Das Organismus der Katze wird durch die ständige Insulin-

Anforderung überfordert. Neben der Bauchspeicheldrüse, die fortwährend das Hormon produzieren muss, werden auch die Zellen überlastet. Sie werden durch die Insulin-Dauerberieselung schließlich unempfindlich, also »insulinresistent«. So entsteht Diabetes.

Mithin gibt es eine klar zu benennende Ursache für die sich ausbreitende »Diabetes-Epidemie bei Katzen«. Die Lösung für die hohen Diabetesraten unter Katzen ist: »Die Kohlenhydrate raus aus der Ernährung.« Zusätzlich zu den Kohlenhydraten beeinflussen weitere Stoffe, mit denen der Geschmack manipuliert wird, das Appetitzentrum im Katzengehirn. Der Geschmack aber ist der zentrale Wegweiser bei der Nahrungsaufnahme. Er sagt dem Körper, wie die verspeisten Nahrungsmittel zu verarbeiten sind. Für ein Stück Fleisch müssen logischerweise andere Verdauungssäfte aktiviert werden als für eine Karotte.

Beim Tierfutter kommen jedoch Unmengen an geschmacksmanipulierenden Stoffen zum Einsatz. Verwendung finden etwa der umstrittene Geschmacksverstärker Glutamat, aber auch der Glutamat-Ersatz Hefeextrakt. Außerdem werden zahlreiche Aromen verfüttert. Das sind viele hundert Stoffe, die das EU-Futtermittelregister auf 66 Seiten auflistet. Wozu braucht es wohl die ganzen Geschmackstrickserein? Um die »Akzeptanz« beim Haustier zu gewährleisten. Akzeptanz ist ein zentraler Begriff der Wissenschaft von der Tierernährung. In der Natur gibt es dieses Problem nicht. Da ist es völlig undenkbar, dass der Löwe plötzlich ein Akzeptanzproblem mit seiner Leibspeise Antilope hätte.

Anders bei Hund und Katz. Sie bekommen ja Abfälle aller Art vorgesetzt. Damit die auch munden, kommen Geschmacksstoffe wie jene Aromen zum Einsatz. Vieles würde ein Haustier sonst nie fressen. Der Geschmack des Futters muss daher nach allen Regeln der Kunst »maskiert« werden. Deshalb hat die Aromenindustrie unter anderem auch die Geschmacksrichtung »Maus« im Angebot. Die Geschmacksmanipulation mit Aromen bewirkt schon beim Menschen »Übergewicht«, wie sogar der zuständige Lobbyverband der Industrie eingeräumt hat (siehe Hans-Ulrich Grimm: »Die Suppe lügt«). Beim Tier ist es auch nicht anders. Hier haben die Aromenhersteller eigene Studien in Auftrag geben lassen. Sie widmeten sich unter anderem sogenannten Nutztieren, die ja möglichst schnell möglichst viel zunehmen sollen. Aromen können dabei helfen.

Vor allem der Geschmacksverstärker Glutamat ist für eine starke Gewichtszunahme verantwortlich. Er führt, wie Studien ergeben haben, zu »Gefräßigkeit«, weil er im Gehirn als Botenstoff dient. Ausgerechnet in jener Region ist er aktiv, die die Gewichtsregulation steuert. So führt Glutamat dazu, dass der Level des Sättigungshormons Leptin sinkt – und der Körper dazu verführt wird, mehr aufzunehmen, als er benötigt. Ganz ähnlich wirkt offenbar der Glutamat-Ersatz Hefeextrakt. Auch er wird dem Tierfutter zugesetzt und kann, wie internationale Untersuchungen ergaben, die Gewichtszunahme beschleunigen.

Völlig unterschätzt in seinen Auswirkungen auf das Hormonsystem und damit auf die Gesundheit wurde bislang ein Stoff, der eigentlich einen guten Ruf hat. Soja wird bei Menschen immer beliebter, die aus Liebe zum Tier oder zu ihrer eigenen Gesundheit auf tierische Lebensmittel verzichten möchten. Es ist aber auch ein häufig verwendeter Bestandteil des Tierfutters, das an Nutz- wie an Haustiere verfüttert wird. Hersteller Hill's lobte Soja auch schon über den grünen Klee. Es sei »gut für die Menschen« und auch »gut für Katzen«.

Soja ist aber eine Pflanze, die auch sogenannte Phytoöstrogene enthält: Pflanzenhormone, die für vielfältige Effekte im Organismus sorgen. Und zwar nicht nur positive. Sie können von geistigen Minderleistungen, manchen Krebsarten und Fortpflanzungsstörungen bis hin zu Unfruchtbarkeit und vor allem Schädigungen der Schilddrüse reichen (siehe Hans-Ulrich Grimm: »Die Fleischlüge«).

Die Wahrheit ist: Wie den Menschen, so tut auch den Tieren die tägliche Sojaration nicht unbedingt gut. Bei beiden hat es unter anderem mit der Schilddrüse zu tun, einer zentralen Hormonschaltstelle im Körper. Als besonders bedenklich betrachten Kritiker die Tatsache, dass Soja aufgrund der sogenannten Goitrogene die Schilddrüsenfunktion und damit den gesamten Organismus negativ beeinflussen kann. Goitrogene sind Stoffe, die eine Vergrößerung der Schilddrüse verursachen und sogar einen Kropf wachsen lassen können. Diese Erkrankung der Hormondrüsen kam früher bei Menschen in Regionen mit jodarmen Böden häufig vor. Auch bei Versuchstieren, die einschlägig wirksames Futter bekamen, bildeten sich Kröpfe.

Eine Studie aus dem Jahr 2009 ergab, dass die »langfristige Aufnahme von Phytoöstrogenen die hormonellen Funktionen bei Hunden beeinflussen könnte«. Die Studie wurde von Wissenschaftlern verschiedener amerikanischer Universtäten erarbeitet und finanziell sowie personell von Royal Canin und dem Royal-Canin-Forschungszentrum im französischen Aimargues unterstützt.

Und wenn jetzt im Internet der Hilferuf verbreitet wird »Mein Hund hat plötzlich einen dicken Hals« – dann kann das tatsächlich ein Kropf sein. Grund: die Wirkung von Phytoöstrogenen wie Soja auf die Schilddrüse. Der US-Veterinär W. Jean Dodds spricht schon von der »Schilddrüsen-Epidemie bei Hunden«.

Und auch eine weitere Nebenwirkung der Soja-Produkte

tritt offenbar bei Hunden auf. Die Soja-Industrie nennt es den »Flatulenzfaktor«. Das Wort »Flatulenz« kommt vom lateinischen Wort *flatus*, was so viel wie »Wind« bedeutet. Oder auch: »Blähungen«. Das Internet ist voll mit Tipps und Erfahrungsberichten: »Es ist wieder einmal passiert. Ein unangenehmer Duft durchzieht das Wohnzimmer, weil der Hund mal wieder Blähungen hat. Ist ja klar, dass gerade dann Besuch da ist.« Die Industrie verkauft schon Gegenmittel, etwa »Belcando Hundenahrung« mit »Yucca-Extrakt« – damit das Tier, so der Prospekt, kein »Tönchen« abgibt. »Dieser Effekt kann durch den Yucca-Extrakt in Belcando-Hundenahrung auf natürliche Weise wirksam abgepuffert werden.«

Dabei handelt es sich womöglich nur um eine der vielen Nebenwirkungen von Soja im Futter. Die Vielzahl der Tiere mit Blähungen hat also damit zu tun, dass Soja im Haustierfutter allgegenwärtig ist. Zu diesem Ergebnis war schon eine Studie der Universität von Pennsylvania aus dem Jahre 2004 gekommen. Ihr Ziel war, die »Konzentrationen von Phytoöstrogenen in kommerziellem Hundefutter zu identifizieren«. Die Wissenschaftler bestätigten daraufhin, dass Soja und Sojabestandteile »in kommerziellem Hundefutter häufig eingesetzt« werden.

Besser geht es darum den Tieren, die kein Soja bekommen. Das fand unter anderem die Tierrechtlervereinigung Peta heraus. In einer Studie aus dem Jahr 2013, die eigentlich von veganer Ernährung handelte, wurden auch die Effekte von Soja untersucht. Die Tierrechtler stellten überrascht fest: »Da alle kommerziell hergestellten Hundefutter Soja in irgendeiner Form enthalten, gab es (unter den untersuchten Hunden) nur sehr wenige Hunde, die ganz ohne Soja ernährt wurden.« Die aber, die kein Soja bekamen, »waren in weitaus besserem Gesundheitszustand als die anderen«. Dem Tier ist also anzusehen, ob Soja im Futter ist.

Aber wo ist es drin? In welchem Produkt?

Wer gerade kein Labor zur Hand hat, tut sich leider schwer, die Sojazugaben zu identifizieren. Auf dem Etikett jedenfalls muss nichts davon stehen. Die Hersteller können die Inhaltsstoffe frei wählen und sind dabei nicht einmal verpflichtet, die Inhaltsstoffe deutlich zu kennzeichnen. Nach dem EU-Futtermittelrecht ist vieles aus dem Soja-Sektor zugelassen. Sojabohnen oder Pressrückstände, die üblichen Abfälle der Nahrungsproduktion, gehören dazu. Auf dem Etikett steht von Soja in der Regel nichts. Da schreibt die Europäische Union, sehr herstellerfreundlich, als obligatorische Angabe wieder nur die dürren Vokabeln vor, die auf praktisch jeder Futterpackung stehen: »Rohfaser« und »Rohprotein« oder »Rohfett«.

Von Soja ist da keine Rede. So sieht das die »Verordnung (EU) Nr. 68/2013 der Kommission vom 16. Januar 2013 zum Katalog der Einzelfuttermittel« vor.

Neben Soja können auch andere Zusätze der Futterkonzerne hormonell wirksam werden. Etwa Chrom, das Schwermetall. Wegen Chromzugabe musste die Firma Iams im Jahre 2007 schon eine Rückrufaktion veranlassen auf Geheiß der US-Lebensmittelsicherheitsbehörde FDA. Der Zusatz sollte den Stoffwechsel ankurbeln und so das Übergewicht eindämmen, war aber leider nicht an Hunden und Katzen getestet worden. Die Zahl der betroffenen Futterpackungen ging in die Millionen. Sie wurden vom kanadischen Hersteller Menu Foods produziert und über 50 Labels verkauft. Die Behörden waren auf den Vorgang aufmerksam geworden, nachdem eine Reihe von Haustieren an Nierenversagen gestorben war.

Zusätzlich können auch zugesetzte Vitamine die Hormonabläufe stören und so zum Dickmacher werden. Oder manche Zusatzstoffe. »Synthetische Antioxidantien in Haustiernahrung«, warnen die Autoren von »Not Fit For A Dog«, könnten sogar »zur Entstehung von Schilddrüsenkrankheiten beitragen«. Und ganz subtil dürften jene Substanzen wirken, die im internationalen Expertenjargon als »endocrine disruptors« bezeichnet werden, also: Hormonstörer. Um die 800 Chemikalien sind bekannt, die wie Hormone wirken könnten, nach einer Aufstellung der Weltgesundheitsorganisation (WHO). Dazu gehören das berühmte Bisphenol A (BPA), auch die sogenannten Phthalate, die Gifte in der Landwirtschaft, Pestizide, die immer wieder als Rückstände auf Obst und Gemüse gefunden werden. Es sind Allerweltschemikalien, von denen jedes Jahr Millionen von Tonnen produziert werden (siehe Hans-Ulrich Grimm: »Die Kalorienlüge«).

Solche Hormonstörer waren es auch, die weltweit die Geschlechtsumwandlung von Fischen verursacht hatten. Sie haben sich rund um den Globus ausgebreitet und finden sich in völlig entlegenen Weltgegenden, kommen aber auch ganz in unserer Nähe vor, in der Nahrung, beispielsweise in Fischbüchsen oder in Getränkedosen. Eine Untersuchung mehrerer amerikanischer Umweltgruppen (»Work Group for Safe Markets«) im Jahr 2010 fand die Hormonstörer in 46 von 50, mithin 93 Prozent aller Lebensmittelproben aus Dosen. Sie finden sich auch in Dosen mit dem Futter für Hunde und Katzen. Das zeigte eine im gleichen Jahr veröffentlichte Studie amerikanischer Universitätsforscher im Journal *Environmental Science & Technology*. Japanische Forscher hatten das schon im Jahr 2002 nachgewiesen.

Womöglich sind die hormonell wirksamen Inhaltsstoffe auch ein Schlüssel zu verschiedenen Erkrankungen bei Hunden. Den steigenden Raten der Skeletterkrankungen etwa.

Hormone sind, neben vielen anderen Lebensvorgängen, auch wichtig für die Knochengesundheit. Die Osteoporose beispielsweise, die bei älteren Frauen häufig vorkommende Knochenschwäche, die im Volksmund als »Witwenbuckel« bezeichnet wird, wird auf hormonelle Veränderungen zurückgeführt. Hormone und Knochen – das ist allerdings ein »zweiseitiges Schwert«, so eine im März 2006 veröffentlichte Studie des Fachbereichs für Lebensmittelwissenschaften an der Purdue-Universität in West Lafayette im US-Bundesstaat Indiana. Denn die Hormone sind zwar überaus wichtig für die Stabilität des Knochengerüsts, zu viele davon können allerdings zu Skeletterkrankungen führen.

Manche Veterinäre vermuten deshalb, dass die steigende Zahl der Skeletterkrankungen bei Hunden durch die hormonell aktiven Nahrungsbestandteile zu erklären ist. »Da wird künstlich in das normale Wachstum eingegriffen«, sagt der Hamburger Tierarzt Dirk Schrader. Denn »das Wachstum wird ja hormonell gesteuert«. Eine hormonelle Fehlsteuerung des Wachstums könne dann zu der gefürchteten Hüftgelenksdysplasie führen, jener weitverbreiteten Krankheit bei größeren Hunden, die zu Bewegungsschwäche bis hin zur Lahmheit führt.

Das Hüftgelenk muss gut beweglich, aber auch gut gefasst und stabil sein. »Wenn das sehr eng ist, dann sieht das gut aus.« Es ist vergleichbar mit einem Kugellager: Wenn die inneren Kugeln stabil eingefasst sind, herrscht Bewegung ohne störende Reibung, aber auch ohne Wackelei. Wenn sie keinen Halt mehr haben und zu wackeln beginnen, dann gibt es Verschleiß und Bewegungsstörungen. Die »Wackelei« im Hundehüftgelenk, sagt Schrader, sei »wachstumsbedingt«. Das fehlgeleitete Wachstum der verschiedenen Bestandteile des Gelenks habe zu der Funktionsstörung geführt.

Wie aber entstand diese Fehlsteuerung? Schrader meint, »dass die entscheidenden Einflüsse aus der industriellen Fertignahrung kommen«. Genauer: den hormonaktiven Bestandteilen der modernen Kommerzkost für die Tiere. Dadurch werden dann nicht nur die Hüftgelenke in Mitleidenschaft gezogen, sondern der gesamte Knochenbau. »Wenn Sie diesen Wachstumsprozess künstlich stoppen, dann stoppen Sie das nicht nur im Hüftgelenksknochen, dann stoppen Sie das auch woanders.«

Auch bei den Katzen spielen womöglich die Hormone verrückt. Wenn die Miezen plötzlich trotz hohen Alters wieder quicklebendig werden, herumtollen und hyperaktiv sind wie kleine Kätzchen, dann sind das Symptome für eine Schilddrüsenüberfunktion und mithin auch ein Fall von hormoneller Entgleisung. Die Veterinäre von der Purdue-Universität gingen im Jahre 2004 der Frage nach, ob die zunehmenden Fälle von Schilddrüsenüberfunktion bei Katzen möglicherweise an der Dosennahrung liegen könnten. Bisher waren viele Tierbesitzer davon ausgegangen, dass es sich um eine normale Alterserscheinung handelt. Manche hatten sich sogar gefreut, dass der Kater trotz fortgeschrittenen Alters wieder aktiver wurde – bis sie merkten, dass das Tier eine ungesunde Form von Aktivität zeigte, ruhelos hechelte, nervös herumtigerte und trotz großen Appetits immer magerer wurde. Auch Erbrechen, extremer Durst und erhöhter Harndrang können die Folge einer Schilddrüsenüberfunktion sein. Und diese, so das Fazit der Untersuchung, sei »nicht allein das Ergebnis des steigenden Alters, sondern dabei könnte Dosennahrung eine Rolle spielen«. Die hormonähnlichen Substanzen, die zu solchen Veränderungen im Organismus führen, können schon in winzigen Mengen schwerwiegende Folgen haben. Hormone sind Substanzen mit unglaublicher Wirkung. In falscher Dosierung können sie bei Menschen sogar zur Geschlechtsumwandlung führen.

Ein solcher Fall ist Heidi Krieger, die 1986 Europameisterin im Kugelstoßen war und heute Andreas heißt – durch Testosteron-Doping in der damaligen DDR. Der Unterschied zwischen Mann und Frau ist überraschend gering: gerade mal 0,0000054 Gramm Testosteron pro Liter Blut. Das Sexualhormon ist beim Mann in einer Konzentration von sechs Mikrogramm pro Liter Blut vorhanden: sechs Millionstel Gramm also. Das entspricht einem Gramm Testosteron verteilt auf 1666 Badewannen mit je 100 Liter Inhalt. Frauen haben ein Zehntel davon.

Bei Hormonen gilt nicht die Regel, nach der eine erhöhte Dosis die Wirkung erhöht: »Hormone wirken nicht stärker, wenn man viel von ihnen nimmt. Manchmal passiert sogar das Gegenteil«, sagt der Amerikaner Frederick vom Saal, Hormonspezialist an der Universität von Missouri. Und: »Ich glaube, wir haben bisher am falschen Ende der Konzentrationsskala gesucht.«

Vom Saal fütterte schwangere Mäuse mit einer Chemikalie namens »Bisphenol A« (BPA). Er gab ihnen nicht viel, gerade mal fünf Millionstel Gramm (0,000005 Gramm) pro Gramm Körpergewicht. Die Folge war, dass die männlichen Mäuse nach der Geburt eine größere Prostata hatten als ihre unbehandelten Artgenossen.

Bisphenol A führt daneben zu Veränderungen in denjenigen Hirnzentren, die mit Sucht und Impulskontrolle zu tun haben. Darum kann der Stoff die Verhaltensweisen bei der Nahrungsaufnahme verändern. BPA verschlechtert außerdem die Insulinwirkung und führt zur sogenannten Insulinresistenz. Die Körperzellen werden dabei zunehmend gleichsam taub für das Hormon, wodurch die Insulinausschüttung weiter angeregt wird. Weil so immer mehr vom »Masthormon« im Körper zirkuliert, erhöht sich das Körpergewicht weiter und weiter. Das ergab eine Studie aus Neapel im Jahr 2013, die im Online-

Fachorgan *PlosOne* veröffentlicht wurde. Das Plastikhormon BPA attackiert sogar die Insulinproduktion direkt, indem es die dafür zuständigen Zellen in der Bauchspeicheldrüse schädigt, wie eine chinesische Studie ergab, die 2013 in der Zeitschrift *Cell Death and Disease* erschien. Schließlich sorgt BPA dafür, dass weitere Fettspeicher geschaffen werden, indem normale Körperzellen in Fettzellen verwandelt werden. Bisphenol A in Verbindung mit Insulin führt zu einer Umwandlung von Zellen, die etwa zur Produktion des Antifaltenstoffs Kollagen vorgesehen sind (die sogenannten 3T3-L1-Fibroblasten), in Fettzellen (im Fachjargon: Adipozyten). Das konnten japanische Wissenschaftler schon im Jahr 2002 nachweisen.

Zusammen wirken die Plastikhormone als unschlagbares Dickmacher-Team. Je mehr Bisphenol A und sogenannte Phthalate im Urin nachgewiesen wurden, desto mehr legten US-Frauen an Gewicht zu. Das ergab eine Studie der renommierten Harvard School of Public Health und anderer US-Wissenschaftseinrichtungen im Jahr 2014. Auch Tributylzinn, kurz TBT, gehört zu jenen Plastikhormonen, die jetzt auch als Dickmacher unter Verdacht sind. Sie gelten als »obesogen«, wie es US-Forscher um Bruce Blumberg von der University of California in einer 2006 veröffentlichten Studie formuliert haben. »Obesogen«, das bedeutet so viel wie: dickmachend (vom englischen »obesity«: Fettleibigeit). Denn diese Chemikalien formen sozusagen den Körper neu – indem sie die Einrichtung von neuen Lagerstätten für Fett veranlassen. TBT wird massenhaft verarbeitet, in Kunststoffverpackungen etwa. »Tributylzinn erhöht die Zahl der Fettzellen«, warnt Blumberg. Das wurde jedenfalls in den Tierversuchen nachgewiesen. Wenn Tiere die Hormonchemikalie aufnehmen, werden sie gewissermaßen umprogrammiert. »Diese Zellen produzieren mehr von den Hormonen, die sagen: Füttere mich!« Einige Jahre nach

Blumbergs Forschungen konnten auch chinesische Wissenschaftler seine These bestätigen. Sie fanden in einer 2011 veröffentlichten Studie heraus, dass TBT als Dickmacher bei Mäusen wirkt.

Bei der Tiermast wird dieser Hormoneffekt gezielt eingesetzt: Die Hormone beeinflussen das Wachstum. Wenn das Schwein schneller wächst und noch dazu schön mager ist, sind die Profite höher. Der Effekt wird zum Teil legal genutzt, zum Teil aber auch illegal. Bei Schweinen macht ein Stoff namens Clenbuterol das Fleisch magerer, lässt weniger Fett und mehr Muskeln wachsen. Bis 1997 war es noch als veterinärmedizinisches Hustenmittel zugelassen und deshalb bei kriminellen Mästern besonders beliebt, denn sie konnten bei Kontrollen auf bedauerliche Erkältungskrankheiten im Stall verweisen.

Auch seither erfreut sich Clenbuterol in vielen Ländern offenbar ungebrochener Beliebtheit. Die Substanz kann Sportlern als Dopingmittel dienen und sie unter Dopingverdacht bringen. So warnte im April 2011 die deutsche Nationale Anti-Doping-Agentur (Nada) vor der Clenbuterol-Gefahr in China und Mexiko. Reisende sollten besondere Wachsamkeit walten lassen. In Blutproben von Reisenden waren erhöhte Clenbuterol-Werte gemessen worden. Sie können laut Nada »bei Sportlern als positives Doping-Analyseergebnis gewertet« werden. Als Ursache für die Dopingbelastung werde der »missbräuchliche Einsatz von Clenbuterol als Wachstumsbeschleuniger in der Viehzucht angesehen« (siehe Hans-Ulrich Grimm: »Die Kalorienlüge«).

Schon im Februar des gleichen Jahres hatte der Deutsche Olympische Sportbund (DOSB) von Dopingfunden berichtet und vor der »Gefährdung von Athleten durch Clenbuterolkontaminiertes Fleisch« gewarnt. Das Institut für Dopinganalytik der Universität Köln hatte 28 Geschäftsreisende nach

China-Reisen untersucht. »In 22 von 28 Fällen wurden positive Dopingkontrollbefunde erhoben, welche auf den Verzehr von mit Clenbuterol kontaminierter Nahrung zurückgeführt« wurden. Anlass für die Untersuchungen war der Fall des deutschen Tischtennisspielers Dimitrij Ovtcharov gewesen. Nachdem seine A- und B-Probe Spuren von Clenbuterol aufwiesen, wurde der deutsche Nationalspieler für das Jahr 2010 gesperrt. Doch der 22-Jährige beteuerte seine Unschuld. Er habe nicht gedopt, sondern das Clenbuterol bei einem Turnier in China mit dem Essen aufgenommen. Der Deutsche Tischtennis-Bund sprach den Sportler noch im selben Jahr frei.

Auch zwei mexikanische Fußballer rechtfertigten sich gegen Dopingvorwürfe, indem sie sich auf den Verzehr kontaminierten Fleisches beriefen. Jesus Corona und Manuel Marin vom Team Cruz Azul waren 2013 positiv auf Clenbuterol getestet worden. Beim sogenannten Gold Cup 2011 in den USA waren sogar fünf Spieler der mexikanischen Nationalmannschaft Clenbuterol-positiv. Bei der U17-Weltmeisterschaft kurz darauf gab es gar 109 Proben, die positiv auf Clenbuterol getestet wurden – von insgesamt 208. Unter den »sauberen Mannschaften« waren die Deutschen, die einen eigenen Koch und eigene Lebensmittel mitgebracht hatten, und die Mexikaner, die eingedenk der Erfahrungen beim Gold Cup auf fleischlose Kost umgestiegen waren. »Sie haben nur Fisch und vegetarische Speisen gegessen«, sagte Chefmediziner Jiří Dvořak vom Fußball-Weltverband Fifa. Als Ursache sah auch er das kontaminierte Fleisch an: »Es ist kein Dopingproblem, sondern eines der öffentlichen Gesundheit.«

Wie dramatisch allerdings die Gesundheitsgefahren insgesamt einzuschätzen sind, ist umstritten. Auch gehen die Meinungen weit auseinander, welche hormonellen Zugaben in der Nahrung akzeptabel sind.

Mittlerweile sind sogar Stimmen zu vernehmen, die die Furcht vor den Hormongefahren ins Reich der »Urban Legends«, der modernen Legenden, wie jener von der »Spinne in der Yucca-Palme« verweisen. Es gibt natürlich auch handfeste wirtschaftliche Interessen, die Hormonchemikalien für harmlos zu erklären. Es geht schließlich um ein Milliardengeschäft, das sich die Hersteller nicht ohne weiteres nehmen lassen wollen.

Der Verband der Chemischen Industrie (VCI) wehrt sich daher seit Jahren gegen jegliche Verbotsforderungen. Es gebe auch gar keinen vernünftigen Grund, stellte der Verband schon im März 1999 fest. »Der Verdacht, bestimmte Industriechemikalien würden den Hormonhaushalt des Menschen nachhaltig stören, ist wissenschaftlich nicht länger haltbar«, hieß es vom VCI.

Eine Untersuchung an mehreren Hochschulen, die zu drei Vierteln vom VCI finanziert wurde – der Rest kam vom deutschen Bundes-Umweltministerium und vom Umweltbundesamt –, hatte dies ergeben. Ein schönes Ergebnis für die Industrie. Und so produziert sie die Hormongifte weiter, Jahr um Jahr. Die US-Chemieindustrie sieht das ganz ähnlich wie ihre deutschen Kollegen. Steven Hentges vom American Chemistry Council sagte: »Unsere Schlussfolgerung ist, dass es kein Risiko für die menschliche Gesundheit gibt.« Dabei teilt die Chemie- und Pharmaindustrie eigentlich »die Besorgnis um allfällige negative Auswirkungen von hormonwirksamen Stoffen auf Mensch und Tier«, beteuert Richard Gamma vom zuständigen Industrieverband in der Schweiz. Sie legten allerdings »großen Wert darauf, dass keine voreiligen Schlüsse gezogen« werden.

Die Industrie wird dabei auch selbst aktiv. Schließlich steht für sie viel auf dem Spiel. Schon früh gründete der deutsche Pharmakonzern Bayer eigens eine Task Force mit hochspezialisierten Wissenschaftlern. Der Verband der Chemischen Industrie in Deutschland stellte fünf Forscherteams zusammen und stattete sie mit einem Etat von 1,6 Millionen Mark aus. Auch in Amerika machte die Plastikindustrie mobil und setzte die »Bisphenol-A-Giftigkeits-Task-Force« in Gang (»Bisphenol A Toxicology Task Force«, BATTF). Dank massiven Finanzeinsatzes legten Industrieforscher mit mehreren Teams diverse Untersuchungen vor, die die Harmlosigkeit der »Schlüssel-Chemikalie« belegen sollten. Sie ergaben laut einer Zusammenfassung für die Öffentlichkeit, dass es »kein bekanntes Risiko für die menschliche Gesundheit« gebe. Das ist für die Konzerne heute sozusagen die Geschäftsgrundlage: dass sie die Wissenschaftler auf ihrer Seite wissen. Die Forscher sind ja durchaus nicht immer einer Meinung.

Umso überraschender ist es, dass in dieser wissenschaftlichen Disziplin weitgehend Einigkeit herrscht. Doch die Harmonie in der Wissenschaft von der Tierernährung kommt nicht von ungefähr. Sie ist das Ergebnis harter Arbeit. Intensiver Zuwendung. Die Futterkonzerne beschäftigen dafür hochgeschätzte Kräfte, die sich sozusagen auf die Kunst des Kuschelns spezialisiert haben. Und die Wissenschaftler genießen diese Form der Nähe. Sie hat schließlich Vorteile für alle Beteiligten – mit einer Ausnahme: den armen Tieren.

8.
Papageien und Knechte
Die Tierernährungs-Experten und ihre Sponsoren

Orientierung leicht gemacht: Futterkonzerne erklären den Tierarzt-Studenten die Welt / Die Fressnapf-Fakultät: Der Hörsaal wird Showroom für Royal Canin / Das Zahnpasta-Prinzip: Weißkittel als Verkaufshelfer / Und abends ein Gourmet-Dinner mit vielen Überraschungen

Die Dame ist ganz offensichtlich sehr beliebt, sie ist kontaktfreudig und zugänglich. Auf zahlreichen Fotos zeigt sie sich in fröhlicher Runde, meist in männlicher Gesellschaft. Ihre besondere Zuneigung gilt offenbar einer ganz speziellen Sorte Mann: den Herren aus dem Veterinärwesen. Die Fotos dokumentieren, dass die Beteiligten sich ihrer Sache sehr sicher sind. Alles findet ganz offen statt. Sie finden es auch nicht unappetitlich oder gar unmoralisch. Die Dame und ihre Herren hier haben offenbar keinerlei Unrechtsbewusstsein. Die Dame ist Österreicherin, aber was sie tut, ist symptomatisch für die Gebräuche in ihrem Gewerbe auch in anderen Ländern.

Berührungsängste gibt es keine. Es gibt ein Foto, da legt sie dem Präsidenten der Österreichischen Tierärztekammer leutselig den Arm um die Schulter, auf einem anderen ist sie neben einem Vorstandsmitglied der Vereinigung Österreichischer Kleintiermediziner (VÖK) und dem Ehrenpräsidenten der Bundeskammer der Tierärzte Österreichs zu sehen. Sehr viele Bilder zeigen sie auch mit einem jungen, schnauzbärtigen

Herrn. Auf einem der Fotos stehen sie mit Sektgläsern in der Hand auf einem Flur.

Bei dem Herrn mit Schnauzbart handelt es sich um einen Professor für Tierernährung. Früher war er in Wien, jetzt lehrt er in Berlin. Er hat auch ein Standardwerk für Hundefreunde geschrieben, über die richtige Ernährung unseres vierbeinigen Lieblings. Was der Mann mit dem Schnauzer verkündet, ist für viele Tierhalter und auch Tierärzte maßgebend. Solche Leute sind für die Dame natürlich besonders wichtig. Denn wenn die Professoren zum Beispiel das Dosenfutter von Grund auf verdammen würden, dann wäre das ziemlich schlecht für sie und ihre Brötchengeber.

Tun sie natürlich nicht. Dann wäre ja die ganze Kontaktarbeit umsonst.

Gestatten: Dr. med. vet. Silvia Leugner. Sie ist sozusagen ein verbindendes Element.

Frau Dr. Leugner arbeitet für Royal Canin. Ihre Firma gehört zu Mars, dem größten Tierfutterhersteller der Welt. Zu seinen Marken gehören Whiskas, Kitekat, Sheba, Chappi und Pedigree. Frau Leugner dient ihrem Unternehmen als »Vetcare Market Manager« im »Vetcare-Team Österreich« der österreichischen Niederlassung in Wien. Zugleich aber steht sie auf der Seite der Tierärzte. Sie ist sogar eine einflussreiche Funktionärin des Tierarztverbandes, der Vereinigung österreichischer Kleintiermediziner (VÖK). Zusammen mit diversen Veterinären und Hochschullehrern, etwa von der Wiener Veterinärs-Uni, sitzt sie im Beirat der Organisation. Frau Leugner war sogar Mitbegründerin des Tierärzte-Verbandes. Lange war sie Schriftführerin, jetzt fungiert sie als Verbindungselement zur europäischen Branchenorganisation FECAVA, der Federation of European Companion Animal Veterinary Associations.

Sehr am Herzen liegt ihr natürlich die Ausbildung der jungen Leute, die einmal Tierarzt werden sollen. Es wäre ja auch schade, wenn die kommenden Veterinäre nicht auch auf der Seite des Fertigfutters stünden. Besonders gern lässt sich Frau Dr. Leugner deshalb immer wieder bei Bücherübergaben fotografieren. Zum Beispiel in der Bibliothek der Veterinärmedizinischen Universität Wien. Die Hochschule findet es gar nicht peinlich, dass sie sich beschenken lässt, sondern freut sich öffentlich: »Royal-Canin-Fachbücher für die Bibliothek!«

So jubelte die Bibliothek in einer Mitteilung an die Öffentlichkeit: »Umfangreichen Lesestoff überreichte Dr. Silvia Leugner, Vetcare Market Manager bei Royal Canin Österreich, an Mag. Miranda Dirnhofer von der Bibliothek der Vetmeduni Vienna.« Die Öffentlichkeit durfte sogar erfahren, welche Werke mit der »Buchspende« überreicht wurden. »Die Buchspende besteht aus Fachbüchern wie der druckfrischen Royal-Canin->Enzyklopädie der Hunde<; den Büchern ›Harnsteine bei Kleintieren‹, ›Die gesunde Tierarztpraxis‹; ›Kleintierdermatologie‹ mit klinischen Fallberichten; den Royal-Canin-Handbüchern ›Notfall- und Intensivmedizin‹ sowie ›Der Such- und Rettungshund‹, den Royal-Canin-Leitfäden ›Hundezucht‹ und ›Katzenzucht‹; dem ›Katzenzahnbuch‹ und dem ›Hundezahnbuch‹.«

Ganz schön viel Lesestoff für den Tierarzt-Nachwuchs. Wie fürsorglich von ihrer Universität, dass sie sich diese Bücher für die Studenten schenken lässt!

Eigentlich wäre es wichtig für die Studenten zu lernen, was die Ursachen für Hautprobleme bei Haustieren sind. Oder wie Harnsteine bei Katzen entstehen und was das Trockenfutter damit zu tun haben könnte. Die Futterkonzerne haben daran kaum ein Interesse. Deswegen ist ihnen sehr daran gelegen, dass die Tierarzt-Studenten die Konzernsicht kennenlernen. Und die Wiener Veterinär-Uni ist den Konzernen da gern behilflich und teilte mit, dass »diese Bücher von StudentInnen in der Bibliothek ausgeliehen oder im ÖH-Shop käuflich erworben werden«. Als nützliches Wissen fügte die Uni noch hinzu: »Für Tierärzte bietet Royal Canin laufend Verkaufsaktionen an, bei denen diese Bücher als Beigabe erhältlich sind.«

Auch der Internet-Auftritt der Bibliothek der Veterinär-Uni Wien wurde mit freundlicher Konzernunterstützung gestaltet. Dass Royal Canin als »großzügiger Sponsor dankenswerterweise einen wesentlichen Anteil der Kosten übernahm«, teilte die Hochschule ebenfalls mit und fügte ein Foto hinzu, auf dem natürlich Frau Dr. Leugner, der Rektor und der Bibliotheksleiter abgebildet waren, der früher auch Projektleiter beim Pharmakonzern Novartis war. Überschrift: »Orientierung leicht gemacht«. Es ist ein schöner Erfolg für ein großes Hundefutter-Unternehmen, wenn es Orientierung schaffen kann in der Welt des Wissens, und das auch noch bei angehenden Tierärzten.

Für die Hunde, die Katzen und ihre Besitzer ist das weniger schön, dass Tierärzte offenbar ein tragendes Element des Geschäftsmodells der Futterkonzerne sind. Schließlich lassen sich viele der Krankheiten, die in den Lehrbüchern des Futterkonzerns thematisiert werden, aufs Fertigfutter zurückführen. So jedenfalls sehen es die Kritiker. Ihre kritische Sicht auf das Kommerzfutter spielt in der Ausbildung der Tierärzte allerdings keine zentrale Rolle.

In kaum einer Branche sind die Verflechtungen zwischen den Beteiligten so eng. Tierfutterindustrie, Tierärzte, Wissenschaftler an den zuständigen Hochschulen, aber auch Verbände und Branchenmedien sind in besonderem Maß miteinander verbunden.

Im Zentrum stehen natürlich die Tierärzte. Einerseits sind sie für die Tierhalter die wichtigsten Ansprechpartner in Sachen

Ernährung und Gesundheit ihres Heimtiers. Andererseits sind sie der Industrie eng verbunden. Schon in der Ausbildung und während des Studiums an den einschlägigen Hochschulen dominieren die Konzerne mit ihrer Sicht auf die Dinge. Sie publizieren nicht nur Lehrbücher, sondern sponsern auch Professoren und finanzieren deren Forschung. Unabhängige, wirklich seriöse Forschung findet praktisch nicht statt. Schon die Studenten finden es völlig normal, dass sie mit freundlicher Unterstützung der Industrie ausgebildet werden. Später, als Tierärzte, verkaufen sie deren Produkte und fungieren sozusagen als verlängerter Arm der Futterkonzerne.

Auch die Fachmedien der Tierärzte genießen die Unterstützung der Tierfutterindustrie. Das *Vet-Magazin.de* etwa, das »unabhängige Magazin für die Veterinärmedizin«, ist so unabhängig auch wieder nicht. Es finanziert sich nach eigenen Angaben von seinen Sponsoren. Royal Canin und andere »ermöglichen (den Lesern) die kostenlose Nutzung«, bekennt das Magazin freimütig.

Gesund ist das nicht. Es ist nach Ansicht der Kritiker, die es mittlerweile auch gibt, ein Hauptgrund für die zunehmende Krankheitsbelastung der Heimtiere durch falsche Ernährung. »Tierärzte können die Gesundheit Ihres Tieres gefährden«, so lautet der Titel eines Buches der Veterinärin Jutta Ziegler, die aus Deutschland stammt und im österreichischen Hallein nahe Salzburg praktiziert. Sie gehört zu den wenigen Vertretern ihres Faches, die sich um die ungesunde Nähe zwischen Wirtschaft und Wissenschaft sorgen.

Doch es sind nicht nur die zuständigen Fachärzte, um die sich die Futterkonzerne ganz rührend kümmern. Es ist eigentlich der ganze etablierte Tierfreunde-Kosmos, der sich von der Tierfutterindustrie aushalten lässt. Die Firmen aus der Tierernährungsbranche unterstützen das ganze Milieu der Kleintierfreunde, also die Tierschutzverbände, die Medien für den Tierfreund wie die Sendung »Hundkatzemaus« im Fernsehen, aber auch Zeitschriften wie *Ein Herz für Tiere*, in dem sie großzügig Anzeigen schalten. Außerdem sind die Fachzeitschriften auf der Seite der Futterlieferanten – dank der Anzeigen, etwa für »Sensitive Digestion«, ein neues, darmschonendes Futter aus dem Hause Eukanuba, die in einer Reihe von Zeitschriften erschienen, unter denen auch *HundeWelt* und *Der Hund* waren. Slogan: »Weniger Winde, mehr Wedeln«. Zudem schreiben die Blätter auch gern begeisterte redaktionelle Artikel über Neues aus der Welt von Kitekat, Whiskas und Frolic.

Der Hund etwa berichtete über das neue Allergikerfutter »Skin Support« von Royal Canin. *Ein Herz für Tiere* wirbt redaktionell für das Kitekat-Sammelspiel »Fang die Mäuse!« (»Auf zur Kitekat Mäuse-Jagd und richtig Beute machen!«), bei dem Kitekat 10 000 Euro verloste. »Wahrhaft reiche Beute!«, jubelt auch *Ein Herz für Tiere*. Und *Our Cats* schwärmt für den Iams-Frischebeutel (»Geschmack zum Verlieben«). In der Heimtier-Szene herrscht weitgehend Einigkeit: Whiskas, Pedigree, Eukanuba und Royal Canin sind fürs Tier am besten. Das ist keineswegs selbstverständlich. Das setzt harte Arbeit voraus. Eine Dame wie Frau Dr. Leugner, die Funktionärin ist bei einer Tierärztevereinigung und gleichzeitig bei einem Tierfutterhersteller auf der Gehaltsliste steht, ist da natürlich ein spezieller Glücksfall. So eine Personalunion ist eine schöne Sache, und sie hat viele Vorteile für beide Seiten (siehe Kapitel 7).

So finden zum Beispiel die Anliegen und Botschaften der Firmen Gehör bei den Leuten aus der Praxis, den Tierärzten, die für Hund und Katze zuständig sind. Im Gegenzug genießen die Tierärzte die warmherzige Unterstützung der Firmen, unter anderem bei ihren Zusammenkünften.

So war das etwa beim Jahrestreffen der Vereinigung Österreichischer Kleintiermediziner in der Wiener Hofburg im Jahre 2016, das zeitgleich stattfand mit dem »Eurokongress« der europäischen Branchenorganisation FECAVA. Was da alles käuflich war, darüber gab eine detaillierte Preisliste Auskunft. Platinsponsor konnte ein Tierfutterunternehmen für 40 000 Euro werden, Goldspender für 25 000. Silbersponsoring gab es für 10 000 Euro und Bronzesponsoring für 5000 Euro. Gegen Bezahlung kann die Industrie auch das Programm beeinflussen. Ein sogenanntes Industriesymposium im offiziellen Programm kostet 12 000 Euro. Auch Kongressthemen sind käuflich, schon für 5500 Euro. Sogar einzelne Kongressredner gibt es, für lumpige 2500 Euro. Das ist in dieser Disziplin so üblich, und zwar schon seit Jahrzehnten. Die Unterstützer sind natürlich die üblichen Verdächtigen.

Hauptsponsor bei der Jahrestagung der »Vereinigung Österreichischer Kleintiermediziner« (VÖK) zum Beispiel, die vom 16. bis 17. September 2006 in Salzburg stattfand, war Frau Leugners Firma, Royal Canin. Es beteiligten sich außerdem Pharmakonzerne wie Bayer, Novartis und andere. Auch die Vorträge im wissenschaftlichen Programm wurden hier gefördert, und zwar einzeln, jeder für sich. Dafür griff Royal Canin in die Tasche, aber auch Konkurrent Hill's, zudem Bayer Austria und Novartis. Sogar um die Tierarzthelferinnen kümmerten sich die Finanziers. Royal Canin etwa sponserte Tierarzthelferinnenseminare auf der Tagung, unter anderem zum Thema »Profit-Center Maulhöhle – Kundenkommunikation zum Thema Zahn«.

Die Großzügigkeit der Konzerne reichte bis ins Gesellige: Laut Programm war sogar der »Bummel durch Salzburgs Altstadt« (Motto: »Auf den Spuren Mozarts«) samt Mittagessen und Kaffee geschenkt. Großzügiger Spender war die Firma Menarini Diagnostics, ein italienischer Pharma-Multi mit

Hauptsitz in Florenz. Auch beim VÖK-Gesellschaftsabend ließen sich die Tierärzte aushalten. Getränke gab es laut Tagungsprogramm »auf Einladung der Industrie«. Dazu »Boogie-Woogie & Blues Livemusik«. Vor diesem Hintergrund ist es nur konsequent, ja unvermeidlich, dass die Namen der Sponsoren in den Berichten über solche Veranstaltungen fast mehr Raum einnehmen als die wissenschaftlichen Inhalte.

»Besonders sollen unser Hauptsponsor Royal Canin-Waltham und unsere Sponsoren Österreichische Tierärztekammer, Bayer Austria, Iams, Richter Pharma AG sowie Werfft-Alvetra erwähnt werden.« So stand es etwa in einem Bericht über die Jahrestagung der Kleintiermediziner 2003 in Salzburg.

Wer solch innige Nähe zwischen Wirtschaft und Veterinären für einen speziellen Auswuchs österreichischen Balkancharmes hält, liegt falsch: Sie entspricht den weltweiten Sitten im Gewerbe.

Auch in der benachbarten Schweiz ist diese Nähe üblich. Bei der Weiterbildungsveranstaltung für Veterinärmediziner auf der Davoser Schatzalp vom 3. bis 6. Dezember 2015 (»Anämie, Leukozyten, Gerinnungsstörungen und DIC«) war Nestlé Purina »Prime Partner«. Für die teilnehmenden Tierärzte ist so ein Event sehr attraktiv, schwärmt der Veranstalter: »Als Veranstaltungsort bietet uns das Berghotel Schatzalp, autofrei auf 1850 Metern gelegen und exklusiv für unseren Event gemietet, ein beeindruckendes Panorama.« Und: »Diese Veranstaltung bietet viel Freizeit für Ihre Partner und Familien und schließt wie jedes Jahr am letzten Abend mit einem Fondueplausch und anschließendem Nachtschlitteln nach Davos ab.«

Auch in Deutschland lassen sich Tierärzte gern umschwärmen: So ließ der Bundesverband Praktizierender Tierärzte (BPT) in der Ankündigung für den BPT-Kongress 2015 Anzeigen für Royal Canin und Nestlé Purina abdrucken. Die Nestlé-

Tierfuttertochter verkündete stolz, dass sie gemeinsam mit dem Tierärzteverband unter dem Motto »Liebe fürs Leben« Tierschutzunterricht für Grundschüler anbietet. Wenn die Abc-Schützen erst mal verinnerlicht haben, dass Nestlé Purina und Tierschutz praktisch identisch sind, und ihr Wissen gleichsam mit tierärztlichem Attest versehen wird, dann darf Nestlé auf eine profitable Liaison fürs Leben hoffen.

Royal Canin finanzierte auch, zusammen mit dem Tierkrematorium Kirchberg und anderen Unterstützern, die 3. Schweizerischen Tierärztetage vom 6. bis 8. Mai 2015 im Congress Center in Basel. »Wir danken der Royal Canin (Schweiz) AG für ihre exklusive finanzielle Unterstützung«, bekannte einer der Veranstalter, der Verein Schweizerische Tierärztetage. Direkt darüber stand die Ankündigung für die »Dinner Party« auf einem Schiff im Rhein, inklusive »3-Gang-Dinner, Liveband und weiteren Überraschungen ...«.

Der globale Gesamtverband der Veterinäre geht natürlich auch in Sachen Kommerzkultur als Vorbild voran. Der Weltverband der Kleintierärzte WSAVA (The World Small Animals Veterinary Association) lässt sich seine Kongresse ebenfalls von den Konzernen sponsern. 2016 in Kolumbien beispielsweise gehören Nestlé Purina, Royal Canin, Pharmakonzerne wie Bayer Health Care und der US-Futterkonzern Hill's zu den großzügigen Gebern.

Der Futterkonzern Hill's hat eine herausragende Rolle beim Weltverband der Heimtier-Veterinäre. Hill's gehört zu den Organisatoren des Kongresses, ist Platinsponsor und platziert sein Logo auf den Webseiten des Weltverbandes oben, direkt neben dem Verbandslogo.

Der amerikanische Futterhersteller hat sich in unvergleichlicher Weise um die Verbrüderung von Wissenschaftlern, Veterinären und Futtermittelkonzernen verdient gemacht. Und das ging so: Der Tierfutterkonzern Hill's war 1976 vom Zahnpastakonzern Colgate Palmolive übernommen worden. Colgate war mit seiner Werbung stilbildend, in der Zahnärzte in ihren weißen Kitteln als vertrauenswürdige Kronzeugen für die Qualität von Colgate-Tuben auftraten. Der naheliegende Gedanke war nun, dass so etwas auch beim Tierfutter klappen müsste. Das Muster der Zahnpastawerbung wurde also auf die Werbung für Tiernahrung übertragen. Ihre Botschaft lautete: Tiernahrung ist kompliziert, am besten überlässt man so etwas den Profis.

Die Tierfutterindustrie und die Wissenschaft von der Tierernährung sind darum siamesische Zwillinge. Sie sind zur gleichen Zeit entstanden, haben sich gemeinsam entwickelt und sind deshalb eng verbunden. Erst als es Kommerzfutter gab, entstand das Bedürfnis nach einer Wissenschaft von der Tierernährung. So eine Disziplin war ja früher vollkommen unnötig. Jeder Löwe, jeder Adler und jede Forelle kann sich ohne wissenschaftlichen Beistand ganz gut ernähren. Auch die Hunde und Katzen wurden ausreichend ernährt – immerhin so gut, dass sie es über Tausende von Jahren an der Seite des Menschen aushielten. Als Futter gab es eben die Reste, die Knochen und alles, was vom Tisch herabfiel. Mit dem Dosenfutter bildete sich erst der Bedarf nach der Wissenschaft von der Tierernährung. Ihre Aufgabe bestand darin, die Menschen davon abzubringen, ihre Haustiere mit Speiseresten zu ernähren, wo sie doch die Abfälle der Nahrungsindustrie verfüttern sollen. Die Karriere des Fertigfutters verlief darum parallel mit der Karriere der zuständigen wissenschaftlichen Disziplin. Bei Katzen etwa nahm seit 1950 die Ernährungsforschung »stürmisch zu«, konstatiert die Veterinärin Frauke Siewert in ihrer Doktorarbeit über die »Entwicklung der Ernährungsforschung bei der Katze (bis 1975)« an der Tierärztlichen Hochschule Hannover aus dem Jahr 2003. Der Aufschwung verdankte sich nach Siewert vorwiegend dem »notwendigen Wechsel von konventionellen zu modernen Fütterungsformen (Fertigfutter)«, daneben aber auch dem Bedürfnis nach »Optimierung von Rationen für Versuchskatzen«.

Der Zahnpastakonzern Colgate übertrug das bewährte Dentisten-Verfahren auf seine neu erworbene Tierfuttertochter, stellen der US-Veterinär Michael W. Fox und seine Kollegen in »Not Fit For A Dog« fest: »Colgate entschied sich, seine wissenschaftsbasierte Produktlinie *(Science Diet)* durch Tierärzte befürworten zu lassen. Hill's Science Diet erreichte diese Unterstützung, indem die Firma Gratistierfutter an die Veterinärstudenten ausgab und Hunderttausende von Dollars an Forschungsförderung an jede der 27 Veterinär-Universitäten verteilte. ›Der Großteil unserer Ausgaben ging an die Tierarzt-Community‹, sagte ein ehemaliger Colgate Senior Vice President für Globales Marketing und Verkauf.«

Erleichtert wurde diese Praxis, weil das Fütterungswesen bisher von der Wissenschaft vernachlässigt worden war: »Weil an den meisten Veterinärmedizinischen Hochschulen die Tierernährung in der Geschichte immer durchs Raster fiel, hat die Tierfutterindustrie diese Lücke gern gefüllt.« Kein Wunder, dass die Futterkonzerne fortan die Forschung und Ausbildung dominierten. Und sie sind sogar stolz darauf, dass sie ihre Positionen zusammen mit den Forschern durchgesetzt haben. Zum Beispiel über den Nationalen Forschungsrat, den National Research Council der USA, der eigentlich eine private Non-Profit-Einrichtung zur Forschungsförderung sein will.

So berichtet die amerikanische Lobby-Einrichtung The Pet Food Institute (PFI): »Der Nationale Forschungsrat – der wissenschaftliche Arm der Nationalen Akademie der Wissenschaften – entwickelte das erste von mehreren Nährstoffprofilen, basierend auf Forschungen an führenden Universitäten, viele davon gesponsert vom PFI oder seinen Mitgliedsfirmen.« Zu den Mitglieder zählen wieder Nestlé Purina, Royal Canin, Hill's Pet Nutrition und viele andere mehr. Die Futterkonzerne, die Tierärzte und die zuständigen Wissenschaftler leben also in einer Art Zugewinngemeinschaft. Sie befinden sich in gegenseitiger Abhängigkeit und sie treffen sich bei regelmäßigen Zusammenkünften. Das Geld kommt dabei von den Futterkonzernen, und die Wissenschaftler und Veterinäre sorgen im Gegenzug dafür, dass es weiter dorthin fließt.

Die Tierärzte sind wichtige Multiplikatoren. Sie werden gefragt, wenn es um die Ernährung der kleinen Lieblinge geht. Und den Multis ist es lieb, wenn die Tierärzte zum Sprachrohr der industriellen Fütterungsideologie werden.

»Für die Klienten sind der Tierarzt und dessen Assistenten in Ernährungsfragen in der Regel eine Autorität. Tierärzte haben deshalb großen Einfluss darauf, welches Futter die Tierhalter für ihre Haustiere auswählen.« So steht es im Handbuch »Klinische Diätetik für Kleintiere«.

Zwei dicke Bände, 4,6 Kilo schwer. Dunkelgrüner Einband, goldene Lettern. Auf der Rückseite ist eingeprägt: »Mit freundlicher Empfehlung von Hill's«, ebenfalls gülden. Der Tierfutter-Multi aus Topeka, der Hauptstadt des US-Bundesstaates Kansas, hat es herausgebracht und die größten Kapazitäten der Tierernährung haben sich daran beteiligt. Die »Klinische Diätetik für Kleintiere« ist das »grundlegende Standardwerk der veterinärmedizinischen Kleintierdiätetik«, so bewirbt die Verlagswerbung das Buch. Und so schwärmt wortgleich die Veterinärmedizinische Universität Wien in ihren Büchervorschlägen aus dem Lehrstuhl für Tierernährung und Diätetik. Der US-Heimtierfutterproduzent Hill's ist sehr stolz auf seinen Einfluss auf die veterinärmedizinische Forschung: »Die Wissenschaftler von Hill's veröffentlichen pro Jahr mehr als 50 Fachartikel und Forschungsberichte und haben Lehrverpflichtungen an führenden veterinärmedizinischen Schulen überall auf der Welt«, verkündet die Firma in einem Werbetext.

Das ist als Verkaufshilfe überaus praktisch, wenn die Fachinformationen gleich von der Wirtschaftslobby kommen.

Doch die Konkurrenz schläft nicht: »Führende internationale Experten«, so die Eigenwerbung, haben das 470 Seiten schwere Werk »Das Waltham-Buch der klinischen Diätetik von Hund und Katze« verfasst, das im Original »The Waltham Book of Clinical Nutrition of the Dog and Cat« heißt. Hier spricht sozusagen die Whiskas-Konkurrenz.

Und der Leitfaden für Tierärztinnen und Tierärzte mit dem Titel »Ernährung für Hund und Katze«, schon 1999 vorgelegt und immer wieder nachgedruckt, wurde von einem mehrheitlich im Sold der Iams Company stehenden Autorenteam verfasst. Das Eukanuba-Vademecum, gewissermaßen. Die meisten Veröffentlichungen, mit denen die Tierärzte Neues aus ihrem Fachgebiet bekommen, stammen also aus dem Kreis der interessierten Hersteller. Der Fachinformationsdienst *Veterinary Focus* etwa (früherer Titel: Waltham Focus) mit dem Untertitel »The Worldwide Journal for the Companion Animal Veterinarian« wird vom Waltham Centre for Pet Nutrition herausgegeben, das Mars gehört. Die Zeitschrift erscheint vierteljährlich auf Englisch, Französisch, Deutsch, Italienisch, Niederländisch, Spanisch, Japanisch, Griechisch, Russisch und Polnisch.

Selbst die Universitäten machen sich die Anliegen und Botschaften der Futterkonzerne zu eigen. Nirgends ist der Filz offenbar so flächendeckend wie im Veterinärwesen. Keine andere wissenschaftliche Disziplin hat sich derart in Abhängigkeit von den Konzernen begeben wie die Fressnapf-Fakultät. Wer für das Kleintier und seine Ernährung forscht, denkt zuallermeist auch ans Wohl von Dritten, der Futterkonzerne. In keinem anderen Fach ist die Bindung an die Welt des Geldes so eng, in keinem anderen sind die wissenschaftlichen Aussagen so industriefromm wie hier.

In anderen wissenschaftlichen Disziplinen gibt es auch Sponsoren, Drittmittelforschung und willfährige Wissenschaftler. Es gibt aber auch kritische Inseln, eigenständige Denker und unabhängige Geister. Im Veterinärwesen, Fachbereich Tierernährung, Abteilung für Hund, Katze, Vogel, sind sie nicht auszumachen. Für eine wachsende Zahl von Tierärzten allerdings, die an solider und unabhängiger Fachinformation interessiert sind, um den Patienten die richtigen Fütterungsempfehlungen geben zu können, ist es höchst unbefriedigend, dass die Forschung interessengesteuert ist.

»Die Professoren sind vollkommen abhängig von der Industrie«, kritisiert etwa Dirk Schrader, Veterinär an der Tierklinik Hamburg-Rahlstedt. Sie seien »Papageien und Knechte der Futtermittelindustrie«. Er kennt, so sagt er, keinen einzigen Tierernährungsforscher, der sich nicht in die geistige Nähe zu den Futterkonzernen begeben hat. Entsprechend gering schätzt er den Wert der wissenschaftlichen Erkenntnisse: »Wenn die Forscher ihre Themen und Inhalte nur nach den Wünschen der Futter-Multis ausrichten, dann sind die Ergebnisse vorhersehbar, also nicht seriös – also nicht glaubwürdig.«

Führend bei der Umwidmung einer Hochschule zur Kaufhalle ist die Veterinärmedizinische Universität Wien. Der Campus, einst mitten in der City, liegt seit einigen Jahren draußen am Stadtrand. Ein weiträumiges Gelände, an manchen Stellen riecht es nach Pferd, auf kleinen Koppeln stehen die Schimmel und die Braunen geduldig und warten. Daneben ein Transparent: »Gesunde Pferde Boehringer Ingelheim«. Boehringer Ingelheim, das ist ein Pharmakonzern. Hunde tollen herum, Beagles. Sie sind beliebt bei Tierversuchen. Schafe, auch schwarze. Das Gelände ist mit einem hohen Zaun aus grünen Stäben umgrenzt. Die Gebäude sind mehrstöckig, rot geklinkert. Das Institut für Tierernährung liegt von der Einfahrt aus gesehen hinten links. In der kleinen Eingangshalle gibt es schon reichlich Prospektmaterial, von Iams Eukanuba, von Waltham Royal Canin, hier findet sich auch das Waltham-Handbuch zur klinischen Diätetik bei Hund und Katze.

Wenn dort das alljährliche »Royal Canin Waltham-Diätetik-Seminar« stattfindet, dann wird der Hörsaal regelmäßig zum Showroom. Das Pult ist umrahmt von »Royal Canin«-Stelltafeln und »Royal Canin«-Postern. Auf den Tischen liegen Firmenwerbematerialien, in der Garderobe hängen Taschen mit Hundebild und Royal-Canin-Logo. Das »22. Royal Canin Diätetikseminar« etwa fand statt am 10. Juni 2015 im Hörsaal G (Merial). Eröffnet wurde das Seminar um 18:00 Uhr von Dr. Harald Pothmann, dem Präsidenten der Österreichischen Gesellschaft der TierärztInnen (ÖGT).

Es war offenbar eine offizielle Firmenveranstaltung im Uni-Hörsaal, die auf den Uni-Webseiten angekündigt wurde: »Die Veranstaltung wurde von Royal Canin in Kooperation mit der ÖGT Österreichischen Gesellschaft der TierärztInnen/Sektion Tierernährung und Tierzucht ausgerichtet.« Das Seminar war ein voller Erfolg. »Zahlreiche TierärztInnen, TierarzthelferInnen und StudentInnen folgten der Einladung und lauschten gespannt den praxisnahen Ausführungen der hochkarätigen ReferentInnen.« So das *Vet-Magazin.at* oder sein Sponsor Royal Canin.

Den Vorsitz hatte Mag. Wolfgang Kreil von Royal Canin Österreich (»Anmeldung online über die Website von Royal Canin«). Beteiligt sind auch Universitätsbedienstete, die sich in den Dienst des Tierfutterkonzerns stellen und offenbar die Inhalte, also die Vorträge, zur Verkaufsshow beisteuern mussten. Auftritte bei Firmenevents gehören wohl zur Dienstpflicht der Lehrkräfte an der Veterinärmedizinischen Universität Wien Vetmeduni Vienna. Und sie haben ja auch viel beizutragen, da an Krankheiten bei Haustieren kein Mangel herrscht.

Dr. Barbara Bockstahler von der Klinischen Abteilung für Kleintierchirurgie, Vetmeduni Vienna, sprach beim Royal-Canin-Event 2015 über das Thema »Gelenksprobleme beim alten Hund«. »Diätetische Lösungen bei Arthrosen im Alter«, das war das Thema von Ao. Univ.-Prof. Dr. Christine Iben, ebenfalls bei der Vetmeduni Vienna angestellt. Von 19.20 bis 19.50 Uhr war Priv.-Doz. Friederike Range dran, Ph.D., vom Messerli Forschungsinstitut, Vetmeduni Vienna. Ihr Thema: »Hunde und Wölfe – Was wir von ihnen lernen können«. Anschließend sprachen Prof. Dr. Christine Iben vom Institut für Tierernährung und Funktionelle Pflanzenstoffe an der Vetmeduni Vienna und Dr. Katja Silbermayr vom Institut für Parasitologie der Vetmeduni. Zuletzt, von 20.50 bis 21.15 Uhr, äußerte sich Mag. Wolfgang Kreil von Royal Canin Österreich über »Qualitätssicherungsmaßnahmen bei der Tiernahrungsproduktion – Ein Beitrag zur Gesunderhaltung des Menschen«.

Die Hochschule als Werbestätte. Der Tempel des Geistes als Basar für die Branche. Das ist der Trend. Die Wissenschaft wird, wie man früher sagte, unterwandert. Und das ist nicht nur in Wien so. Die Tierärztliche Hochschule (TiHo) Hannover kuschelt ebenso eng mit der Industrie. Sie sieht aus wie eine normale staatliche Hochschule. Doch das ist sie nicht mehr: Sie wurde in eine »Stiftung« umgewandelt. Der Staat stiftet das Geld, hat aber praktisch nichts mehr zu melden. Stattdessen entscheidet ein Stiftungsrat. Der Staat, mithin der Steuerzahler, der für die Kosten aufkommt, ist nur noch mit einer einzigen Staatsbediensteten in diesem siebenköpfigen Stiftungsrat vertreten. Die Mehrheit aber haben andere. Darunter Doris Wesjohann, Erbin des Wiesenhof-Konzerns. Die umstrittene Dynastie liefert fast jedes zweite Hähnchen in Deutschland. Doris Wesjohann sitzt im Stiftungsrat. Auch der Vertreter einer Versicherung, bei der zwei Drittel der niedersächsischen Bauern Mitglieder sind. Ein Lobbyist der Pharmaindustrie sitzt ebenfalls mit drin, vom »Bundesverband Tiergesundheit«, der wird getragen von Bayer, Boehringer Ingelheim, Novartis und Elanco Animal Health, einer Tochter des US-Pharmakonzerns Eli Lilly. Von dort kam auch der Chef der Hochschule, Gerhard Greif, bevor er Präsident der Stiftung Tierärztliche Hochschule Hannover wurde. Zu Elanco gehört jetzt auch die Firma Lohmann Animal Health, eine Pharmafirma aus dem Wiesenhof-Clan, die auch Sponsor ist für die TiHo-Professorin Corinna Kehrenberg. Ihr Lehrstuhl wurde von Lohmann »initiiert und bezahlt«, wie die Firma stolz verkündete. Sie hatte auch ein Vetorecht, als es um die Besetzung ging (siehe Hans-Ulrich Grimm: »Die Fleischlüge«).

Auf diese Weise finanziert die Industrie jetzt überall auf der Welt ganze Lehrstühle. Leider ist nicht immer leicht erkennbar, in wessen Sinne und auf wessen Rechnung der Professor forscht.

Bei Professor Richard C. Hill aber, Inhaber eines firmenfinanzierten Lehrstuhles, war der Sponsor dankenswerterweise gleich in seinem Titel erkennbar, der da lautete: »Waltham Assistant Professor für Klinische Ernährung«, finanziert von der Universität von Florida und Waltham, einer Firma aus dem Mars-Imperium, zu dem Whiskas und Kitekat gehören.

Als Mitglied im Empfehlungskomitee der US-amerikanischen Forschungsvereinigung für Hunde- und Katzenernährung (»Subcommittee on Dog and Cat Nutrition« des »National Research Council Committee on Animal Nutrition«) war

Professor Hill sicher ein sehr nützlicher Lehrstuhlinhaber. Leider hat er dann irgendwann das Mars-Label verloren.

Die Tierfutterbranche ist womöglich die Avantgarde für die privat finanzierten Forschungseinrichtungen an Universitäten. Die Führungskräfte müssen sich offenbar auch nicht mehr durch wissenschaftliche Leistungen ausweisen, sondern durch Wirtschaftskompetenz. Gerhard Greif, der Präsident der Tierärztlichen Hochschule (TiHo) Hannover, hat nicht einmal einen Professorentitel. Auch die Rektorin der Veterinärmedizinischen Universität Wien hat keinen Professorentitel, sie ist nicht einmal habilitiert. Sonja Hammerschmid, so heißt die Chefin der Universität, ist durch wissenschaftliche Glanzleistungen bisher nicht aufgefallen. Genau genommen ist sie überhaupt nicht mit besonderen wissenschaftlichen Leistungen aufgefallen. Für den Rektorenposten hat sie sich offenbar durch ihre Erfahrungen in Sachen Wirtschaftsförderung qualifiziert. Etwa durch ihren vorherigen Job bei der staatlichen österreichischen Förderbank, der Austria Wirtschaftsservice Gesellschaft (aws).

An der Wiener Veterinärs-Uni hatte auch Professor Jürgen Zentek zeitweilig gewirkt. Das ist der Mann mit dem Schnauzbart, der auf vielen Fotos mit Royal-Canin-Kontaktfrau Silvia Leugner zu sehen ist. Professor Jürgen Zentek ist einer der besonders wichtigen Experten. Studiert hat er an der TiHo Hannover, hat sich dort auch habilitiert und saß dann in Wien an der Veterinärmedizinischen Hochschule auf einem richtigen Firmen-Lehrstuhl. Am Eingang des Instituts für Tierernährung erklärte damals ein kleines Plakat die Organisationsstruktur des Instituts. Unter »Vorstand« stand dort: »Univ. Prof. Dr. Jürgen Zentek«. Und darunter: »Stiftungsprofessur Klinische Tierernährung«. Seinen Wiener Lehrstuhl ließ er sich vom Futterkonzern Iams (Eukanuba) finanzieren.

Seit 2006 lehrt Zentek an der Freien Universität Berlin. Von

Die Tierernährungs-Experten und ihre Sponsoren

2007 bis 2010 war er Präsident der European Society of Veterinary and Comparative Nutrition (ESVCN). Ihr Hauptsponsor war Nestlé Purina, daneben sponserte aber auch Royal Canin. Für eine Studie mit dem Titel: »Nature, Nurture, and the Case for Nutrition« bekam Zentek auch mal Geld vom Frolic-Chappi-Konzern. Darin hatte er Trockenfutter und Dosenfutter sowie ihre Auswirkungen am Beispiel von Beagle-Hunden verglichen – ein Forschungsfeld mit besonderen Herausforderungen und Erkenntnissen (»Die Trockendiät schien dabei eine bessere Kotqualität zur Folge zu haben«).

Der Professor ist häufig bei Industrie-Symposien zu Gast, er organisierte auch mal das Royal-Canin-Diätetik-Seminar an der Veterinär-Uni Wien, zusammen mit Frau Silvia Leugner. Schließlich ist er auch Autor von Hill's Futter-Standardwerk. Zentek schrieb in der Lohmann-Information, dem Informationsblatt des Agri-Giganten Lohmann, der neben Hühnern auch Zusatzstoffe und Aromen verkauft, über das »Potenzial alternativer Zusatzstoffe«. Die Summe seiner Erfahrungen wie seinen ganzen Wissensschatz legt er dem einfachen Hundehalter freundlicherweise in seinem populären Standardwerk »Ernährung des Hundes« dar. Klar ist dabei, dass er gegen Fertigfutter nichts einzuwenden hat. Er trägt zahlreiche Argumente vor, die für Kommerzfutter und ihre Inhaltsstoffe sprechen. Die einschlägigen Zusatzstoffe etwa seien »hinsichtlich ihrer Wirksamkeit und Unbedenklichkeit geprüft«. Und Vitamine sowie Mineralstoffe seien »unbedingt erforderlich«. Streng rät er – ganz in der Colgate-Weißkittel-Werbetradition – dazu, sich auf »wissenschaftliche Kenntnisse über Nährstoffansprüche« des Hundes zu verlassen. »Die praktische Anwendung dieses Wissens sichert eine artgerechte Ernährung.« Die diesbezüglichen »Kenntnisse aus der Ernährungsforschung« hätten »beim Hund einen hohen Stand erreicht«. Und sie sprechen ganz eindeutig – wofür wohl? Für das Fertigfutter und seine kunstfertig zusammengemischten Bestandteile. Das meint Professor Zentek.

Für die geschmacksmanipulierenden Substanzen im Futter hat er sogar ein ganz neues Wort gefunden: »Geschmackskorrigenzien«. Das sind Substanzen, die den Geschmack ein wenig zurechtrücken. Die Vokabel ist bei Arzneimitteln gebräuchlich. Sie hätten, meint Zentek, eine »in der Praxis oft überschätzte Bedeutung«. Im Einsatz seien »neben Vanille, Fenchel sowie Natriumglutamat« auch »verschiedene andere Substanzen«, die zugesetzt werden, »um bestimmte Geschmackstönungen« zu »simulieren«, die »in natürlichen Produkten vorkommen (Leber, Huhn, Fleisch etc.)«. Ganz energisch tritt er allen üblen Verdächtigungen entgegen. »Die Annahme, dass der Hund durch diese Zusatzstoffe auf bestimmte Geschmacksrichtungen geprägt und ein Futterwechsel erschwert wird, ist wissenschaftlich nicht nachgewiesen.«

In Wahrheit spielen die Mittel zur Geschmacksmanipulation natürlich eine ganz zentrale Rolle für die Futterkonzerne. Denn sie sollen die »Akzeptanz« fördern. Akzeptanz. Das ist ein sehr wichtiges Forschungsfeld. Es beschäftigt sich mit der Frage, wie ich einen Hund dazu bringe, Dosenfutter zu fressen. Ist offenbar gar nicht so einfach. Schwieriger noch ist es, eine Katze an die Dose heranzulocken. Oder ans Trockenfutter.

Gerade die Katze war nicht gleich von Beginn an bereit, Whiskas, Kitekat und Brekkies zu fressen. Die Forschung musste darum herausfinden, was man den Tieren alles vorsetzen kann, ohne dass sie die Aufnahme verweigern. Seit der »Erzeugung industriell hergestellter Futtermischungen« fänden »die Akzeptanz von Futtermitteln und die zugrundeliegenden Regelmechanismen besonderes Interesse«. Besonders bei Katzen

Die Tierernährungs-Experten und ihre Sponsoren

sei das offenbar ein anspruchsvolles Ansinnen, angesichts des »eigenwilligen Nahrungsaufnahmeverhaltens von Katzen«, so die TiHo-Veterinärin Siewert in ihrer Dissertation aus dem Jahre 2003.

Daneben stellten die neuen Leiden der Tiere die Forschung vor besondere Herausforderungen. Je mehr Kommerzfutter, desto mehr Krankheiten. Ein Beispiel: »Mit dem beginnenden Einsatz von Trockenfuttern steigt die Häufigkeit der Urolithiasis«, bei der sich Harnsteine bilden. Die Forschung sucht dabei nur selten nach gesünderen Alternativen in der Tierernährung, die womöglich noch jenseits des Kosmos kommerzieller Produkte liegen, sondern vergleicht lediglich verschiedene industrielle Futtermittel miteinander. Forscher, die unvoreingenommen verschiedene Fütterungsformen untersuchen – Fleisch, Knochen, Selbstgekochtes –, sind nicht auszumachen. Der Hamburger Industriekritiker Dirk Schrader fasst die peinliche Lage der Wissenschaft von der Tierernährung darum zusammen: »Die Industrie hat das Meinungs- und Wissensmonopol an sich gerissen.« Mit wissenschaftlichem Erkenntnisstreben, ja Wahrheitssuche hat das natürlich nicht viel zu tun.

Zarte Kritik kommt da sogar von einer der ganz Großen des Faches: der Münchner Professorin Ellen Kienzle. Sie ist eine der angesehensten Vertreterinnen ihrer Zunft, sogar in Amerika. Als Mitglied einer Tierernährungskommission der National Academies in Washington zählt sie, wie übrigens auch Professor Zentek, zum Herausgeberkreis des Fachblattes *Journal of Animal Physiology and Animal Nutrition*. Ellen Kienzle ist Trägerin des Walter-Frey-Preises der Universität Zürich sowie Gründungspräsidentin des European College of Veterinary and Comparative Nutrition. Seit einer Ewigkeit, nein: seit 1993 ist sie Inhaberin des Lehrstuhles für »Tierernährung und Diätetik« an der Ludwig-Maximilians-Universität München. Natürlich ist sie auch bei den gesponserten Kongressen dabei und veröffentlicht in den einschlägigen Journalen.

Pferdefreundin ist die Professorin auch noch, darum hat sie die »Gesellschaft Forschung für das Pferd« mitgegründet. Im Interview mit der Zeitschrift *Freizeit im Sattel* äußerte sie sich einmal über die Ziele des Vereins – und die Problematik des Sponsorings. Denn die Gesellschaft der Pferdefreunde soll praxisbezogene Forschung fördern. Etwa zur Heuqualität in Pensionsställen. Und Forschung kostet Geld. Woher nehmen? Frau Kienzle meinte gegenüber *Freizeit im Sattel*: »Für solche praxisbezogene Arbeiten kann man unter Umständen zwar Sponsoren aus der Wirtschaft gewinnen. Aber das bringt viele Probleme mit sich. Denn sobald sich ein Forscher teilweise oder ganz von einer Firma, beispielsweise einem Sattel- oder Futtermittelhersteller, finanzieren lässt, ist er nicht mehr unabhängig.« Da möchte Frau Kienzle lieber unabhängig bleiben: »Unsere Gesellschaft will eine Alternative dazu bieten«, unabhängige und tierfreundliche Wissenschaft ermöglichen – dem Pferd zuliebe.

Tierfreundliche Wissenschaft, das wäre natürlich wunderbar. Vor allem angesichts der mysteriösen Veränderungen bei manchen Tieren, die möglicherweise mit dem Futter zusammenhängen. Und mit gewissen chemischen Zusätzen. Aber merkwürdigerweise dürfen die trotz erheblicher Nebenwirkungen weiter verkauft werden. Tierfreundlich ist das nicht.

9.
Blaue Lippen
Chemie im Futter bedroht die Gesundheit unserer Tiere

Leberkrebs, Missbildungen, Libidoverlust: Und alles durch einen Zusatzstoff im Futter / Was hat der Alterungsschutz für Gummi im Tierfutter zu suchen? / Wie Chemiegeschmack dick macht / Epileptische Anfälle durch den Geschmacksverstärker Glutamat?

Die Berichte von Tierärzten und Hundezüchtern klangen alarmierend. Ein Rottweiler-Züchter berichtete von einem Hund, der an Leberkrebs gestorben war. Ein Züchter von Deutschen Schäferhunden meldete Mundkrebs bei einem seiner Hunde. Eine Züchterin für Pudel und Collies beobachtete plötzlich, dass Hündinnen, die zuerst regelmäßig »wie ein Uhrwerk« Nachwuchs geworfen hatten, nun plötzlich auffällige Lustlosigkeit an den Tag legten. Einige Welpen kamen gar mit Missbildungen zur Welt, ohne Beine, Schwanz oder Geschlechtsorgane. Eine Tierärztin berichtete von bizarr missgebildeten Kälbern, bei denen die Augen auf der Rückseite des Kopfes lagen, die ohne Ohren zur Welt gekommen waren oder auch mit Beinen, die falschherum angewachsen waren.

Die Ursache war, so vermuteten jedenfalls die argwöhnischen Fachleute, eine Substanz namens Ethoxyquin. Der Stoff findet sich mitunter im Tierfutter, ganz legal, er ist unter dem Kürzel E324 als Zusatzstoff zugelassen. Als Pestizid ist er seit 2011 verboten, als Konservierungsstoff fürs Tierfutter ist er aber weiter erlaubt. Für die Tiere ist so ein Stoff natürlich etwas ungewohnt, freiwillig würden sie so etwas niemals fressen. Tiere, wie überhaupt alle Lebewesen, fressen ja eigentlich nur Sachen, die gut für sie sind. Sie wären ja sonst auch schön blöd und vor langer Zeit ausgestorben. Jetzt aber finden sich Stoffe im Futter, die sich die Tiere gar nicht ausgesucht haben. Und die ihr Organismus auch gar nicht braucht, die ihm sogar eher schaden. Das sind Substanzen, die nicht den Tieren zuliebe eingesetzt werden. Auch bei Ethoxyquin verhält es sich so.

Ethoxyquin ist einer dieser Stoffe, die nur der Industrie nützen: Sie muss ihre Futtermittel konservieren, damit sie möglichst lange halten. Das Futter muss weite Transporte überstehen und auch den Aufenthalt in Lagerhallen und, bei Haustierfutter, im Supermarkt. Das Industriefutter wurde ja nicht für die Bedürfnisse der Tiere geschaffen, sondern für die Bedürfnisse der beteiligten Geschäftszweige, also für Nahrungshersteller, Entsorgungswirtschaft, Futtermittelproduzenten und ihre Zulieferer wie auch für Supermarktkonzerne.

Es soll billig sein, möglichst profitabel und es muss lange halten. Daran orientieren sich Beschaffenheit und Zusammensetzung, kurz: die Qualität des Tierfutters. Verbessert wird sie dadurch nicht, jedenfalls nicht im Interesse der Tiere. Allein die oft mehrmalige Erhitzung zerstört noch vorhandene wertvolle Inhaltsstoffe. Hinzu kommt eine Fülle von Chemikalien. Konservierungsstoffe, Farbstoffe, Geschmacksstoffe wie Aromen. Die sollen dafür sorgen, dass »Akzeptanz« herrscht – und das Tier nicht jaulend vorm Napf flieht. Verwendung finden auch Substanzen, die eine besondere gesundheitliche Qualität suggerieren sollen: Vitamine und Mineralstoffe beispielsweise. Klingt schön. Doch auch sie können dem Organismus durchaus schaden, wenn sie im Übermaß verabreicht werden. Zu wenig an Inhaltsstoffen ist natürlich auch nicht gut. Dann leidet das arme Tier unter Mangelerscheinungen. Das rechte Maß ist dabei Glückssache – man steckt ja nicht drin. Und niemand weiß so genau, was ein Tier wirklich braucht. Sicher aber ist: Stoffe wie Ethoxyquin braucht definitiv kein Tier.

Wegen der anhaltenden Kritik an Ethoxyquin müssen sich die Aufsichtsbehörden immer wieder mit der Chemikalie befassen. Sie konnten sich bisher aber nicht dazu durchringen, den Stoff zu verbieten. So entschied die europäische Lebensmittelsicherheitsbehörde Efsa im November 2015, sie könne in Sachen »Ethoxyquin als Futtermittelzusatz« leider »keine abschließende Bewertung der Sicherheit für Verbraucher oder die Umwelt vornehmen«, weil ein genereller »Mangel an Daten für die Sicherheitsbewertung« besteht.

Das ist natürlich eine sehr originelle Haltung. Denn wenn die Sicherheit nicht nachgewiesen ist, müsste man das Zeug eigentlich sofort vom Markt nehmen. Zumal zahlreiche Berichte über die schädlichen Effekte von Ethoxyquin vorliegen. Auch die amerikanische Aufsichtsbehörde FDA (Food and Drug Administration) fand die Berichte nicht besorgniserregend genug, um die Chemikalie vom Markt zu nehmen. Schließlich gab es genug Studien, unter anderem auch von der Herstellerfirma Monsanto, die der Chemikalie Unbedenklichkeit attestierten. Bei genauerer Betrachtung wiesen manche dieser Studien allerdings einige Merkwürdigkeiten auf.

Bei einer Gruppe von Hunden, die die Höchstdosis von 100 Milligramm pro Kilogramm Körpergewicht bekommen hatten, wurde der Versuch wegen Vergiftungserscheinungen abgebrochen. Alle Versuchsteilnehmer aus dieser Gruppe mussten schon nach neun Wochen eingeschläfert werden. Im Fall einer Hündin wurde nach 40 Wochen bei einer bescheidenen Drei-Milligramm-Dosis eine Pilzkrankheit diagnostiziert, die sogenannte Histoplasmose. Bei anderen Versuchstieren ging das

Gewicht zurück, die Leber arbeitete nicht mehr richtig, bei vielen stiegen die Entzündungswerte auffällig an. Besonders seltsam war: Der Urin mancher Versuchstiere verfärbte sich urplötzlich, wurde entweder ganz dunkel, bernsteinfarben oder grün bis braun. Mitunter waren Herz, Leber, Nieren auch schon bei geringer Dosis auffällig vergrößert.

Dass der Organismus verstört reagiert, Alarm schlägt und schließlich seine Funktionsfähigkeit verliert, ist kein Wunder. Ethoxyquin ist nichts für Tiere. Den Stoff gibt es auch nirgends in der Natur. Er wurde erst 1920 von einem deutschen Chemiker namens Heinrich Emil Albert Knoevenagel (1865–1921) entdeckt und 1959 vom Chemiekonzern Monsanto auf den Markt gebracht – als Alterungsschutzmittel für Gummi. Der Markenname für das Ethoxyquin lautete Santoquin. Und wie das so ist in der industriellen Parallelwelt der Nahrung: Jetzt müssen halt die Tiere den Alterungsschutz für Gummi fressen, weil die Futterhersteller das so wollen.

Denn für sie ist der Stoff ohne Zweifel nützlich. Der Alterungsschutz für Gummi kann praktischerweise auch das Futter für die Haustiere vor den Folgen des Alterungsprozesses schützen. Mit dieser chemischen Anwendung lassen sich die Produkte länger verkaufen, weil damit die Zutaten fürs Tierfutter aus den Tierkörperbeseitigungsanstalten und all die anderen Ingredienzien, die sie dazumischen, haltbarer gemacht werden. Vor allem die Fette drohen ja schnell zu vergammeln und ranzig zu werden.

Auch in der Europäischen Union ist Ethoxyquin als Futtermittelzusatzstoff zugelassen, unter der Nummer E324 – allerdings nicht für Hunde. Für alle anderen Tiere schon. »Santoquin«, wirbt der mittlerweile von Monsanto abgespaltene Hersteller namens Novus, »schützt die Futterzutaten« und verlängert das »Shelf Life« des Futters. Es geht also um die

Lebensdauer der Produkte im Regal (»Shelf«), um die Haltbarkeit der Produkte im Supermarkt und im Herstellungsprozess. So räumt beispielsweise Hersteller Eukanuba ein, bei seinen Produkten werde Ethoxyquin »verwendet, um die empfindlichen Fettsäuren zu schützen«. Insbesondere auch die »fettlöslichen Vitamine A, D, E und K«.

Die empfindlichen Fettsäuren schützen – das muss man natürlich nur, wenn man die Sachen länger aufbewahren möchte, als eigentlich gut für sie ist. Wenn die Nahrung gegessen wird, bevor sie verdorben ist, dann muss man auch keine Fettsäuren schützen. Die Tierfutterhersteller aber (wie übrigens auch die Hersteller von Nahrung für Menschen) wollen die Waren möglichst lang verkäuflich halten. Schließlich sind auch weite Wege zu überbrücken. Und es ist ein weiter Weg vom Schlachthof über die Tierkörperbeseitigungsanstalt und die Tierfutterfabrik bis zum Supermarkt. Manche Erzeugnisse haben gar transatlantische Reisen hinter sich.

Die industriellen Tierfutterproduzenten sind aber nicht nur auf Chemikalien angewiesen, die die Verderbnis künstlich hinauszögern. Sie brauchen auch Stoffe, die unangenehme Gerüche und Geschmacksnoten »maskieren«, was jeder nachvollziehen kann, der einmal die Duftnote einer Tierkörperbeseitigungsanlage in der Nase hatte, die häufig die Rohstoffe für die tierischen Leckereien zur Verfügung stellt. Die Futterhersteller brauchen auch Stoffe, die dafür sorgen, dass die Cremes, Soßen und Füllungen der Dosen anständig zusammenhalten und nicht gleich zerfallen.

Sie freuen sich auch über Chemikalien, mit denen die Hühner, Schweine und Rinder profitabler arbeiten, mehr Milch geben, mehr Mastgewicht zulegen, mehr Eier legen.

Kurz: Kein Schwein braucht Chemie im Futter. Der Löwe fände es vermutlich ziemlich absurd, wenn das Leben seiner

Lieblingsspeise Antilope mit Chemikalien künstlich verlängert würde. Die Gemsen grasen auch gern ohne Geschmacksverstärker auf der Matte. Der Eisbär fängt und frisst Fische, auch ohne dass diese mit Farbstoffen verhübscht worden wären.

Die Zusatzstoffe sind nur für den industriellen Verarbeitungsprozess und für die Verteilung im weltweiten System der Supermärkte wichtig.

Zusatzstoffe sind auch gesundheitlich nicht unproblematisch. Natürlich gibt es manche, die harmloser sind, und andere, die kritischer zu bewerten sind. Manche der chemischen Zutaten können zu Allergien führen, andere zu Immunstörungen. Einige können das Gehirn beeinflussen, das Denkvermögen und die Psyche. Mitunter können sie die Verdauung stören und zu Übergewicht führen. Und je mehr diese Substanzen im Futter verbreitet sind, desto größer ist das Risiko.

Mittlerweile sind sie ziemlich weit verbreitet. Im Jahr 2015 wurden weltweit Futterzusatzstoffe für 18 Milliarden US-Dollar verkauft. Je nach Effekt gibt es eine Fülle von chemischen Zutaten. Zum Beispiel zur Dotterfärbung im Ei. Welche Farben da zum Einsatz kommen, das ist heute lehrbuchmäßiges Grundwissen für den Hühnerbaron. So schreibt Professor Manfred Kirchgeßner in seinem Standardwerk über Tierernährung: »Die zur Dotterfärbung notwendigen Farbstoffe müssen dem Tier mit dem Futter zugeführt werden. Dadurch ist je nach den Verbraucherwünschen (Frühstücks-, Industrieei) eine bestimmte Dotterfarbe zu erreichen.«

Die Farbe entsteht seit je durch das Futter. Mais macht gelb, Gras grün, Paprika rot. Wenn Lachse kleine Krebse fressen, wird ihr Fleisch rot. Müssen sie aber nicht. Oder genauer: Dürfen sie nicht. Krebse, das wäre ja viel zu teuer für die Betreiber der Lachsfarmen. Anstelle von natürlicher Nahrung gibt es ja E161j: Das ist ein Stoff namens Astaxanthin. Er sorgt bei Lachsen und Forellen dafür, dass ihr Fleisch schön rosa wird. Der Lachsfarmer könnte auch Canthaxanthin nehmen (E161g). Das ist auch für Geflügel zugelassen, ausgenommen die Legehennen. Es ist auch in Bräunungscremes für Menschen gebräuchlich, was erkennen lässt, wie weit sich Mensch und Huhn schon angenähert haben. Der Tönungsstoff erwies sich im Übrigen als gesundheitsschädlich. Er kann, so zeigten einzelne Fälle, ein sogenanntes Goldflimmern im Auge erzeugen. Außerdem kann er das Blutplasma orange färben. Und er hat auch, so wird gemunkelt, einmal zu Blutarmut geführt.

Eine Fülle von solchen Substanzen ist zur Manipulation der Farbgebung zugelassen: auch sogenannte Azofarbstoffe wie E110 (Gelborange S) oder E102 (Tartrazin). Die kommen in der Natur nicht vor. Sie werden ausschließlich chemisch hergestellt, aus Teer ursprünglich, neuerdings aus Rohöl. Diese Azofarbstoffe können, wie wissenschaftliche Studien nachwiesen, zu Hautproblemen führen. Bei Kindern können sie auch für Hyperaktivität und Lernstörungen verantwortlich sein. Sie sind für Zierfische, aber auch für »körnerfressende Ziervögel« sowie »Kleinnager« zugelassen. Wenn der Zierfisch also demnächst wild umherschwimmt oder das Meerschweinchen durchdreht: Vielleicht war es ja das Futter.

Zugelassen sind laut Futtermittelverordnung Hunderte von Stoffen, darunter auch Spurenelemente und Vitamine, Medikamente und sogenannte Leistungsförderer für Legehennen, Truthühner, Masthühner, Ferkel, Schweine, Kälber und Rinder. Maßgeblich ist die einschlägige EU-Verordnung: 1831/2003. Da gibt es einen »Anhang 1: Liste der Zusatzstoffe«. Der hat schon 185 Seiten. Und in Anhang 2 befinden sich nochmal 310 Seiten.

Die sogenannten Antioxidantien etwa sorgen dafür, dass das Tierfutter nicht so schnell verdirbt. Darunter sind eher harmlose Konservierungsmittel wie etwa diverse Vitamine. Zugelassen ist auch die in Softdrinks für Menschen allgegenwärtige Zitronensäure, die bei Menschen die Zähne zerstört und auch zur Aufnahme von Aluminium im Gehirn beitragen kann. Sie ist etwa in »Hill's Science Plan Canine Adult Trocken- und Nassfutter« enthalten.

Kritiker sind höchst skeptisch angesichts all dieser Substanzen, die früher »Fremdstoffe« hießen. Die Tierärzte um Michael W. Fox (»Not Fit for a Dog«) sehen eine ganze Reihe von Zusatzstoffen als »potenziell gefährlich« an: die Azofarben, aber auch »natürliche« Farbstoffe, die Carotinoide etwa, ferner Nitrite und Ascorbate, Kaliumsorbat (E 202), Natriumnitrit (E250), Phosphorsäure (E338), die auch in Coca-Cola enthalten ist, die aus Limo bekannte Zitronensäure (E330) und andere Säuren. Außerdem sei Süßes wie Zucker (Sucrose) gesundheitsgefährdend oder auch der industriell hergestellte Fruchtzucker Fruktose, ferner Emulgatoren und Stabilisatoren, Verdickungsmittel wie Pektin, Xanthan, Guarkernmehl, Carrageen.

Ebenso verwendet wird der höchst problematische Zusatzstoff Natriummetabisulfit (E223). Damit halten die Futtermittel länger. Er kann aber auch bewirken, dass aggressive Bakterien im Darm wachsen. Sie durchlöchern die Darmwand und ermöglichen, dass Krankheitserreger, Schadstoffe und Allergene ins Körperinnere eindringen (siehe Hans-Ulrich Grimm: »Chemie im Essen«). Die Menschen, vor allem Kinder, kennen das vom Kartoffelpüree aus der Tüte. Es ist aber auch zugelassen für »alle Futtermittel«, also auch Hunde- und Katzenfutter.

Verwendet werden überdies ähnlich problematische Substanzen mit zungenbrecherischen Namen wie Butylhydroxyanisol, abgekürzt BHA (E320), oder Butylhydroxytoluol, kurz

BHT (E321). BHA und BHT können in großen Mengen zur lebensgefährlichen Blausucht führen, die durch eine typische Blaufärbung von Lippen, Schleimhäuten und Haut gekennzeichnet ist. Dabei wird die Sauerstoffbindung in den roten Blutkörperchen unterbunden, was besonders bei Kindern zu akutem Sauerstoffmangel bis hin zum Erstickungstod führen kann (Fachbegriff: »Methämoglobinämie«). Aus diesem Grund ist die Anwendung in Kinder- und Säuglingsnahrung verboten.

Bei Tier- und Reagenzglasversuchen veränderte E320 in großen Mengen das Erbgut, vor allem in Zellen des Magen-Darm-Traktes. In Langzeittierstudien zeigten sich E320 und E321 bei Einnahme großer Mengen als krebserregend und verursachten Magen- und Leberkrebs bei Mäusen.

Solche synthetischen Antioxidantien, die häufig aus Konservierungsgründen hinzugefügt werden, können überdies »zur Entstehung von Schilddrüsenerkrankungen beitragen«, so die Autoren von »Not Fit for a Dog«, weil sie die Fähigkeiten des Körpers zur Selenaufnahme beeinträchtigen und die Bioverfügbarkeit von Vitamin A und E beeinflussen. Überdies könnten »die steigenden Raten von Leukämie« und auch die »chronische Immunschwäche unter Haustieren mindestens teilweise zusammenhängen mit der weitverbreiteten Verwendung von chemischen Antioxidantien und anderen Zusatzstoffen, die in der kommerziellen Haustiernahrung eingesetzt werden, vor allem, damit das Fett nicht ranzig wird«.

Die Konsequenz: »Haustierhaltern wird deshalb geraten, kommerzielle Haustiernahrung und Leckerlis zu meiden, die synthetische Antioxidantien enthalten wie BHA, BHT, Propylgallat (E310) und Ethoxyquin.«

Immerhin: Manche der Zusätze dienen der Geschmacksverbesserung. Da hat wenigstens das liebe Tier was davon, möchte man meinen: mehr Genuss an Trog und Napf. Doch selbst die

Zusätze, die den Geschmack verbessern, werden nicht aus reiner Tierliebe eingesetzt. Selbst hier gibt es Hintergedanken, und der Leistungsgedanke ist nur einer davon.

Das Geschäft mit dem Geschmack will sich offenbar kaum jemand im Tierfutter-Business entgehen lassen. Der deutsche Kunstgeschmacks-Gigant Symrise aus dem niedersächsischen Holzminden, hervorgegangen aus den traditionsreichen Aromaproduzenten Dragoco und Haarmann & Reimer, versorgt das liebe Vieh. Auch der Cuxhavener Lohmann-Konzern, der mittlerweile im amerikanischen Tierpharmakonzern Elanco aufgegangen ist, hält laut Prospekt die von den Haustieren bevorzugten Aromen »in verschiedenen Varianten für alle Tierarten« bereit. Als eine unter vielen liefert die Firma Gepro Geflügel-Protein Vertriebs-GmbH & Co. KG, Diepholz, Geschmack. Gepro ist laut Eigendarstellung »ein Zusammenschluss von norddeutschen Geflügelschlachtereien«. Sie hat sich zum Ziel gesetzt, »hochwertige Geflügeleiweiß- und Geflügelfettprodukte mit ausgewogenen Inhaltsstoffen« herzustellen, und beliefert nach eigenen Angaben »weltweit« die Haustierfutterindustrie.

Gepro hat beispielsweise einen Geschmack namens »7064 Trigarol Dog Gravy« für Hunde im Angebot. Das Produkt »ermöglicht die Entwicklung bestimmter Soßen in trockenem Hundefutter, Instantdrinks oder Mashprodukten«. Und auch für Katzen gibt es was: »4036 Trigarol Cat Premium P«. Das verstärke »die Akzeptanz von trockenem Katzenfutter«, und zwar »unabhängig« von dem »jeweiligen Katzenfuttergrundgeschmack«. Und »7613 Trigarol Dog Profi P« verstärke seinerseits »die Akzeptanz von trockenem Hundefutter«, gleichfalls unabhängig vom »jeweiligen Hundefuttergrundgeschmack.« Mit diesen Geschmäckern kann man den Hunden und Katzen offenbar jedes beliebige Futter unterjubeln, unabhängig davon, was es ist und wie es schmeckt.

Im Sinne der Tiere ist das nicht. Für sie ist Trockenfutter ohnehin nicht das Gesündeste. Sie würden es offenbar, ganz vernünftig, instinktiv meiden. Mit den Geschmacksstoffen aber wird ihnen etwas anderes vorgegaukelt – und sie werden so verleitet, etwas zu fressen, was ihnen nicht guttut und sie sogar krank macht. Besonders perfide ist, dass die Aromen den armen Tieren vorgaukeln, sie würden hier etwas Natürliches fressen, das schon ihren Vorfahren vertraut war.

So haben die Aromakünstler auch die Leibspeisen für unsere vierbeinigen oder gefiederten Freunde nachgebildet: Die Katze kriegt, ganz ohne Jagd und Mühe, ein Aroma Marke »Maus«, und für Hühner haben die Chemiker eine Komposition vom Typ »Regenwurm« zusammengestellt. Eine besonders bewundernswerte Leistung der Labor-Mannschaft, vor allem hinsichtlich der sicher schwierigen Untersuchung, wie denn wohl das Original schmeckt.

Die Aromafabrik Bell Flavors & Fragrances hat für Schweine sogar das Aroma »Trüffel« im Angebot und fürs Pferd beispielsweise die Geschmacksrichtung »Heu & Kraut«. Da wächst die Gefahr, dass dem armen Tier etwas untergeschoben wird, was es nie fräße, nur weil es schmeckt wie die geliebte Wiese.

So kann es gehen, beispielsweise, mit dem Geschmack Marke »Bigarol Herbarom L« für Rinder. Es »vermittelt den typischen Geruch von frischem Heu einer Kräuterwiese«, so der Prospekt. Denn es spielt eine große Rolle, dass die Tiere Dinge fressen, die ihnen eigentlich unangenehm aufstoßen würden. Aroma hilft, die natürliche Ekelschwelle zu überlisten. Der Prospekt für die Bigarol-Aromen wirbt sogar damit: Beispiel »Bigarol Troparom L«. Der Stoff täuscht das Schwein über die wahre Zusammensetzung seines Frühstücks hinweg. »Bigarol

Troparom L« sorgt für eine »frisch-fruchtige Himbeer-Erdbeer-Note unterlegt mit reifen Waldbeeren« und ist daher »bestens geeignet zur Aromatisierung von Problemfuttermitteln im Schweinefutterbereich«, wie die Herstellerfirma in ihrer Produktinformation schreibt. Das Mittel ist zum Aufsprühen gedacht und in mehreren Packungsgrößen erhältlich, vom 30-Kilo-Plastikkanister, der immerhin schon für 375 Tonnen Futtermittel reicht, bis zum 800-Kilo-Mehrwegcontainer für 10 000 Tonnen Problemfuttermittel. Die Agro-Lieferanten denken offensichtlich vor allem an etwas größere Ställe.

Bei anderen Aromen wird deutlich, um welche Problemfuttermittel es sich handelt. Das Spezialaroma »Bigarol Pomarom P« etwa, das auch Rindviechern vorgesetzt wird, »maskiert unerwünschte Futterfett-Noten«, und zwar mit Hilfe des Geschmacks von Äpfeln. Die armen Schweine bekommen »Nectarom P«, es bringt eine »harmonisch mit Waldmeister abgerundete Vanille-Milch-Note« ins Menü, das in Wahrheit grauslig schmecken würde. Das Waldmeister-Aroma aber ermöglicht: »Beste Kaschierung von medizinischen, metallischen und chemischen Noten bei Mineralfuttermischungen.«

Oder »Bigarol Lactarom P« für Kälber: Es »maskiert hervorragend Bitterstoffe, Futterfett-Noten und Eigennoten von tierischen Proteinträgern (Tier-, Fisch-, Blutmehl)«. Es schmeckt auch ganz anders und lenkt ab von ekligem Tiermehlgeschmack (»Süße Kokos-Vanille mit einer Buttermilch-Note verfeinert und fruchtig abgerundet«). Der Prospekt bekennt: »›Bigarol‹-Spezialaromen für Tierfutter werden überall dort eingesetzt, wo unangenehm schmeckende Inhaltsstoffe maskiert werden sollen, um eine bessere Akzeptanz zu erreichen.«

Die Aromachemikalien werden eingesetzt, um noch den letzten Müll genießbar zu machen. Die Hersteller der Aromen verschweigen das nicht einmal – jedenfalls nicht gegenüber den

Tierfutterfabriken. Die Aromen im Futter können den »anrüchigen Geschmack von billigsten Futterrationen effektiv maskieren«, verkündete der US-Produzent Agrimerica, dankenswert ehrlich, im Prospekt für seine Futteraromen. Auch Danisco wirbt mit diesem Effekt bei seinen »Flavodan«-Aromen: »Maskiert unangenehme Zutaten« und ermöglicht so »mehr Flexibilität und verringerte Kosten bei Futter-Rezepturen«.

Es geht um die Maskierung des Mülls.

Die Zugabe von Aromen erleichtert auch die artwidrige Fütterung von Tieren, lässt den Rindern Getreide munden, das ihnen eigentlich nicht guttut. Darin ist nach neuen Erkenntnissen die Ursache für die Ausbreitung von Krankheitserregern wie den gefährlichen neuen Stämmen von *E. coli*-Bakterien zu suchen. Die Manipulationen sind nötig, um die Kontrollmechanismen der Tiere auszutricksen. Der Geschmack spielt bei vielen Tieren eine viel größere Rolle als beim Menschen. Während der Mensch über 9 000 Geschmacksknospen hat, sind es beim Schwein schon 15 000 und beim Kalb sogar 25 000 Geschmacksknospen.

Die Folgen dieser Geschmacksmanipulationen sind für die Tiere, aber auch für die Menschen schwerwiegend. Just jene Zutaten, deren verdächtiger Geschmack »maskiert« wird, sind oft ungesund.

Als eine der Ursachen für die Rinderkrankheit BSE gilt bekanntlich der Umstand, dass die Tiere artwidrigerweise Tiermehl bekamen. Das, wie auch das krank machende Trockenfutter, hätten die Tiere wohl nie gefressen – einfach aufgrund des unangenehmen Geschmacks.

Auch die medizinischen Geschmacksnoten mögen die Viecher offenbar nicht. Sie sind auch nicht gut, weil sie bekanntlich langfristig die Wirkung von Antibiotika beeinträchtigen. Die armen Tiere aus der Quälzucht aber müssen regelmäßig

Medikamente fressen, um gegen die vielen Krankheitserreger im Massenstall gewappnet zu sein. Die Tiere wollen das nicht, sie »haben ein Problem mit der Annahme einer Medizin, wenn diese ohne ein überdeckendes Aroma verabreicht wird«, weiß der Aromaproduzent Bell Flavors & Fragrances, der dankenswerterweise eine aromatische Lösung für das Problem parat hat.

Die Geschmacksmanipulationen haben aber noch einen weiteren Grund. Sie dienen auch als Masthilfsmittel. Der mittlerweile amerikanisierte Cuxhavener Zusatzstoff-Spezialist Lohmann etwa verkündete ganz offen, seine Aromen hätten die Funktion der »Absicherung« oder gar »Steigerung« der Futteraufnahme. »Faktoren, die auf die Futteraufnahme einen negativen Einfluss haben (z.B. bitter schmeckende Substanzen), können überdeckt und somit in ihren Auswirkungen begrenzt werden.« So heißt es in den Produktinformationen zu den Lohmann-Geschmacksmitteln »Cuxarom Vanilac 100«. Ähnliches gilt für »Cuxarom Spicemaster P«, die Aromamixtur mit einer »weichen, süßlichen Kräuternote« oder für »Piglet Cherry-Almond 100«.

Auch bei den Süßstoffen spielt der Masteffekt eine wichtige Rolle. Bei den Menschen sollen sie ja schlank machen, worüber auch Christina Hof in einem Artikel über »Süßstoffe in der Tierernährung« in der Publikationsreihe »Lohmann Information« schrieb.

Die Hoffnung trüge allerdings hin und wieder, weswegen schon die *New York Times* über den Umstand berichtet habe, dass Diät-Softdrinks nicht unbedingt schlank machen. Und sie schloss daraus, dass die Süßstoffe vielleicht mitunter dick machen könnten. Im Schweinestall ist es nicht unangenehm, wenn »Süßstoffe womöglich sogar die Gesamtkalorienaufnahme erhöhen«, meint daraufhin Frau Hof: »Für den Nutztierbereich«

könne man »diese Erkenntnisse aufgreifen, um die Futteraufnahme und damit eventuell die tägliche Zunahme abzusichern und zu verbessern«.

Neben den Süßstoffen wird eine Vielzahl anderer Geschmacksverbesserer gezielt eingesetzt, damit die Tiere mehr fressen. Es eignen sich dafür beispielsweise die Aromen. Wie etwa »Flavodan™ SB-185«, ein Futteraroma in Pulverform aus dem Hause Danisco, Geschmacksrichtung Erdbeere. Damit nehmen Ferkel schneller zu. Das ergaben Vergleichstests mit verschiedenen Futterarten und Geschmacksrichtungen. 120 Versuchsferkel, alle zwei bis sieben Wochen alt, durften antreten beim großen Vergleichsfressen im Nationalen Institut für Tierwissenschaften im dänischen Foulum (siehe Hans-Ulrich Grimm: »Die Suppe lügt«).

Im Ergebnis nahmen die armen Ferkel, die das normale Futter bekamen, nur 301 Gramm am Tag zu. Die Genießer, die sich an »Flavodan™ SB-185« gütlich tun durften, dem Erdbeer-Aroma-Futter, nahmen täglich um 322 Gramm zu. Und noch mehr legte eine weitere Gruppe zu: Sie bekam, gewissermaßen als Nachtisch, »Flavodan™ MC-147« – Sahne! Sahne-Aroma, um genau zu sein. Damit nahmen sie sogar 325 Gramm täglich zu. Darüber lag nur noch eine Gruppe, die einen Süßstoff bekam.

Die Firma Danisco ist mit solchen Geschmacksverschönerungsprodukten sehr erfolgreich. Sie ist rund um den Globus in 40 Ländern vertreten: so in Spanien, Deutschland, Portugal, zudem in Argentinien, Brasilien, Chile, Japan, Kanada, Kolumbien, Malaysia, Mexiko und den USA. Mittlerweile gehört sie zum amerikanischen DuPont-Konzern.

Danisco zählt sich zu den weltgrößten Herstellern von Lebensmittel-Zutaten, liefert auch Aromen für Menschen und allerlei andere Additive für die Lebensmittelproduktion sowie, so ist die Welt heutzutage, auch für die Plastik-Industrie. Bei den Futtermittelproduzenten sind die Stoffe sehr begehrt.

Mehr futtern: Das ist ein schönes Ziel, und sehr verständlich, jedenfalls aus der Sicht der Futterfabrikanten und der Aromaproduzenten und der Agro-Fabriken. Im Sinne der Tiere und ihrer Halter ist es natürlich nicht. Denn die leiden ja unter Übergewicht. »Das Übergewicht bei Haustieren scheint genauso problematisch zu sein wie das Übergewicht bei Menschen«, sagt die amerikanische Tierernährungsspezialistin Dr. Elisabeth Hodgkins, die beklagt, dass die Hunde »nicht mehr unterscheiden zwischen dem, was sie brauchen, und dem, was sie wollen«.

Und das ist womöglich gerade das Verdienst der Aromatisierung.

Denn es wurde einiges an menschlicher Geistesleistung darauf verwendet, den Tieren die instinktive Fressbremse, das natürliche Gefühl für Sättigung, abzugewöhnen. Zum Beispiel bei der im Symrise-Konzern aufgegangenen Firma Haarmann & Reimer, der Aromafabrik aus Holzminden. Sie hat sich schon vor Jahren ein Verfahren, das die Futteraufnahme erhöht, beim Europäischen Patentamt patentieren lassen, unter der Nummer 0043486A2 (siehe Hans-Ulrich Grimm: »Die Suppe lügt«). Das Patent betrifft ein »neues Aromamittel für Tierfutter, ein Verfahren zum Verändern des Aromas bzw. Duftes von Tierfutter und das nach dem Verfahren hergestellte Tierfutter«. Denn, so die Patentschrift: »Tiere, insbesondere Haustiere, bevorzugen bestimmte Nahrungsmittel, wobei das Aroma eine ausschlaggebende Rolle spielt. Aus diesem Grunde kommt der Aromatisierung von Tierfutter eine besondere Bedeutung zu.« Die Firma hat nun ein Aromamittel gefunden, das einen etwas komplizierten Namen hat: »2-Methyl-3-mercaptothiophen«. Glücklicherweise müssen die Tiere das Zeug nicht aussprechen, sondern nur fressen, und das tun sie laut Patentschrift liebend gern: »Tierfutter mit dem erfindungsgemäßen Aromamittel wird von den Tieren besonders bevorzugt.«

Das wurde natürlich in Tests ausgiebig geprüft. Die Versuchsleiter gaben Hunden und Katzen zwei Näpfe: einen mit normalem Futter, einen mit dem aromatisierten Futter. Beide Näpfe wurden so gut gefüllt, dass die Tiere sie sicher nicht leer fressen würden. Nach jeder Mahlzeit wurde gemessen, was sie im jeweiligen Napf übrig ließen. Die Hunde durften sieben Tage lang testen, die Katzen zehn Tage lang. Das Ergebnis: Alle Viecher bevorzugten den Aromafraß. Die Hunde entnahmen davon durchschnittlich 61,3 Prozent, vom Nichtaromatisierten nur 38,7 Prozent. Die Katzen favorisierten das Futter mit dem künstlichen Geschmack noch deutlicher: Sie schluckten 70,1 Prozent vom Aromafutter und vom anderen nur 42,8 Prozent.

Aroma steigert das Gewicht, das ergab eine Studie amerikanischer Wissenschaftler um Brynn S. Seabolt von der North Carolina State University aus dem Jahr 2010, die im *Journal of Animal Science* veröffentlicht wurde. Die – bei der Schweinemast erwünschte – Gewichtszunahme wird erreicht, indem »relativ unliebsame, aber kostengünstige Zutaten« geschmacklich »maskiert« werden, wodurch die »Palatibilität« und damit die Verzehrsbereitschaft erhöht wird. Ergebnis: Ferkelchen legt schnell schön an Gewicht zu.

Wenn Katzen also, wie zu hören ist, Whiskas kaufen würden, dann könnte es ja daran liegen, dass der feine Geschmack aus der Fabrik drin ist: Jedenfalls steht es so auf den Etiketten der amerikanischen Produktversionen. »Whiskas mit Rind«, »Whiskas mit Lamm und Geflügel« hat ihn, auch »Sheba mit Seezunge in Aspik«. Das »Gourmet Dinner« von Friskies, der Tierfutter-Tochter von Nestlé, enthält das industrielle Aroma, und auch die »Spezialität mit Rind und Huhn für erwachsene Katzen« aus dem gleichen Hause.

Auf den deutschen Etiketten steht davon nichts. Es steht auch nichts von Glutamat darauf und nichts von Süßstoffen. Obwohl die Zusatzstoff-Produzenten so von diesen Sachen schwärmen, sind sie auf den Etiketten nirgends zu finden. Das bedeutet nicht, dass diese Chemikalien nicht drin wären.

Es ist nur so: Die Leute aus der Tierfutterindustrie dürfen zwar den Geschmack nach Herzenslust manipulieren. Die entsprechende EU-Verordnung gibt diesbezüglich alles frei, was es gibt. Unter »3. Aroma- und appetitanregende Stoffe« sind erlaubt: »Alle natürlich vorkommenden Stoffe und die ihnen entsprechenden synthetischen Stoffe«. Alles, was die Hexenküche der Chemie zur Geschmacksmanipulation hergibt, ist mithin von der EU zur Verarbeitung freigegeben. Wie schön. Und für welche Tierarten gilt diese Freizügigkeit? Für »Alle Tierarten oder Tierkategorien«. Super. Alles ist erlaubt. Für alle Tiere.

Und, was noch besser ist, jedenfalls für die Hersteller: Sie dürfen die Geschmacksmanipulation vollständig verheimlichen, Herrchen und Frauchen brauchen keinen Hauch davon mitzubekommen. Denn das Etikett muss über den Einsatz von Aromen und all den anderen Geschmackstricksereien keinerlei Auskunft geben. Bis August 2010 herrschte förmlich Schweigepflicht für Geschmacksfälscher. Es war gesetzlich verboten, Aromen, Süßstoffe, Geschmacksverstärker im Tierfutter auf dem Etikett zu nennen. Seither ist es zumindest erlaubt, diese Zusätze freiwillig zu erwähnen – wenn der Hersteller die verwendete Menge angibt. Und das macht natürlich niemand. Auf den Etiketten herrscht darum weiterhin das große Schweigen.

Auch bei anderen Zusatzstoffen haben die Etikettendichter eine gewisse Gestaltungsfreiheit. So müssen sie nicht unbedingt im Klartext draufschreiben, was drin ist. Sie dürfen da ruhig ein bisschen allgemeine Formulierungen verwenden. Mit Details sollen Herrchen und Frauen nicht über Gebühr belastet werden. So steht zum Beispiel bei »Hill's Feline Adult Optimal Care Thunfisch« in erfreulicher Kürze: »Mit natürlichen Stoffen zur Haltbarmachung und natürlichen Antioxidantien.« Wobei »natürlich« nicht viel heißen muss: Das legendäre Erdbeeraroma aus Sägespänen ist ja bekanntlich auch natürlich. Ebenso natürlich ist das Vanillearoma aus dem Abwasser von Papierfabriken.

Zu genauen Angaben mochte der Gesetzgeber die Tierfutterproduzenten nicht zwingen. Das ist umso bedenklicher, als zum Beispiel manche Geschmacksverstärker schwerwiegende Auswirkungen auf den Körper haben können. Und da wäre es schon wichtig zu erfahren, was genau im Futter drin ist. Der Geschmacksverstärker Glutamat ist dabei einer der umstrittensten Zusätze. Die Hersteller und die Behörden sind von der Unbedenklichkeit überzeugt. Andererseits berichten Kritiker von zahlreichen schädlichen Effekten, auf das Gehirn ebenso wie auf das Verhalten und das Fressverhalten der Tiere.

Glutamat verändert das Fressverhalten und steigert die »Gefräßigkeit«, wie eine Studie von Professor Michael Hermanussen ergab.

»Bei Ratten, deren Appetitregulation der menschlichen ähnelt, kann man definitiv sagen, dass glutamatreiche Kost die Gefräßigkeit fördert«, berichtet Hermanussen. »Wir geben den Ratten Glutamat, dann fangen sie an zu fressen. Danach bekommen sie einen Rezeptorenblocker, der die Wirkung des Glutamats an der Nervenzelle im Gehirn unterbindet, und sie hören sofort auf zu fressen.«

Glutamat kann, wie weitere Studien ergaben, die Wirkung von Hormonen manipulieren, die die Nahrungsaufnahme steuern. Es kann auch zu Entwicklungsverzögerungen im Gehirn und zu Verhaltensstörungen führen.

Eine tschechische Studie aus dem Jahr 2005 entdeckte schließlich, dass Ratten, die nach der Geburt hohe Dosen von Glutamat bekommen hatten, Veränderungen im Gruppenverhalten zeigten, auch die Wahrnehmungsfähigkeit und die Aufmerksamkeit der Versuchstiere nahmen ab. Zudem kann Glutamat offenbar zu epileptischen Anfällen führen, bei Hunden und bei Katzen. Tierbesitzer hatten das schon länger vermutet. Auch Veterinäre sahen Hinweise auf solche Zusammenhänge.

So schreibt Romina Zimmermann in ihrer tiermedizinischen Doktorarbeit an der Ludwig-Maximilians-Universität München aus dem Jahr 2009: »Als Schlüsselmechanismus der Entstehung epileptischer Anfälle im Gehirn wird eine Verschiebung im Gleichgewicht des inhibitorischen Neurotransmitters Aminobuttersäure (GABA) und des exzitatorischen Neurotransmitters Glutamat erachtet.« Die Beobachtung von Affen und anderen Versuchstieren hatte schon seit den ersten Versuchen von John Olney im Jahre 1969 gezeigt, dass Glutamat zu Zerstörungen in bestimmten Gehirnregionen führt. Es kann daher langfristig wirken und zum Beispiel bei neurodegenerativen Erkrankungen wie Alzheimer und Parkinson eine Rolle spielen.

Glutamat kann auch unter anderen Bezeichnungen auftauchen. So ist es in Hefeextrakt enthalten, allerdings von Natur aus. Es könnte nach Ansicht mancher Hersteller und auch Betroffener gleichwohl allergische Reaktionen hervorrufen. Außerdem kann es zu Gewichtszunahme führen. Bei der Tiermast ist das sehr erwünscht. Neue Studien haben mittlerweile belegt, dass Hefeextrakt ein probater Dickmacher ist. Auch unter der Bezeichnung »Aroma« oder »Würze« oder »Hydrolysiertes Pflanzenprotein« könnte Glutamat auftauchen. Deutsche Tierbesitzer braucht das indessen nicht zu kümmern. Sie erfahren ja von alldem in der Regel nichts.

Dick machen auch eine ganze Reihe anderer Zusätze. Darunter sind einige, die ein untadeliges Image haben und auf den Etiketten in aller Ausführlichkeit gewürdigt werden: Vitamine, jene Stoffe also, die als besonders gesund gelten. Sie sollen für glänzendes Fell sorgen sollen, für glänzende Augen bei Herrchen und Frauchen – und natürlich in erster Linie für glänzende Bilanzen bei den Herstellern. Es gibt schon ganze Produktreihen, die unglaublich gesund sein wollen, dabei aber vor allem unglaublich teuer sind. Es ist ein Zukunftsmarkt, schwärmen die Branchenkenner.

Immerhin zehn Prozent der Tierhalter, so Hill's »Handbuch der Klinischen Diätetik«, setzen Zusätze mit Vitaminen oder Mineralstoffen wie Calcium, Phosphor, Natrium, Kalium, Eisen oder Zink ein.

Für die Futterproduzenten ist der Zusatz von Vitaminen und Mineralstoffen ein wichtiges Verkaufsargument, nicht nur bei den Spezialprodukten mit dem angeblich gesundheitlichen Zusatznutzen, sondern auch bei normalem Futter. Kein Futter, das nicht Vitamine enthält: »Allen kommerziell erhältlichen Kleintierfuttern werden Vitamine zugesetzt.« Plus die Extra-Rationen, die »Snacks«. »Der Trend zu Snacks mit gesundheitlichem Zusatznutzen ist ungebrochen«, sagt ein Mars-Sprecher. »Mit der puren Befriedigung der Fleischeslust« ist es heute »nicht mehr getan«, weiß die *Lebensmittelzeitung* und verweist auf die Expertise von Nadine Liebhardt. Sie ist »Consultant Food« beim Düsseldorfer Marktforschungsunternehmen Information Resources und sagt: »Der Trend geht klar zu Snacks mit Zusatznutzen. Es kommen zum Beispiel immer mehr mit Vitaminen und Mineralstoffen angereicherte Produkte auf den Markt.«

Aber ob die nun wirklich gesund sind? Die Zweifel wachsen, angesichts möglicher Risiken und Nebenwirkungen, schon bei der Nahrung für Menschen. So können, entgegen den Erwartungen, Vitamine gar zu vorzeitigem Ableben führen, wie Forscher der renommierten Cochrane Collaboration auf der Basis zahlreicher Studien ermittelten (siehe Hans-Ulrich Grimm: »Vom Verzehr wird abgeraten«).

Zusätzlich können Vitamine auch dick machen. Diesen überraschenden Befund machten die Mediziner japanischer und chinesischer Institute in einer Studie, die 2014 im Fachjournal *World Journal of Diabetes* erschien. Denn Vitamine greifen in das Gleichgewicht der Botenstoffe im Hirn ein. Insbesondere das Vitamin B_6 oder das Vitamin C können die Ausschüttung der Hormone für Glück und Zufriedenheit, wie Serotonin und Dopamin, verringern. Sie beeinflussen damit das Gleichgewicht in den Systemen von Belohnung und Sättigung im Gehirn. Als weiteren Wirkmechanismus beschrieben die Wissenschaftler den Effekt von Vitaminen auf die Gene. Auch diese sogenannten epigenetischen Veränderungen können langfristig Übergewicht fördern. Dass Vitamine das Gewicht steigern, zeigten Forscher um Jason C. Woodworth von der amerikanischen Kansas State University schon in einer Studie aus dem Jahr 2000. Pyridoxin (Vitamin B_6) führte demnach zu einer gesteigerten Gewichtszunahme bei Schweinen.

Oft führen Vitamine und andere vermeintlich die Gesundheit fördernde Zusätze zu unerwarteten Nebenwirkungen, weil schlicht zu viel ins Futter gekippt wird. Denn die Dosierung ist offenbar Glückssache. Das sogenannte Methionin, eine essenzielle Aminosäure, ist beispielsweise ein Eiweiß, das der Körper nicht selbst bilden kann. Es ist natürlicherweise in Rind-, aber auch in Hühnerfleisch enthalten. Aber es wird bei der Futterherstellung zerstört. Darum wird es zugesetzt, in chemisch hergestellter Variante. Mehr als 400 000 Tonnen an Methionin werden dem Tierfutter weltweit zugesetzt.

Das ist ein bisschen zu viel. Daher musste Iams im Jahr 2000 über 100 000 Kilo Hunde-Trockenfutter wegen überhöhter Dosis zurückrufen. Kurz darauf musste die Firma auch Diätfutter zurückrufen, das Chrom enthielt und eigentlich dazu dienen sollte, das Körpergewicht von Katzen zu normalisieren, indem es den Stoffwechsel ankurbelt. Im Jahr 2006 musste Royal Canin verschiedene Hundefuttersorten zurückrufen wegen möglicher Schäden durch überdosiertes Vitamin D.

Schon durch eine geringe Überdosis an Vitamin A könnten die Knochen zerbrechlich werden, fand das Stockholmer Karolinska Institut in einer 2006 veröffentlichten Studie heraus. Die schwedische Forschergruppe hatte leicht überhöhte Mengen an Vitamin A ins Rattenfutter gemixt und danach festgestellt, dass die Knochen der Ratten dadurch »fragil« werden.

Die Hersteller der Zusätze sind, was nicht überrascht, von der Unschädlichkeit ihrer Erzeugnisse überzeugt. Bei Vitamin K beispielsweise. »Negative Auswirkungen wurden bisher nicht festgestellt«, behauptet die »Arbeitsgemeinschaft für Wirkstoffe in der Tierernährung«, in der die großen Zusatzstoffproduzenten zusammengeschlossen sind. BASF, Lohmann Animal Health, der Raiffeisen-Futterzusatzproduzent Agravis oder auch DSM, der ehemalige Roche-Vitaminbetrieb im südbadischen Grenzach-Wyhlen, sind in der Arbeitsgemeinschaft für Wirkstoffe organisiert. Das Fazit der Lobby lautet, dass Vitamin K3 »sicher und zuverlässig« sei. Doch zu viel Vitamin K kann zu Knochenschwäche führen. Dies zeigte jedenfalls eine japanische Studie von 1999. Es kommt eben immer auf die richtige Dosis an. So gilt zwar Vitamin K als bewährtes Mittel gegen die Knochenschwäche Osteoporose. Die Überdosierung von Vitamin K kann aber just zu Knochenschwäche führen.

Die Japaner fanden heraus: Je höher die Vitamin-K-Aufnahme, desto häufiger trat Osteoporose auf.

Im Jahre 2009 starben bei einem internationalen Poloturnier im US-Staat Florida 21 Pferde an inneren Blutungen. Todesursache war eine Überdosis an Gesundheitsstoffen. Ein Multivitaminpräparat namens Biodyl, das die venezolanischen Polopferde stärken sollte, soll für ihren vorzeitigen Tod verantwortlich gewesen sein. Die ausführende Apotheke räumte den Pfusch ein: »Die Menge war bei einer Zutat nicht korrekt.« Die Stiftung Warentest beanstandete 2014 Katzenfutterprodukte, weil sie ein Übermaß an Mineralstoffen enthielten. Phosphor zum Beispiel. Ein Felix-Produkt wurde als »mangelhaft« bewertet, weil die Katzen mehr als das Siebenfache der angemessenen Dosis Phosphor und das Achtfache an Calcium aufnehmen würden. Ein Jahr später war es andersrum. Die Stiftung Warentest vermisste bei der Untersuchung von Hundefutter wesentliche Nährstoffe. »Jedem zweiten Feuchtfutter fehlen Nährstoffe«, so die Stiftung. »Calcium, Vitamine & Co. kommen zu kurz – dem Hund drohen Mangelerscheinungen.«

Es ist für die Produzenten allerdings auch nicht leicht, die Nährstoffmenge richtig zu dosieren. Dies zeigte sich bei einer Gruppe von Chamäleons, die aus ungeklärten Gründen zum Forschungsgegenstand von Wissenschaftlern wurden. Sie litten nach den Erkenntnissen der Forscher an einer Übervitaminisierung von Vitamin A. Nun versuchten die Experten, die Rezepturen für die Futterrationen mittels einer angemessenen Vitaminmenge neu zu definieren. Doch nun litten die Chamäleons plötzlich an Unterversorgung, wie aus der Untersuchung hervorgeht, die im Jahre 2003 veröffentlicht wurde. Der Fall zeigt, dass es auch für erfahrene Forscher schwer ist, sich in so ein Chamäleon hineinzuversetzen. Das ist auch kein Wunder, denn die äußerst wandlungsfähigen Tiere fressen normalerweise Raupen und Zikaden, Heuschrecken, auch Mehlwürmer und Kakerlaken, Erdwürmer und auch kleine Mäuse. Dem Chamäleon gelingt es offenbar spielend, aus der Kombination seines Nahrungsangebots den optimalen Nährstoffmix zusammenzustellen. Für Menschen aber ist es äußerst schwer, diese Mixtur mit Labormitteln nachzukomponieren.

Woher wissen die Hersteller überhaupt, wie viele Vitamine so ein Tier braucht? Eine Katze, ein Hund? Das Problem ist offenbar: Sie wissen es nicht. Das sagt jedenfalls die industriekritische Tierärztin Jutta Ziegler: »Die Bedarfswerte der verschiedenen Mineralstoffe und Vitamine stammen zum Großteil noch aus der Masttierhaltung (Schweine und Kälber) und sind damit auf Schnellwüchsigkeit und die geringe Lebensdauer der zu mästenden Tiere eingestellt. Ein Hund sollte aber nicht nur ein halbes Jahr gemästet und dann verspeist werden, sondern er soll sich noch viele Jahre über gesunde Gelenke freuen können.«

Kann er aber oft nicht, weil er an einer Überdosis an zugesetzten Vitaminen leidet, meint Tierärztin Ziegler. Die »Überversorgung mit synthetischen Vitaminen (A) und Mineralstoffen (Calcium und Phosphor) sind signifikante Faktoren bei der Entstehung von Osteochondrosen und der Hüftgelenksdysplasien.« Durch die Überversorgung mit Vitaminen kann sich der Hund leichter die Knochen brechen.

Aber warum gab es das früher nicht? Weil es früher nicht viel Fertigfutter gab, meint die Veterinärin: »Dass sich Welpen früher, das heißt vor der Einführung von Fertigkost, satt fressen konnten, ohne Knochenbrüche zu entwickeln, zeigt, wie sehr die Fertigfuttermittel solche Erkrankungen geradezu provozieren. Bei ›natürlicher‹ Ernährung, und damit meine ich eine Kost, die nicht industriell hergestellt wird, kann es nicht zu einer Überdosierung mit Mineralstoffen und Vitaminen kommen. Auch Übergewicht stellt bei natürlich ernährten Hunden kein Problem dar.«

»Natürlich ernährt.« – Schön wär's. Leider werden die Tiere heute weltweit nicht mehr so ernährt. Nicht einmal die Kühe dürfen noch auf die Weide. Sondern sie erhalten Kraftfutter für die »Performance«. Das pusht die Leistung, aber schadet der armen Kuh. Und nicht nur ihr. Auch den Menschen. So ist der Mensch mittlerweile, wenn es ums Tierfutter geht, auch selbst ein Betroffener – oder besser: ein Geschädigter.

10.
Tödliche Keime
Wie falsches Tierfutter die Menschen krank machen kann

Kinder sterben an der Hamburger-Krankheit / Armes Kälbchen: Statt Milch von Mama gibt's ein künstliches Pulver / Pilzgift im Futter: Schon ein paar Milliardstel Gramm können tödlich sein / Die Massentierhaltung als Krankheitserreger / Lidl boykottieren – warum das denn?

Ans Tierfutter dachte natürlich niemand, als das Mädchen Lauren Beth Rudolph starb, im Alter von gerade einmal sechs Jahren. Laurens Familie war sich keiner Gefahr bewusst, als sie kurz vor Weihnachten in ein Schnellrestaurant gingen. Lauren hatte einen Cheeseburger bekommen. Am 24. Dezember kam sie zum ersten Mal ins Krankenhaus, morgens um 2.30 Uhr. Der diensthabende Arzt war nicht da. Die Krankenschwestern prüften ein paar Symptome nach und schickten Eltern und Kind wieder nach Hause. »Die dachten wohl, wir hätten überreagiert«, meint Mutter Roni. Doch es wurde nicht besser. Am nächsten Morgen brachten sie Lauren erst zum Kinderarzt und dann in ein Kinderkrankenhaus in San Diego. Auch dort verschlechterte sich ihr Zustand. Am ersten Weihnachtsfeiertag war Lauren schon zu schwach, um die Geschenke zu öffnen, die ihr ihre Eltern ans Krankenbett gebracht hatten. Als Michael seiner Schwester Weihnachtsgeschichten vorlas, konnte Lauren kaum noch zuhören.

Das Mädchen sollte nie wieder zu Kräften kommen. Sie

selbst, obwohl erst sechsjährig, sah ihre Situation mit erstaunlicher Klarheit. Ihrem Vater trieb es die Tränen in die Augen, was Lauren Beth sagte, als er am nächsten Morgen am Krankenbett stand. »Papa, ich muss sterben, ich muss sterben«, hatte die kleine Lauren zu ihm gesagt. Innerhalb der nächsten Stunde bekam das Mädchen einen schweren Herzanfall. Ihre Lippen liefen blau an, der Atem stockte. Mutter Roni schrie um Hilfe, die Ärzte kamen angerannt. Kurz gelang es, das Kind wiederzubeleben.

Doch dann fiel sie ins Koma, erlitt zwei weitere Herzanfälle, schließlich versagten ihre Nieren. Die Apparate konnten sie nicht mehr ausreichend versorgen. Im Laufe des 28. Dezember starb Lauren Beth Rudolph. Die Todesursache war der Cheeseburger, den sie zehn Tage zuvor gegessen hatte.

Und Lauren war nicht das einzige Opfer der »Hamburger-Krankheit«, wie das Phänomen bald von den Medien genannt wurde. Wenige Tage später berichteten die Zeitungen, dass auch in die Krankenhäuser von Seattle Patienten mit ähnlichen Symptomen eingeliefert wurden. Als die Epidemie abklang, zählten die Statistiker 732 Erkrankungen in fünf amerikanischen Bundesstaaten. 195 Patienten mussten ins Krankenhaus. Außer Lauren starben drei weitere Kinder.

Es war der erste große Ausbruch dieser Art. Weitere folgten, in Amerika, in Asien und auch in Europa. Die Krankheitswelle, bei der Lauren Beth Rudolph starb, war sozusagen der erste öffentliche Auftritt einer völlig neuen, gefährlichen Bazille, die anschließend eine Weltkarriere aufnahm (siehe Hans-Ulrich Grimm: »Tödliche Hamburger«).

Der Name des neuen Krankheitserregers lautet *E. coli* O157:H7. Er wurde in den 1980er Jahren erstmals identifiziert, in Hamburgern von McDonald's. Er gehört zu einer Gruppe von Erregern, die in Deutschland unter dem Kürzel Ehec bekannt wurden. Die Ursache für die Ausbreitung der Bakterien wurde wissenschaftlich ermittelt. *E. coli* O157:H7 verdankt seine unglaubliche Karriere dem Tierfutter.

Der Grund für den Siegeszug der *E. coli*-Bakterien ist Futter, das die Rinder heute bekommen. Sie erhalten nicht ausschließlich Heu oder Gras wie seit Jahrtausenden, sondern auch Getreide, das sogenannte Kraftfutter. Darauf ist der Verdauungstrakt eines Rinds nicht eingestellt, weshalb sich die *E. coli*-Bakterien, gefährliche Varianten der ansonsten eher harmlosen Kolibakterien, bilden. Das ist, merkwürdigerweise, selbst in der Branche kaum bekannt, obwohl sozusagen amtlich festgestellt von amerikanischen Regierungsstellen. Tierfutter als Krankheitsursache für die Menschen. Das ist noch eine ungewohnte Vorstellung. Tier ist Tier, Stall ist Stall und Teller ist Teller. So dachten die Leute bisher. Nie kümmerte sich ein Städter um die Vorgänge im Stall.

Tierfutter, das ging bislang nur Bauern an und die Inhaber von Tierfabriken oder die Hühnerbarone, Schweinefarmer und Milchproduzenten. Und die interessierte in erster Linie, dass ihr Tierfutter billig ist und maximalen Profit abwirft. Tierfreunde interessierten sich für diese Art von Tieren und ihr Futter allzu lange viel zu wenig – und die breite Öffentlichkeit hatte erst recht keine Neigung, ins Dunkel der Ställe zu blicken. Das hat sich geändert. Zum einen, weil die Tiere mittlerweile, Gott sei Dank, mehr Wertschätzung genießen. Und zum anderen, weil sich gezeigt hat, dass der Mensch auch selbst betroffen ist, wenn die armen Rinder, Schweine, Hühner mit artwidrigem Futter aufgezogen werden, nur weil es billig ist.

Die Gefährdung des Menschen ist zuerst in jener Zeit aufgefallen, als ganz Europa fast verrückt war vor Angst um eine mysteriöse Hirnkrankheit, die vom Rind ausging. BSE, so lautete das Kürzel. Die BSE-Affäre wurde zur Mutter aller Skandale in der Tierfutterszene. Die Rinderseuche BSE *(bovine spongiforme Enzephalopathie*, zu Deutsch: »das Rind betreffende schwammartige Gehirnkrankheit«) hat das Bewusstsein fürs Tierfutter geschärft und die Sensibilität für seine Gefahrenpotenziale erhöht. Auch die Behörden beschäftigten sich nun mit den Fütterungspraktiken in den modernen Ställen.

Die genauen Auslöser für die BSE-Krise wurden nie geklärt. Als mögliche Ursache gilt die artwidrige Fütterung der Kühe und Kälber. In Verdacht geriet das Tiermehl, in das verstorbene kranke Artgenossen eingemahlen wurden. Perverser geht's nicht – und das bei Tieren, die eigentlich nichts anderes fressen wollen als Gras.

Als möglicher Übertragungsweg geriet aber auch der sogenannte Milchaustauscher in den Blick. Hierbei handelt es sich um ein Pulvergetränk, das Kälber bekommen, weil die Milch ihrer Mütter zu teuer wäre. Angesichts solcher Verdachtsmomente merkten die Städter langsam, dass etwas faul ist im Agrarwesen und dass die Folgen verheerend sein können. Kein Wunder, dass damals die Aufregung groß war – sogar größer als die reale Gefahr, jedenfalls fürs Gehirn der Menschen und erst recht für ihr Leben. Der Fleischmarkt brach zusammen, die Schäden gingen in die Milliarden. Hunderttausende von Tieren mussten getötet werden – selbst wenn sie gar nicht infiziert waren. Es war der bislang größte und teuerste Tierfutterskandal weltweit – wenngleich auch an BSE weniger Menschen erkrankten oder gar starben als befürchtet.

Anders ist das bei den Ehec-Bakterien. Da gibt es alljährlich Erkrankungen, rund um den Globus. Und Hunderte Menschen sterben daran, vor allem Kinder. Alles nur, weil die Tiere mit artwidrigen Futtermixturen traktiert werden, nur damit sich ihre »Performance« erhöht. Mehr Milch und mehr Fleisch in immer kürzerer Zeit – darum geht es bei der ganzen Futterpanscherei. Milch und Fleisch gibt es darum immer mehr, aber in immer schlechterer Qualität. Denn hat es Folgen, wenn das arme Tier immer weiter auf seine »Performance« getrimmt wird. Dann stimmt die Qualität nicht mehr, wenn das falsche Futter im Trog ist. So fehlen in Milch und Milchprodukten Substanzen, die fürs Wohlgefühl der Menschen wichtig sind, zum Beispiel die sogenannten Omega-3-Fette. Genauso liegt die Sache bei den Fischen, die in Käfigen gehalten werden und industrielles Futter bekommen. Und auch das soll möglichst billig sein.

Im Preiskrieg nehmen die Kollateralschäden zu. Auf der Jagd nach immer billigeren Nahrungsmitteln, auf der Hatz nach dem billigsten Fleisch gibt es zunehmend Opfer. Die industrielle Produktionsmethode hat Folgen. Krankheitsausbrüche. Rückrufaktionen. Lebensmittelskandale. Die Insassen der Tierfabriken bekommen ausgeklügelte Futterrationen, die vor allem einem Ziel dienen: schnellstmögliche Gewichtszunahme, größtmögliche Milchleistung, höchster Eierausstoß.

Der Kostendruck durch den Zwang zu immer billigerer Produktion, der Preisdruck der Supermarktketten wie Lidl und Aldi hat die gesamte Branche erfasst und greift sogar auf Bio-Bauern über. Selbst diese betreiben mitunter artwidrige Fütterung und haben daher auch schon mit den gefährlichen Erregern zu kämpfen. Der wichtigste Punkt bei der Aufzucht heute ist: Das Futter muss billig sein. Das Futter ist der größte Posten, und da entscheidet sich das Überleben des Bauern, der ohnehin unter Druck steht. Wenn ein Kilo konventionelles Schweinefleisch ab Erzeuger 1,30 Euro kostet, in Österreich gar nur 1,13 Euro, dann liegen die Kosten für den Futteranteil bei bis zu 97 Cent. Wird das Futter billiger, freut sich der Bauer. Zumal, wenn er viele Viecher hat. Dann steigt der Profit.

Die Tiere aber leiden. Dass das ein Problem sein könnte, auch für die Menschen, das zeigte sich zum ersten Mal während der BSE-Krise. Sie bedeutet eine Bewusstseinswende, die durch ein Schock-Erlebnis ausgelöst wurde. Denn die Fernsehbilder von den taumelnden, irren, verrückten Kühen, die an der »schwammartigen Gehirnkrankheit« mit dem Kürzel BSE litten, lösten bei den Menschen die Furcht aus, dass das eigene Gehirn bald auch schwammartig deformiert werden könnte. Durch das Steak, die Kalbshaxe, den Hamburger. Alles vom Rind stand unter Verdacht. Zum ersten Mal dämmerte den Städtern, dass das, was in den Ställen vor sich geht, auch für sie von Bedeutung ist.

Seit BSE ist das Bewusstsein geschärft worden, dass die Sache mit dem Tierfutter auch die Menschen angeht. Die Städter, die ja einen Bauernhof nur aus den Bilderbüchern ihrer Kindheit kennen, mussten staunend zur Kenntnis nehmen, dass es in den echten, modernen Ställen kaum bilderbuchhaft zugeht. Die Bauern sind dabei Täter und Opfer zugleich.

Im Jahr 2000 wurde bekannt, dass die Rinderseuche BSE auch deutsche Tiere nicht verschont hatte, als bei einem Bauern aus dem bayerischen Sulzberg der erste bayerische BSE-Fall entdeckt wurde. Da gründeten die Bauern geschwind eine Protestvereinigung namens »Krisenstab«. Die hatte schnell 730 Mitglieder. Und sie schickten eine Protestnote an die Politiker, in der sie einräumten: »Wir haben, ohne es zu wissen, die Gesundheit unserer Bevölkerung aufs Spiel gesetzt.« Sie hätten gar nicht gewusst, dass in ihren Kraftfuttersäcken auch Tiermehl sei.

Als aber bekannt wurde, dass auch der sogenannte Milchaustauscher das BSE-Risiko begünstigt, jener Pulvertrank, den die Kälber statt der Milch ihrer Mutter bekommen, da mochten die Bauern gleichwohl nicht zur natürlichen Form der Kälberfütterung zurückkehren. Zwar könnten die kleinen Kälbchen auch die Milch ihrer Mütter bekommen. Doch die Bauern halten dies, wie die *Süddeutsche Zeitung* damals berichtete, für »praxisfremd«. Sie hatten dabei die Unterstützung der hohen Wissenschaft.

Der Tierernährungs-Papst Manfred Kirchgeßner von der Technischen Universität München-Weihenstephan wendet sich in seinem Standardwerk (»Tierernährung«) gegen die Vollmilch fürs Kalb: »Obwohl Vollmilch aus ernährungsphysiologischer Sicht zweifellos ein ausgezeichnetes Futtermittel ist und damit die Aufzucht mit Vollmilch ein sehr sicheres Verfahren darstellt, sollte der Einsatz von Vollmilch aus kostenmäßigen Überlegungen auf die erste Lebenswoche (Briestmilchperiode) beschränkt bleiben. Größere Mengen Vollmilch, wie sie insbesondere in Zuchtbetrieben immer wieder gefordert werden, sind aufgrund der Preis-Kosten-Relation abzulehnen. Vollmilchsparende Aufzuchtmethoden bringen bei sachgemäßer Durchführung den gleichen Aufzuchterfolg.«

Will sagen: Am wichtigsten ist es, dass es billig ist. Die BSE-Krise hat zwar zu einer gestiegenen Wachsamkeit gegenüber den Perversitäten bei der Tierfütterung geführt. Sie hat aber leider nicht zu einem grundsätzlichen Kurswechsel beigetragen. Gesund ist das nicht. Ein Report der Europäischen Agentur für Lebensmittelsicherheit (Efsa) über die Risiken von intensiven Kälberhaltungssystemen vom Mai 2006 kam zu dem Schluss, dass die frühe Verfütterung von Milchaustauscher zu den »größeren Risiken« der industriellen Kälberhaltung zähle.

In manchen bäuerlichen Kreisen gibt es, immerhin, noch eine gewisse Sensibilität gegenüber den Perversionen der modernen Tierfütterung. Zum Thema Milchaustauscher sagte während der BSE-Krise die Bäuerin Maria Heubuch, Bundesvorsitzende der Arbeitsgemeinschaft Bäuerliche Landwirtschaft: »Wir brauchen kein Ersatzfutter für unsere Kälber«, schließlich gebe es Milch im Überfluss, bei einer »Eigenversorgung von 120 Prozent«. »Unsere Milch müssen wir in den Gully kippen, weil wir zu viel produzieren«, wetterte die Frau, und »unseren Kälbern füttern wir das Fett von Abfallprodukten.« So ein »Blödsinn«, meinte Bäuerin Heubuch. Da könnte sie recht haben.

Tierfutter ist ein Gesundheitsrisiko für die Menschen. Schon gibt es umfangreiche Aufstellungen von Folgen, die den Menschen durch artwidriges, belastetes und verseuchtes Tierfutter gefährden. »Die Liste von potenziell schädlichen Stoffen ist sehr lang und wird stetig länger«, so eine Untersuchung zum Thema »Auswirkungen des Tierfutters auf die Lebensmittelsicherheit« der zuständigen Gremien von Weltgesundheitsorganisation (WHO) und Welternährungsorganisation (FAO). Sie sehen beispielsweise Krankheitserreger wie etwa Salmonellen sowie Rückstände von Arzneimitteln als Problem an. Aber auch »unerwünschte Substanzen« wie Schimmelpilzgifte, die sogenannten Aflatoxine, stellen ein Problem dar.

Man könnte Schimmelpilze mit Natur verwechseln und mit einem ganz normalen Lebensrisiko. Aber gerade diese Aflatoxine sind überraschenderweise ein relativ neues Phänomen. Sie wurden erst in den 1960er Jahren entdeckt. Der Name ist eine Kurzform für *Aspergillus flavus*-Toxine. Am gefährlichsten ist das Aflatoxin B1. Schon ein Milliardstel Gramm pro Kilo Körpergewicht kann für einen Menschen tödlich sein. Und auch noch geringere Mengen sind auf Dauer schädlich, so das Bayerische Landesamt für Gesundheit und Lebensmittelsicherheit (LGL): »Eine chronische Zufuhr von Aflatoxin B1 kann das Immunsystem schwächen und Schäden am Erbgut bewirken. Die Möglichkeit der Krebserzeugung durch Aflatoxin B1 ist in verschiedenen Tierversuchen sicher bewiesen, es zählt zu den am stärksten bekannten krebsauslösenden Substanzen.«

Wegen dieser Eigenschaften, meint die Europäische Lebensmittelsicherheitsagentur Efsa, »sollte ihre Aufnahme über Lebensmittel so weit wie nur möglich minimiert werden«. Das aber geschieht nicht. Im Gegenteil: Die herrschende landwirtschaftliche Praxis sorgt noch für die Ausbreitung der Pilzgifte. Heimisch sind die Aflatoxine eigentlich in tropischen und subtropischen Gebieten. In Europa gelten sie deshalb, so das bayerische LGL, als »importierte Toxine«.

Für die Karriere dieser Schimmelpilze sehr förderlich waren die modernen Praktiken der Tierfütterung. Normalerweise, von Natur aus, würden die Kühe bekanntlich auf der Wiese grasen. Das dürfen sie aber nicht, weil dann ihre Produkte nicht billig genug wären. Stattdessen bekommen sie zum Beispiel Mais. Und just der Mais sorgt, wie auch Soja, für die Ausbreitung der Schimmelpilzgifte.

Zwar kommen die Pilzgifte auch in Mohn, Reis, in Feigen und anderen getrockneten Früchten, in Gewürzen und Kakaobohnen, auch Pistazien sowie Erdnüssen vor. Aber all das sind ja sozusagen *Peanuts* – im Vergleich zum Mais.

Denn Mais müssen die Kühe fressen gegen ihren Willen. Und zwar bergeweise. Auf diesen Maisbergen kann sich der Schimmel fröhlich verbreiten. Vor allem, wenn er von sonstwo kommt und lange vor sich hinschimmeln kann. Im Jahre 2013 waren beispielsweise Tausende von Tonnen Mais aus Serbien belastet, die später als Futter für die Tiere in den Massenställen in Niedersachsen und anderswo eingesetzt werden sollten. Insgesamt sollen es 45 000 Tonnen gewesen sein. Glücklicherweise wurden 35 000 davon rechtzeitig entdeckt und aus dem Verkehr gezogen – aber 10 000 waren schon im Umlauf.

Und wie das so ist in der industriellen Nahrungsproduktion:

Das kann sich ganz schnell verteilen. Den belasteten Mais bekamen 13 Futtermittelhersteller in Niedersachsen, die daraus sogenanntes Mischfutter für Rinder, Schweine und Geflügel machten. Das Mischfutter wiederum ging weiter an 3560 Farmen in Niedersachsen, an 14 Betriebe in Nordrhein-Westfalen und an diverse andere in Sachsen-Anhalt, Brandenburg, Schleswig-Holstein, Mecklenburg-Vorpommern, Sachsen sowie den Niederlanden. Auch in der Schweiz wurden diese Schimmelgifte entdeckt, allerdings ebenfalls nur vereinzelt. Bei amtlichen Futterkontrollen, so ein Bericht über das Jahr 2014, wurden unter 193 Proben neun gefunden, die erhöhte Aflatoxinmengen enthielten.

Alle Tierarten reagieren auf das Schimmelpilzgift. Vor allem die Leber ist betroffen. Immunschwäche-Reaktionen, auch Fruchtbarkeitsstörungen oder blutiger Durchfall gehören zur Symptomatik der Schimmelpilzvergiftungen. So stellt es das deutsche Bundesinstitut für Risikobewertung (BfR) fest. Auch Verdauungsstörungen könnten auftreten, so wie Hämorrhagien, das sind innere Blutungen, und selbst Lungenödeme können als Folge der Vergiftung nicht ausgeschlossen werden. Geflügel reagiere ganz ähnlich. In den 1960er Jahren starben in einem englischen Massenstall 100 000 Puten. Der Grund war: Aflatoxin.

Kühe sind eigentlich »weniger empfindlich«, weil sie als Wiederkäuer im Pansen das mit dem Futter aufgenommene Aflatoxin B1 abbauen können. Erst bei größerer Dosis, mithin ab 1,5 Milligramm pro Kilo Trockenmasse Futter, treten Symptome wie Nieren- und Leberschäden auf. Aber im Organismus der armen Kuh können sich die Aflatoxine vom Typ B1 in solche vom Typ M1 verwandeln. Die Experten des bayerischen LGL gehen »von einem weitgehend linearen Zusammenhang« zwischen der Aflatoxinkontamination von Futter und Milch aus. Je mehr Gift also im Futter enthalten ist, desto mehr Gift findet sich in der Milch. Wenn die Milch dann weiterverarbeitet wird, könne das Gift auch in die »Folgeprodukte übergehen«. Beim Käse steigt sogar der Giftgehalt »um das 2,5- bis 6-Fache«.

Und so verbreitete sich der Schimmelpilz bei dem Skandal von 2013. Erst wurde das Gift in Serbien, Kroatien, Slowenien und Bosnien in der Milch nachgewiesen. Und schließlich auch in Deutschland. Die Milch war dabei nicht flächendeckend belastet. Es fand sich nur eine einzige Probe, wie das BfR mitteilte. Die Belastung mit Aflatoxin M1 lag mit 57 Nanogramm je Kilogramm Rohmilch »geringfügig über dem zulässigen europäischen Höchstgehalt« von 50 Nanogramm. Auf den ersten Blick gibt es also keinen Grund zur Panik. Aber die Schimmelpilzgifte sind ein neues Beispiel für die Risiken durch artwidriges Tierfutter, das weit gestreut und sogar international vertrieben wird. Und das Schimmelpilzgift ist nur eines von vielen Phänomenen dieser Art.

So geht Industrie. Das System der Nahrungsindustrie, in diesem Fall der Tierindustrie, führt zur Zunahme von Krankheitsrisiken, die es ohne diese Industrie nicht gäbe. Die Massentierhaltung hat also eine ganz neue Art von Krankheitsrisiko geschaffen. Bei ihr ist nicht nur ein Schimmelpilz, ein Bazillus oder ein Virus als Krankheitserreger verantwortlich für Ausbruch und Schwere der Erkrankung. Die industrielle Produktion der Tiernahrung, also äußere Faktoren, spielen eine ebenso wesentliche Rolle, indem sie die Verbreitung der Krankheiten beschleunigen. Ohne die Fütterungspraktiken der Tierindustrie müsste sich eine Kuh in Niedersachsen zum Beispiel vor serbischen Schimmelpilzen niemals fürchten. Sie würde in Niedersachsen in aller Ruhe grasen, während der Mais in Serbien vor sich hin schimmelt.

Auch ein Virus allein wäre nicht weiter schlimm, er könnte

vom Immunsystem der Tiere locker eliminiert werden. Erst die Lebensumstände der Tiere führen oft dazu, dass sie krank werden. Die Tiere sind geschwächt, sie leben auf engem Raum und in stickiger Luft – auch solche Faktoren wirken als Krankheitsauslöser. Die Experten sprechen in diesen Fällen von sogenannten Faktorenkrankheiten.

Die Massentierhaltung ist sozusagen selbst ein großer Krankheitserreger. Ein eigenständiger Risikofaktor, neben schlimmen Schimmelpilzen, Bakterien und Viren. Davon berichten jetzt schon die Branchenblätter. »Gerade bei einer hohen Aufstallungsdichte«, so schrieb das *DGS Magazin*, das Fachblatt für Schweine- und Geflügelfabrikanten, hätten »Krankheitserreger ein hohes Potential, sich zu vermehren«.

Bakterien haben leichteres Spiel und können sich ausbreiten und bald die Menschen treffen. Auch die Schimmelpilzgifte, die auf den ersten Blick als völlig normales Umweltphänomen erscheinen, werden durch die Produktionsverhältnisse, die einschlägigen »Faktoren« in der Tierindustrie, gefördert. Und dadurch können nicht nur die Tiere, sondern auch die Menschen zum Opfer der Faktorenkrankheit werden.

Beispiel Salmonellen. Die Erreger führen zu Durchfall, Erbrechen, Kopfschmerzen, Fieber und Abgeschlagenheit. Die Salmonellose galt lange als die häufigste Erkrankung durch verseuchte Nahrungsmittel. Sie wurde mittlerweile durch *Campylobacter*-Erkrankungen abgelöst. *Campylobacter* bringt es schon auf mehr als 200 000 Erkrankungen im Jahr. Die europäische Lebensmittebehörde rechnet mit einer hohen Dunkelziffer, die »tatsächliche Zahl von Fällen« liege bei 9 Millionen Betroffenen. Ihr Hauptsymptom ist fiebriger Durchfall.

300 bis 400 Menschen sterben jedes Jahr an *Campylobacter*-Erkrankungen allein in Deutschland. Zusätzlich kann *Campylobacter* auch zu dem mysteriösen Guillain-Barré-Syndrom füh-

ren, bei dem Lähmungserscheinungen in den Beinen, den Armen, im Gesicht in Schüben auftreten und wieder abklingen. Auch bleibende Schäden sind möglich, bis hin zu schweren Lähmungen. Herzrhythmusstörungen gehören ebenfalls zu den Folgen des Guillain-Barré-Syndroms. In fünf Prozent aller Fälle endet die Krankheit sogar tödlich. Die Infektion mit *Campylobacter* gilt als wichtigste Ursache für das seltsame Syndrom. Bei amtlichen Untersuchungen in Deutschland sind regelmäßig mehr als 50 Prozent der Hühnerproben mit *Campylobacter* belastet. Ähnliches ergaben Untersuchungen der österreichischen Arbeiterkammer. Und auch in der Schweiz sieht es nicht besser aus. (Siehe Hans-Ulrich Grimm: »Die Fleischlüge«.)

Weltweit am bekanntesten aber sind sicher die *E. coli*-Bakterien, die sich durch artwidrige Fütterungspraktiken über die gesamte Erdkugel verbreitet haben. *E. coli* O157:H7 – so heißt der prominenteste unter diesen Erregern. Er gehört zu einer Gruppe von Bakterien, die in Deutschland unter dem Kürzel Ehec bekannt wurden. Ehec steht für *enterohämorrhagische Escherichia coli* und bezeichnet Kolibakterien, die Darmblutungen hervorrufen.

Eines der ersten Opfer war Lauren Beth Rudolph, das Mädchen aus San Diego in Kalifornien. Das Mädchen starb im Jahre 1992 im Alter von sechs Jahren an einem Ehec-Erreger in ihrem Cheeseburger. Allein in den USA kommen nach Schätzungen jährlich 250 bis 500 Menschen, vor allem Kinder, aufgrund solcher *E. coli*-Infektionen ums Leben. Im Sommer 2006 starben zwei Menschen in Amerika, ein zweijähriger Junge aus dem Staat Idaho und eine ältere Frau aus Maryland. Insgesamt erkrankten 192 Menschen in 26 Bundesstaaten. Ein Jahr zuvor waren in Großbritannien 160 Menschen betroffen, der fünfjährige Mason Jones starb am 4. Oktober 2005 im Bristol Children's Hospital in Südengland.

Auch in Deutschland breitet sich der Erreger aus, und es gibt immer wieder Todesfälle. Sieben Menschen kamen in Niedersachsen zwischen 1997 und 2003 ums Leben, vier in Süddeutschland im Jahr 2002. Am 26. März 2006 starb im Landkreis Oberallgäu ein zweijähriger Junge, im Jahre 2012 die sechsjährige Sophie aus Hamburg. Mehrfach traf es Kunden des Discounters Lidl. 2011 erkrankten sieben Kinder in Frankreich an *E. coli*-Erregern. Auslöser war ein Produkt namens »Steak Country« aus dem Hause Lidl. Vor einer Filiale im südspanischen Roquetas de Mar warnte schon eine Graffiti-Aufschrift: »Kauft nicht hier. Boykottiert Lidl«. In Norwegen war 2006 ein kleiner Junge gestorben, Todesursache: Rinderhackfleisch von Lidl. Bei der ebenfalls zum Lidl-Konzern gehörenden Supermarktkette Kaufland herrschte daher ziemliche Aufregung, als staatliche Lebensmittelkontrolleure im selben Jahr auch in deutschen Filialen verdächtige Bakterien entdeckten – auch hier, wie so oft, in Hackfleisch. Die Kaufland-Leute räumten schnell das Hack aus dem Regal und schlugen sogar öffentlich Alarm. Einen Tag später stand in der *Bild am Sonntag*: »Die Kaufland Fleischwaren SB GmbH warnt vor ihren Hackfleischpackungen. In Gehacktem mit dem Verbrauchsdatum 21. Januar seien Kolibakterien gefunden worden. Das betroffene Produkt wird unter dem Namen ›Purland‹ vertrieben. Die Bakterien können die Gesundheit beeinträchtigen.«

Die genaue Ursache für die Kontamination des Fleisches bei der Lidl-Schwesterfirma Kaufland wurde nie bekannt. Die baden-württembergische Landesregierung, eigentlich für die Lebensmittelaufsicht zuständig, sah die Verantwortung vor allem bei Kaufland und wollte sich bei der Ursachenforschung nicht übermäßig engagieren. Auch das Ausmaß der Verseuchung wurde öffentlich nicht bekannt. Eine dürre Pressemitteilung des Konzerns gab immerhin an, wie weit das Hackfleisch gestreut wurde: »Das Hackfleisch wurde in folgenden Bundesländern – an Kaufland- und Handelshof-Märkte – ausgeliefert: Baden-Württemberg, Bayern, Hessen, Niedersachsen, Nordrhein-Westfalen, Rheinland-Pfalz und Saarland.«

Kaufland ist kein Schlamperladen. Kaufland gehört zur »Qualitätselite« in der Branche, lobten Agrarfunktionäre, als Kaufland den »Bundesehrenpreis des Bundesverbraucherministeriums« erhielt, die höchste Ehrung, die ein deutsches Fleischwarenunternehmen erhalten kann. Bei Kaufland ist alles ganz auf der Höhe der Zeit. Ganz modern. Und daher auch besonders anfällig. Denn gerade in der modernen Landwirtschaft breitet sich der Ehec-Keim aus. »Infektionen mit Ehec kommen weltweit vor, werden jedoch vor allem in Ländern mit einer hoch entwickelten Landwirtschaft beobachtet«, so das Berliner Robert Koch-Institut, das in Deutschland für Seuchen zuständig ist.

Auch hier gibt es Gegenden mit einer gewissen Häufung: In Niedersachsen, so hat eine schon 2005 vorgestellte Studie des dortigen Landesgesundheitsamtes ergeben, ist Ehec-Spitzenreiter der Kreis Vechta, mit 48 Krankheitsfällen in den Jahren 2001 bis 2003. Der Kreis Vechta zählt zu den Hochburgen der Massentierhaltung. Der Kreis liegt in jener Agrarzone, die als besonders modern und zukunftsträchtig gilt und von der belgischen und niederländischen Grenze bis kurz vor Hannover reicht.

Auf den ersten Blick ist der Charakter dieses agrarischen Industrireviers kaum zu erkennen. Es ist eine Gegend, in der eigentlich kaum Tiere zu sehen sind. Felder schon, Maisfelder vor allem. Maisfelder, so weit das Auge reicht.

Und rot geklinkerte Bauernhöfe. Wiesen, Hecken, kleine Wälder. Mal dreht sich eine Windmühle, daneben drehen sich die großen Rotoren der modernen Windkraftanlagen. Es weht hier beständig. Auf den Straßen herrscht reger Verkehr. Da brettern riesige Lastwagen über Landstraßen und Alleen. Da gibt es kleine, reetgedeckte Häuschen und daneben riesige Parkplätze für Sattelschlepper. Auf den Autobahnen rasen die Silozüge dicht an dicht. Sie transportieren Viehfutter, Kraftfuttermixturen und die Tiermehl-Rationen aus den Tierkörperbeseitigungsanlagen.

Und dazwischen röhrt auch mal ein Ferrari, Kennzeichen BOR, was Borken bedeutet. Oder, wie die Einheimischen lästern: »Bauer ohne Respekt«. Die Bauern und ihre Lobbyisten klagen ja gern über geringe Gewinne – in Wahrheit klingeln offenbar die Kassen.

»Unser Betrieb läuft bestens«, schwärmt beispielsweise Landwirt Matthias Bühmann. 700 Sauen, die jedes Jahr insgesamt 21 000 Ferkel werfen. Dazu werden Kartoffeln, Mais und Getreide angebaut, außerdem betreibt sein Unternehmen Biogasanlagen und Blockheizkraftwerke. »Wir beschäftigen elf Mitarbeiter und kommen auf einen Jahresumsatz von sieben Millionen Euro.« So seine Kurzbilanz, verkündet in einer Werbepublikation der niedersächsischen VGH-Versicherungen, die sich auf die Zielgruppe Bauer spezialisiert hat.

Respekt, Respekt. Kein Wunder, dass in dieser Gegend auch die Kaufkraft ihren Ausdruck findet – beim Autohändler, zum Beispiel. In Lohne etwa, einer niedersächsischen Hühner- und Eier-Hochburg, steht gleich am Ortseingang, neben dem Werbeschild eines Agrarausrüsters (System Meyer Lohne: »Gülletechnik, Pumpentechnik, Fütterungstechnik«), der Händler für US-Automobile. Da glänzen die schönsten Schlitten: Cadillac, General Motors, Buick. Für so etwas haben die Leute hier offenbar eine besondere Leidenschaft.

Auch die Daimler-Filiale im nahen Vechta hat sich auf ihre Kunden eingestellt. Sie liegt ebenfalls am Ortsrand, gegenüber dem Garten-Center, und hat imposante Ausmaße. Da stehen nicht nur die üblichen E-Klasse- und S-Klasse-Limousinen von Mercedes. Da steht auch eine stattliche Zahl von Geländewagen. Die M-Klasse von Mercedes, aber auch mehrere Monstermobile vom Typ »Hummer«, jene Military-Gefährte, die wegen ihres Spritverbrauchs in Amerika schon in Verruf geraten sind. Nicht hier in Niedersachsen, nicht auf dem Lande. Hier laufen die Spritschlucker offenbar gut, am Geld scheint es nicht zu fehlen.

Tiere sind immer noch nicht zu sehen. Dann, vor den Toren der Stadt, erstreckt sich einer dieser länglichen Ställe mit dem Silo daneben: ein klassischer Tierquälerstall für Hühner. Diese hässlichen Baracken, die tatsächlich aussehen wie KZ-Anlagen, beherbergen die Hühner, die die billigen Eier legen. Ganz in der Nähe dann eine Filiale von Big Dutchman. Big Dutchman ist der Konzern, der phantastische Fütterungsautomaten baut, ganze Roboteranlagen mit Körnern oder Kraftfutter und Dosierautomaten fürs Wasser herstellt und allerlei Zusätze anbietet. Seinen Hauptsitz hat der Konzern lustigerweise in einem Ort namens Holland im US-Staat Michigan, die Filiale in Vechta ist das deutsche Headquarter.

Die höchsten Gebäude in der Gegend um Vechta sind die Siloanlagen von Raiffeisen und den anderen Futtermischfabriken. Es gibt tatsächlich einen, wenn auch indirekten Zusammenhang zwischen solchen Bauten und den neuen Bakterien. Bisher waren es auch schon solche Orte, an denen die aggressiven Bazillen bevorzugt aufgetreten sind. Bisher waren hierzulande vor allem Kinder betroffen, die auf Bauernhöfen lebten. Der Kontakt mit den Tieren oder gar die Rohmilch der eigenen Kühe galten als Risikofaktor.

Doch mittlerweile haben die Ehec-Sippen längst ihre ländliche Heimat verlassen und einen Siegeszug angetreten, die

Städte erreicht. Der Keim hat sich über den ganzen Globus verbreitet. Die Weltgesundheitsorganisation WHO rechnet *E. coli*-Infektionen zu den sieben wichtigsten ansteckenden Krankheiten, bei denen mit einer weiteren Verbreitung gerechnet werden muss. Sie stellt die aggressiven Kolibakterien, als neuartige Krankheitsauslöser, in eine Reihe mit Erregern wie dem Aids- oder dem Ebola-Virus.

Die neuen, gefährlichen Vertreter der Koli-Familie heften sich an die Darmwand an und sondern dort große Mengen eines aggressiven Gifts ab. Das Gift wird »Shiga-Toxin« genannt. Es zählt zu den gefährlichsten giftigen Mikrobensubstanzen, die überhaupt bekannt sind. Es zerstört Darm- und Nervenzellen sowie die Innenwände der Blutgefäße, vor allem in der Niere. Die Menschen reagieren unterschiedlich auf den Angriff der Bazillen: Einige spüren gar nichts oder werden nach einigen Tagen Durchfall von selbst wieder gesund. Bei manchen sind blutende Entzündungen des Dickdarms, Fieber und Erbrechen die Folge. Besonders prekär kann die Infektion bei empfindlichen Menschen verlaufen, vor allem bei Kindern und Älteren, aber auch bei Schwangeren und Immunschwachen. In besonders schweren Fällen droht das sogenannte hämolytisch-urämische Syndrom (HUS), das schwere Nierenschäden bis hin zu Nierenversagen verursachen kann, in besonders schlimmen Fällen sogar den Tod.

Eigentlich stammt der Keim aus den Rindermägen. Klassisch ist daher der Ansteckungsweg über Rohmilch oder eben Hamburger. Mittlerweile kann der Erreger allerdings auch an vielen anderen Stellen lauern und die Menschen infizieren. Mal ist es ein Truthahn-Sandwich, über das die Bakterie transportiert wird, dann wieder ist sie in Apfelsaft enthalten. In Deutschland wurde einmal Petersilie in einer Kräuterbutter als Ehec-Quelle identifiziert, ein anderes Mal fiel der Verdacht auf Teewurst und Mortadella. Als Japan von einer Ehec-Epidemie heimgesucht wurde, die die Seuchenexperten der Weltgesundheitsorganisation als »beispiellos« einstuften, weil über 10000 Menschen erkrankten und 17 starben, waren Rettichsprossen der Überträger. Das war im Jahre 1997. An verseuchtem Kartoffelsalat, der von einem Partyservice geliefert wurde, erkrankten im Jahr darauf im US-Staat Illinois 4000 Menschen. Bei dem Ausbruch 2006 in mehreren amerikanischen Bundesstaaten war es Spinat.

Besonders bedenklich ist für Seuchenexperten eine neue Dimension der Verbreitung. Denn der Erreger hat jetzt das Trinkwasser erreicht. Im kanadischen 6000-Seelen-Städtchen Walkerton sind im Jahr 2000 ein Drittel der Einwohner an Ehec-belastetem Wasser erkrankt, 18 starben. Auch in Deutschland fand sich der Keim schon im Wasser.

Im Oberstdorfer Stadtteil Schöllang musste man deshalb zeitweilig das Wasser abkochen, ebenso in Mühldorf am Inn. »Die weite Verbreitung neuer Krankheitserreger wie Ehec in der Umwelt stellt ein Gefahrenpotenzial dar, das im Zusammenhang mit Trinkwasser als ernsthaftes Problem zu betrachten ist«, befand eine Untersuchung des bayerischen GSF, des Forschungszentrums für Umwelt und Gesundheit.

Peter Schindler vom Bayerischen Landesamt für Gesundheit und Lebensmittelsicherheit (LGL) meint, trotz der rasanten Vermehrung sei keine Panik angebracht: »Es sind Einzelfälle.« Es herrsche dennoch dringender Handlungsbedarf, denn es seien nun schon die Quellen draußen in der Natur zu Bazillenschleudern geworden: »Gerade die schöne klare Bergquelle, aus der die Wanderer gern trinken, ist gefährdet.« Wenn in der Nähe eine Kuh steht, ist das Wasser schon bedroht. Sie könnte ja jederzeit ihr Bakterienreservoir auskippen. Und es ist nicht nur die Kuh: »Die Rehe, die Hirsche, die Gemsen sind belastet, die Bakterien sind einfach überall, und sie breiten sich rasant aus.«

Für besondere Aufregung sorgte denn auch die Meldung, dass ein besonders mysteriöser Verwandter von *E. coli* O157:H7 in deutschem Gewässer aufgetaucht sei: *E. coli* O104:H4. Er wurde entdeckt in einem Bach in Frankfurt, dem Erlenbach. Der liegt nur wenige hundert Meter von dem Hof entfernt, bei dem zuvor diese Mikrobe auf Salatproben entdeckt worden war. Das war 2011 und damit in jenem Jahr, als der Erregertyp für weltweites Aufsehen gesorgt hatte.

Der hierzulande bislang folgenschwerste Skandal brachte damals 53 Menschen den Tod. Im Zentrum der Ereignisse stand ausgerechnet eine deutsche Bio-Gärtnerei, die vegan produzierte, aber über ihre weithin versandten Sprossen auch kleine Lebewesen mitlieferte, jene Bakterien vom Typ *E. coli* O104:H4. Insgesamt 3842 Menschen waren erkrankt, die näheren Umstände wurden nie ganz geklärt: »Warum genau es in Deutschland zu einem der größten Ehec-Ausbrüche kommen konnte, ist als ungeklärt zu betrachten«, so die Deutsche Gesellschaft für Krankenhaushygiene (DGKH) in einer abschließenden Stellungnahme ein Jahr später. Als offizielle Ursache wurden Bockshornkleesamen aus Ägypten präsentiert, die die Gärtnerei zu Sprossen verarbeitet und in die ganze Republik versandt hatte. Dabei blieben allerdings zahlreiche Fragen offen. Unter anderem blieb ungeklärt, wie der bislang weithin unbekannte Keim seine perfiden Eigenschaften erworben hatte.

Bei dessen Vetter O157:H7 ist es hingegen klar: Die Ursache für die Ausbreitung von *E. coli* O157:H7 und seinen gefährlichen Verwandten bei den Rindern sei, sagt der Münsteraner Ehec-Experte Professor Helge Karch, die »Massentierhaltung«, insbesondere die »nicht artgerechte Fütterung«. Zwar ist noch nicht bis ins Einzelne nachgewiesen, welche Dosis von welchem Futter zu welcher Zahl von Bakterien führt. Das würden die Agrarfabriken gern wissen, weil sie bei möglichst geringem Risiko gern möglichst billig produzieren wollen. Das ist schwer herauszufinden. Klar ist aber: Weil die Rinder nicht mehr grasen dürfen, konnte sich der Killerkeim *E. coli* O157:H7 überhaupt ausbreiten.

Moderne Hochleistungsrinder, die Fleisch ansetzen oder viel Milch geben müssen, werden mit ausgeklügelten Getreide-Kraftfutter-Mischungen versorgt. Und just diese begünstigen die Verbreitung von *E. coli* O157:H7. Das fanden amerikanische Wissenschaftler von der Cornell-Universität in Ithaca zusammen mit Experten des Agrarministeriums aus Washington schon im Jahre 1998 heraus. Der Grund für die Zunahme von *E. coli*-Bakterien, so die Forscher in ihrer Studie, die im Wissenschaftsmagazin *Science* veröffentlicht wurde: Das Getreide, mit dem die Tiere gefüttert werden, wird im Magen der Tiere nur unvollständig abgebaut und gelangt deshalb unverdaut in den Darm. Dort beginnt es zu gären. Es bildet sich ein saures Milieu. Die Bakterien werden in diesem Milieu gewissermaßen abgehärtet, gewöhnen sich an saure Umgebung und überstehen später, im menschlichen Magen, auch die Attacken der menschlichen Magensäure. Die widernatürliche Form der Fütterung mit Mais statt Gras züchtet also förmlich jene resistenten Bazillen.

Die Forscher waren auf diese Erkenntnis durch genaues Zählen der *E. coli*-Zellen im Rindergedärm gestoßen. Wenn die Tiere Getreide bekamen, fanden sich 250000 *E. coli*-Zellen der gefährlichen Sorte pro Gramm im Darminhalt. Bei den Tieren, die Heu oder Gras bekamen, waren es nur 20000 Zellen. Und die lebten nicht lange: 99,99 Prozent von ihnen wurden durch die Magensäure beim Menschen abgetötet und konnten keinen Schaden mehr anrichten.

»Der Magen des Rindes – ein missachtetes Ökosystem«, schrieb die *Frankfurter Allgemeine Zeitung* in einem Artikel über die artwidrigen Fütterungspraktiken und über die Erkenntnisse der US-Forscher. Spätere Untersuchungen bestätigten die Beobachtungen. Sie stellten, wie etwa eine holländische Untersuchung aus dem Jahr 2005, darüber hinaus fest, dass die Grasfütterung auch dazu führte, dass die Bakterien vom Typ 0157:H7 auf dem Boden draußen schneller abstarben. Im Düngemist artgerecht gefütterter Viecher findet sich mithin kaum eine Bazille. Anders bei Turbo-Fütterung mit Getreide.

Bisher zielen die angepeilten Maßnahmen zur Eindämmung der Ehec-Bakterien vor allem auf den Ausbau der Hygiene. Die *Süddeutsche Zeitung* beispielsweise machte die »mangelhafte Hygiene auf dem Feld« für die Ausbreitung der Erreger im Spinat verantwortlich. Das ist vermutlich die Idee eines Stadtbewohners: peinliche Sauberkeit auf dem Acker, am besten alles mit Kacheln belegen, dazwischen Feldwege anlegen aus Edelstahl. Dann kann nichts mehr passieren.

Besser wäre es natürlich, die Ursachen zu beseitigen. Wer nun aber glaubt, es wäre recht einfach, den Gefahrenherd zu beseitigen, indem man kurzerhand Ochsen, Bullen, Kühe wieder auf die Weide lässt, denkt leider realitätsfern. Auch die *FAZ* stellte fest, dass die Lösung des Ehec-Problems eigentlich ganz einfach wäre: »Ernährt sich ein Rind vorwiegend von Heu und Gras«, dann könnten »die Mikroben« dem »Magensaft des Menschen nicht widerstehen«. Sie bekommen aber kein Heu und Gras. »Wirtschaftliche Gründe sprechen jedoch gegen gesundes Futter.« Auch die *Neue Zürcher Zeitung* meinte, nachdem sie die Forschungsergebnisse aus Amerika vermeldet hatte, dass »die Landwirte aufgrund dieser Erkenntnis ihre Fütterungspraxis ändern werden, dürfte kaum der Fall sein. Denn schließlich fördert die Getreidediät die Fleischproduktion.«

Die Branche weigert sich offenbar, die Erkenntnisse über die Ursachen der Ausbreitung der Killerbakterien und die einfachen Möglichkeiten der Vorbeugung überhaupt zur Kenntnis zu nehmen.

Selbst Bio-Produzenten sind offenbar ahnungslos. Auch bei ihnen tauchten schon Ehec-Bakterien auf. Als etwa dem bayerischen Unternehmen Chiemgauer Naturfleisch, das die Öko-Supermarktkette Basic beliefert, einmal in Salametti-Würsten Ehec-Bakterien nachgewiesen wurden, erklärte der Chef, und zwar glaubhaft, dass er von den Ursachen für die Ausbreitung der Ehec-Bakterien nichts wisse: »Dass das mit dem Futter zusammenhängt, höre ich jetzt zum ersten Mal«, sagte der Chef von Chiemgauer Naturfleisch auf Anfrage. Natürlich hatte er sich bei Fachleuten erkundigt, aber von den Bauernberatern und Veterinärbehörden offenbar die Auskunft bekommen, dass Ehec völlig unvermeidlich sei: »Zu uns hat man gesagt, dass das Rind diese Bakterien halt in sich trägt. Da war von Fütterung nie die Rede.«

Der Laie würde annehmen, dass »Naturfleisch« von Tieren stamme, die naturgerecht gefüttert werden. Auch das ist ein Irrtum. Schließlich müsse auch so ein Öko-Vieh »eine gewisse Leistung erbringen«, so Reiter. Daher betrachteten auch die Öko-Verbände in ihren Fütterungsrichtlinien die »Zufütterung von geringen Mengen Getreide« als »naturnahe Fütterung von Pflanzenfressern wie Rindern«. Immerhin kündigte die Öko-Firma an, sich »mit dem Thema weiter auseinanderzusetzen«.

Der Fall *E. coli* zeigt: Die Ernährung der Tiere entfernt sich weit von der Natur. Die Fachwelt, die Leute aus den Raiffeisen-Milieus, aus den landwirtschaftlichen Verbänden und auch aus den Ministerien, haben sich eine eigene Welt geschaffen, in der die Geschäftserfolge viel, die natürlichen Bedürfnisse der Tiere wenig zählen. Die Methoden des Agribusiness haben sich offenbar verselbständigt, und die Handelnden wissen nicht mehr, was sie tun. Die Risiken für Mensch und Tier steigen. Die Kollateralschäden nehmen zu.

Das Dumme ist, dass niemand so recht verantwortlich ist. Und niemand scheint geneigt, an den riskanten Praktiken etwas ändern zu wollen. Im Gegenteil entsteht der Eindruck, dass die Methoden immer verrückter werden. Die Öffentlichkeit ist zwar sensibilisiert, aber die technische Entwicklung schreitet weiter voran. Und die Tiere bekommen phantasievolle kulinarische Kreationen vorgesetzt, von denen die Öffentlichkeit noch gar nichts ahnt. Was noch als Futter gilt, reicht bis hin zu einem ganz neuen Futter, einer Art Erdgasgulasch sozusagen, das mit Hilfe von Bakterien erzeugt wird. Gesund ist das natürlich nicht. Aber die Regierenden und ihre Behörden können ja nicht auf alles Rücksicht nehmen.

11.
Schwere Atmung
Hightech im Tierfutter.
Die neue Dimension der Müllverwertung

*Irre: Bakterien produzieren aus Erdgas Gulasch für
Fische, Hähnchen, Hund und Katze / Vorsicht bei den
modernen Futterzusätzen: Zu viel ist schnell tödlich /
Für die neuen, ausgeflippten Zusätze gilt Nulltransparenz –
der Verbraucher erfährt rein gar nichts*

Es sieht nicht nach Krieg aus und nicht nach Vandalismus. Die Spuren der Verwüstung sind dezent, aber deutlich. Der Angriff wurde gezielt ausgeführt, er traf nur einen Teil des Feldes. So wurde der Acker zu einem Fall für die Kriminalpolizei, Abteilung Staatsschutz. Bei einer Internetredaktion ging ein Bekennerschreiben ein.

»In der Nacht zu Montag«, hieß es da, »haben wir bei Forchheim (Karlsruhe) Teile des dortigen Genmaisfeldes zerstört.« Auch das Motiv gaben Aktivisten an: »Wir brauchen keine (Freiland-)Versuche mit genmanipulierten Pflanzen, weil wir keine genmanipulierten Pflanzen haben wollen. Wenn sie einmal in den Ökokreislauf gelangen, ist dieser Vorgang irreversibel. Dies ist umso fataler, weil die genauen Auswirkungen auf die Umwelt völlig unbekannt sind. Einziger Nutznießer der Verbreitung genmanipulierter Nahrungspflanzen sind Firmen wie Monsanto.« Unterschrieben hatten sie mit der Forderung »Stoppt Monsanto – Gendreck weg«, und zwar als »Tommi und Annika und einige mehr«.

Monsanto ist sowohl der Inbegriff von Hightech im Agrarsektor als auch von dessen berühmtester und umstrittenster Arbeitsweise: der Gentechnik. Vor allem Tierfutter wird mit Hilfe von Gentechnik erzeugt, unter Verwendung von Gensoja und Genmais. Dagegen richten sich die Attacken. Und auch die Öffentlichkeit ist hellwach, sensibilisiert durch die Aktivisten. Dabei ist Gen-Tech nur eine Variante dieser Avantgarde-Methoden. Weitgehend unbeobachtet von der Öffentlichkeit und auch unbehelligt von Aktivisten haben die Akteure der Futter-Branche völlig neue Verfahren ausgetüftelt. Die neuen Technologien sind schon übers Laborstadium hinaus, werden in der Realität umgesetzt im großen Stil. Begleitet mit großen Sprüchen. Es klingt extrem fortschrittlich, modern, zeitgemäß. »Biotechnologie« heißt das Zauberwort. Ein anderes Zauberwort ist »Nachhaltigkeit«. Das klingt sogar nach Ökologie. Das alles sei ressourcenschonend und sogar natürlich.

Die Verfahren sind in Wahrheit wieder einmal wenig appetitlich. Die Tiere, Nutztiere wie Haustiere, sind so etwas wie die Versuchskaninchen und die ersten Opfer der neuen Technologie. Gesundheitsbedenken haben die Entscheidenden kurzerhand beiseitegeschoben. Sicherheitsprüfungen? Entbehrlich. Die Behörden haben oft großes Verständnis für die Sachzwänge, die in dieser Branche herrschen. Die Entsorgungsprobleme auf der einen Seite. Und Versorgungsengpässe auf der anderen.

Oft herrscht auch ein solcher Druck, auf beiden Seiten, dass sich die Verantwortlichen etwa in Brüssel einfach zum Handeln gezwungen sehen. Mit Hightech, mit Biotechnologie können noch Ressourcen genutzt werden, die vordem unvorstellbar waren. Manche Methoden klingen für Laien etwas unappetitlich, weswegen sie auf den Packungen fürs Futter ihrer vierbeinigen Lieblinge damit nicht behelligt werden. Es sind völlig neue, staunenswerte Techniken, ebenso faszinierend wie befremdlich.

Hightech im Tierfutter. Die neue Dimension der Müllverwertung

Da sind Kleinstlebewesen im Einsatz, Bakterien und Pilze, die sonst allenfalls aus feuchten Wohnungen, muffigen Winkeln und brackigen Tümpeln bekannt sind. Sie und andere Substanzen helfen mit, neue Nahrungsquellen zu nutzen, an die bisher, in der langen gemeinsamen Geschichte von Menschen und Tieren, noch niemand gedacht, an denen auch noch nie jemand geknabbert hat. Allein schon deswegen, weil man sie bisher nicht essen konnte. Erdgas zum Beispiel. Gas kann man ja nicht essen. So war das jedenfalls bisher. Das ändert sich jetzt.

Das Erdgas wurde bisher unter anderem auf den Ölfeldern in der Nordsee in großen Mengen und völlig nutzlos abgefackelt, weil man es als flüchtigen Abfall ansah. Pure Verschwendung. Jetzt wird das Gas eingefangen und umgewandelt, in Tierfutter. Hightech und Bio-Tech unter Zuhilfenahme emsiger Bakterien, die da am Werk sind, machen es möglich. So entstehen neue, »natürliche« Zutaten fürs Futter, für Lachse in Käfighaltung, für Schweine oder Hühner, aber auch für Hunde und Katzen.

Mit dem Hightech-Tierfutter wird die bisherige Praxis der Tierfuttergewinnung auf völlig neuem Niveau fortgesetzt. Dazu weiten die Akteure der Tierfutterindustrie die Rohstoffgewinnung auf bislang völlig unvorstellbare Abfallsphären aus. Müllverwertung findet in einer ganz neuen Dimension statt. Auch der Umgang mit Gesundheitsrisiken gewinnt eine neue Qualität. Die Risiken werden einfach nicht mehr untersucht, vorhandene Bedenken kurzerhand ignoriert. Es gibt zwar zahlreiche Gesundheitsbedenken in den zuständigen Behörden vieler Länder. Aber die spielen keine Rolle mehr, weil die Europäische Union das Zulassungsverfahren einfach abgeschafft hat. Viel zu umständlich, zu langwierig, kurz: innovationsfeindlich. Jetzt können selbst die aberwitzigsten Verfahren einfach praktiziert werden. Auch in Sachen Transparenz werden neue Maßstäbe gesetzt. Vom Einsatz der neuen Techniken erfährt der Verbraucher – gar nichts.

Das ist ja auch logisch: Wenn so etwas in Whiskas-Dosen und Sheba-Schälchen und Purina-Packungen drin wäre und draufstünde »Mit Erdgasgranulat, von Bakterien gewonnen« oder auch »Bakterienmehl«, dann würden viele wohl die Finger davon lassen. Dabei sind gerade die Hersteller von Heimtierfutter ganz wild auf das neue Erdgas-Futter, genauso wie die Lachsfarmer, die Hühnerbarone oder die Schweinefabrikanten. Viele verwenden es schon. Alle sind begeistert von dem neuen Erdgasgranulat, das inkognito in die Näpfe und Tröge gekippt werden kann. Die Tiere dürften eher keine Fans werden. Die reagieren jetzt schon allergisch. Warum und worauf, das werden sie und die Menschen, die ihnen nahestehen, natürlich niemals erfahren. Weil auf der Packung nichts davon draufstehen muss. Null Transparenz.

Aus Sicht der Hersteller ist es besonders erfreulich, dass es anders als bei der Gentechnik keinerlei öffentliche Proteste gibt. So hat der Siegeszug des neuen Hightech-Tierfutters schon begonnen. In Amerika, in Asien, auch in Europa. Der Staat spielt dabei eine zweifelhafte Rolle. Eigentlich müsste ein demokratischer Staat der Mehrheit verpflichtet sein, und dem Gesundheitsschutz sowieso. Doch allzu häufig setzt er sich vor allem für Wirtschaftsinteressen ein, insbesondere für die Interessen der großen Konzerne, deren Hightech-Politik er den Weg bahnt. Auch auf dem Feld, das Tommi und Annika und ihre Gesinnungsgenossen verwüstet hatten, hatte der Staat die Saat, genauer Monsanto-Mais vom Typ MON810, in die Erde gebracht.

Der Acker liegt in der Rheinebene südlich von Karlsruhe, ein paar Kilometer von der französischen Grenze entfernt. Ein Stück Land am Rand der Stadt. Links das neue Messegelände mit seinen silbrig glänzenden Hallen. Auf der anderen Seite ein Flughafen und eine hoppelige Wiese als Startbahn. Dazwischen steht Maispflanze an Maispflanze. Die staatliche Landesanstalt für Pflanzenbau hatte die Gen-Gewächse angebaut, um herauszufinden, wie sich ihr Erbgut verbreitet. Ein Projekt, das die Gentech-Gegner noch mehr erboste. Denn sie meinen, dass dies gar nicht erforscht werden muss. Nicht nur, weil aus Kanada und anderswo längst bekannt ist, wie der Wind die Samen verstreut und auch weit entfernte Felder kontaminiert. Es müsste in Deutschland auch gar nicht erforscht werden, weil Genmais nicht gebraucht wird, ja sogar unerwünscht ist, da die Bevölkerung Gen-Nahrung vehement ablehnt.

»Gendreck weg«, das ist die Parole der Bewegung. Überall in Deutschland waren die »Feldbefreier« tätig. Auch im brandenburgischen Zehdenick-Badingen waren sie aktiv, auf einem Acker des Bürgermeisters. Der Großagrarier bewirtschaftet 1300 Hektar, auf 200 davon hatte er Genmais angebaut, Marke MON810. Die Feldbefreier trampelten ein bisschen im Acker herum. Sie sahen in der »Landnahme« *(Frankfurter Allgemeine Sonntagszeitung)* eine »Antwort auf kriminelle Gentechnik-Machenschaften«.

Das war, ebenso wie die Aktion in Karlsruhe, im Jahr 2006. Viele, die damals und in den Folgejahren Äcker verwüsteten, wurden zu Geldstrafen verurteilt. Die Verfahren beschäftigten die Justiz noch jahrelang. 2013 beispielsweise hob das Landgericht im sachsen-anhaltinischen Naumburg ein Urteil gegen drei Umweltaktivisten auf, die zu mehreren hundert Euro verurteilt worden waren. Die Geldstrafen für »Landfriedensbruch mit Sachbeschädigung« gehen bis zu 250 000 Euro.

Der Imker und »Feldbefreier« Michael Grolm musste sogar ins Gefängnis, jedenfalls für ein paar Tage. Freigesprochen hingegen wurden im Jahre 2014 von einem Berufungsgericht im elsässischen Colmar alle 54 Angeklagten, die sechs Jahre zuvor 70 gentechnisch veränderte Rebstöcke zerstört hatten. Nicht diese Aktion, sondern die Genehmigung für die Anpflanzung durch die Pariser Regierung sei »illegal« gewesen. Reizthema Gentechnik: Bei keinem anderen Ernährungsthema ist die Ablehnung der Bevölkerung so einmütig. Gentechnisch veränderte Lebensmittel sind für die meisten Menschen eine Zumutung. In Deutschland sind es bei Umfragen 80, in Österreich sogar 90 Prozent aller Befragten, die Gentechnik im Essen ablehnen. Gleichwohl versucht die Agro-Industrie, erstaunlicherweise unter tätiger Mithilfe staatlicher Organe, die verhasste Technologie durchzusetzen – hinter dem Rücken der Wähler und Verbraucher. Ein beliebter Weg führt über das Tierfutter.

In erster Linie geht es um die sogenannten Nutztiere. Aber immer wieder landen trotz Verbraucherablehnung auch Gen-Produkte für Haustiere im Supermarkt. Bei einem Test der Stiftung Warentest für die Septemberausgabe 2006 fiel beispielsweise das Nestlé-Produkt »Purina One« mit Gensoja auf. Soja ist die wichtigste Einfallschneise für Gentechnik in die Nahrungskette. 85 Prozent der US-amerikanischen, 90 Prozent der rumänischen und 98 Prozent der argentinischen Ernte ist genverändert. So kann es schon mal vorkommen, dass solches Material durch die Maschinen rutscht. Die Warentester aber tadelten: »Purina One enthält genverändertes Soja, ohne darauf hinzuweisen. Da viele Zeitgenossen Genveränderungen in jeder Form ablehnen, ist das ein schweres Versäumnis – und ein Verstoß gegen gesetzliche Vorschriften.«

Nestlé teilte auf Anfrage dazu mit, dass sich die »Ergebnisse hinsichtlich genetisch veränderter Substanzen« in eigenen Untersuchungen »nicht bestätigt« hätten. Soja werde überdies »nicht als Rezepturbestandteil in unseren Purina-One-Hundefutter-Produkten verwendet. Daher ist davon auszugehen, dass

Hightech im Tierfutter. Die neue Dimension der Müllverwertung

eine unbeabsichtigte Vermischung von Soja-Spuren mit anderen Rohwaren bei einem unserer Zulieferer oder auf dem Transportweg stattgefunden hat.« Nestlé sei im Übrigen bestrebt, den Kundenwünschen Rechnung zu tragen: »Deshalb verzichten wir grundsätzlich auf den Einsatz genetisch veränderter Rohstoffe in unseren Produkten.« Die Firma gehe daher auch den von der Stiftung Warentest gewonnenen Erkenntnissen nach und habe die »Kontrollen der eingehenden Rohstoffe verschärft«.

Doch bei einer Untersuchung von *Öko-Test* im Jahre 2011 war Nestlé – wie praktisch alle untersuchten Produkte – wieder mit Gen-Bestandteilen aufgefallen, bei »Purina Beneful Wohlfühlgewicht«. Und es ging sogar um relativ viele genetisch veränderte Inhaltsstoffe. Der Anteil von – genverändertem – Roundup-Ready-Soja lag »bei rund zwölf Prozent« – und hätte mithin als »Soja aus gentechnisch veränderten Sojabohnen« deklariert werden müssen. »Die Firma Nestlé«, teilte *Öko-Test* mit, »war über unser Ergebnis zu genveränderten Organismen (GVO) im Purina Beneful Wohlfühlgewicht überrascht. Man verwende ausschließlich GVO-freies Soja aus Brasilien. Sowohl die Ernte als auch der Transport im Ursprungsland und die Entladung in Europa würden von Zertifizierungsinstituten überwacht. Man vermute daher, dass die GVO-Bestandteile von einer unbeabsichtigten Kreuzkontamination einer weiteren Futterzutat stammen.«

Die gesundheitlichen Folgen für die Tiere sind dabei immer noch höchst umstritten. So berichten Wissenschaftler aufgrund zahlreicher Studien von Nierenleiden und Leberschäden, gesteigerten Krebsrisiken und verkürzter Lebenserwartung. Sie ernten jedes Mal erregten Widerspruch von den angegriffenen Gentech-Konzernen und den ihnen freundschaftlich verbundenen Wissenschaftlern.

Manche ziehen dann einfach selbst die Konsequenzen und wundern sich über die – erfreulichen – Folgen. Der dänische Schweinezüchter Ib Borup Pedersen aus dem Ort Spentrup, zwei Autostunden nördlich von Flensburg, jedenfalls hatte bei seine Schweinen erstaunliche, und zwar positive Veränderungen festgestellt, als er das Gen-Futter gegen das normale Tierfutter austauschte. Die Schweine hatten keinen Durchfall mehr, hatten weniger Totgeburten oder Missbildungen, mehr Ferkel insgesamt und die waren auch noch kräftiger. Seine Erfahrungen ähneln dem, was auch Forscher schon festgestellt hatten.

Bei den großen Nahrungskonzernen dauert es länger, bis sie solche Konsequenzen ziehen und aus dem Gen-Futterwesen aussteigen. Manchmal braucht es auch Druck. Von Greenpeace, zum Beispiel. Bei Campina war das so, jenem holländischen Agro-Konzern, dessen deutsche Tochter Milchprodukte unter dem Logo »Landliebe« verkauft. Die Werbespots zielen genau auf die idyllischen Träume der Leute, von denen sich die Nähr-Konzerne längst verabschiedet haben. Romantische Bauernhöfe, auf denen reizende Bäuerinnen in Rüschenschürzen Rahm rühren.

Für Landliebe, so verkündet die Landliebe-Reklame, werde Milch von »ausgewählten Bauernhöfen« verwendet. »Warum«, fragt dann aber Greenpeace-Experte Alexander Hissting, »wählt Campina Bauern aus, die Gen-Mais anbauen?« Und Greenpeace fordert, auf großen Transparenten: »Kein Gen-Futter bei Landliebe.« Irgendwann hatte der Konzern wohl genug von dieser Sorte Aufmerksamkeit und wies seine Lieferanten an, kein Gen-Futter mehr zu verabreichen.

Campina hatte den Unmut der Greenpeace-Aktivisten nicht nur durch die Wahl der Gen-Bauern auf sich gezogen, sondern sich auch hartnäckig geweigert, Greenpeace Auskunft zu geben. Die Nähr-Multis sind der Auffassung, was sie ins Essen

Hightech im Tierfutter. Die neue Dimension der Müllverwertung 251

mischen, sei ihr Betriebsgeheimnis und gehe niemanden etwas an. Doch Greenpeace stellte eigene Recherchen an – und die ergaben, dass Bauern in Brandenburg Monsantos Genmais der Sorte MON810 anbauen. Und die mit Genmais erzeugte Milch wurde an Campina sowie den bayerischen Molkereiriesen Müller geliefert.

Müller mochte sich nicht zu Gentech-Abstinenz durchringen, stritt stattdessen mit Greenpeace jahrelang, ob seine Milch als »Gen-Milch« bezeichnet werden darf. Der Rechtsstreit zog sich durch die Instanzen. 2010 schließlich urteilte das deutsche Bundesverfassungsgericht im Sinne von Greenpeace: Die Umweltschützer dürfen Müller-Milch »Gen-Milch« nennen. Als hartnäckiger erweist sich der Fast-Food-Riese McDonald's, gegen den die Verbraucherorganisation »Foodwatch« kämpft im Rahmen einer »Burgerbewegung«. Motto: »Gemein: 1000 Menüs im Angebot, aber keinen Hamburger ohne Gentechnik.«

Dabei wäre McDonald's offenbar durchaus bereit, die Wünsche der Kunden nach gentechfreien Hamburgern zu befriedigen. Doch die Firma hat es offenbar mit einem ausgesprochen eigensinnigen oder auch hilflosen Lieferanten zu tun: »Unser Fleischlieferant hat explizit keinen Einfluss darauf, wie die Tiere während ihrer Haltung gefüttert werden.« Das finden die Foodwatch-Leute »lächerlich«.

»Bei der Marktmacht könnte McDonald's den Bauern einfach sagen: Ab heute füttert ihr nur noch gentechnikfreies Futter – und dokumentiert das gemäß unserem Vertrag. Fertig. In der Schweiz werben die sogar mit Gentechnikfreiheit«, sagt Foodwatch-Experte Matthias Wolfschmidt, ein studierter Tierarzt. Seit Anfang 2016 hat der Burgerkonzern immerhin dafür gesorgt, dass wenigstens seine Hähnchenprodukte ohne Gen-Futter hergestellt werden. Geht doch. Die Gentechnik ist damit aber natürlich längst nicht aus der Nahrungskette eliminiert. Sie ist, im Gegenteil, weiter auf dem Vormarsch.

Dabei beschränken sich die Hightech-Methoden der Futterproduktion nicht auf die reinen Futtermittel. Auch die Zusätze werden oft mit Hilfe von speziell ausgebildeten Kleinstlebewesen hergestellt. Die Vitamine, darunter die Vitamine C, B_2 und B_{12}, und auch der Süßstoff Aspartam werden so produziert. Genveränderte Kleinstlebewesen kommen zudem bei der Herstellung von Glukosesirup zum Einsatz. Oder bei der Produktion von sogenannten Enzymen wie Phytase, Glucanase und Xylanase, die als Futtermittelzusätze Verwendung finden. Auch der Futterzusatz »Salocin«, nach Herstellerangaben ein »Monocarboxylsäure-Polyether-Natriumsalz«, wird hergestellt durch ein Kleinstlebewesen namens *Streptomyces albus*.

Solche Miniorganismen wie Bakterien und Schimmelpilze sind sehr beliebt im Nahrungsbusiness, weil diese emsigen Tierchen sehr billig produzieren. Was dabei herauskommt, ist in der Handhabung etwas diffiziler als, sagen wir, Eicheln oder Kartoffeln. Solche Futterzusätze sind immer ein Wagnis. Sie haben ja mit Natur nichts zu tun, sind daher für die Tiere oft etwas ungewohnt und mit gewissen Gesundheitsrisiken verbunden.

Der Bauer sollte daher beim Füttern höchst vorsichtig sein, wenn er ein Päckchen von diesem »Salocin« bekommt, sicherheitshalber stets mit Feinwaage und Rechner operieren und den Stoff stark verdünnt übers Mischfutter verabreichen. Denn ein Ferkel, das zehn Kilogramm wiegt, verträgt höchstens 80 Milligramm »Salocin« pro Tag. Schon ein paar Milligramm mehr, so warnt die Herstellerfirma, »verursachen eine mehr oder weniger starke Futterverweigerung, teilweise verbunden mit Erbrechen«.

Wenn ein Zehn-Kilo-Ferkel 160 Milligramm von diesem Zusatz bekommt, was ja auch nicht sehr viel ist, »fallen die Tiere auf durch schwere Atmung, staksigen Gang, teilweise Zittern und Lähmung der Hinterhand«.

Tröstlich ist immerhin, dass die geschilderten Symptome schlagartig nachlassen, wenn die Droge abgesetzt wird. Nur der Tod eines Tieres ist natürlich unumkehrbar. Der tritt schon ein, wenn weitere 20 Milligramm eingesetzt werden. Dann, so warnt der Prospekt, muss »mit hoher Mortalität gerechnet werden«. Tod durch Leistungsförderer. Eine unschöne Perspektive.

So ist häufig mit möglicherweise irreversiblen Nebenwirkungen zu rechnen, wenn Futterzusätze zum Einsatz kommen, die in der Natur eigentlich nicht vorgesehen sind. Zu ihnen zählt *Enterococcus faecium*, eine Bakterie, wie der Name sagt, die aus Fäkalien gewonnen wird. Der zur Tierfutterproduktion eingesetzte Stamm *Enterococcus faecium DSM 3530* wurde an einem Wiener Universitätsinstitut einst aus dem Darminhalt eines Kalbes entnommen. So macht die Fäkalbazille deutlich, dass die Branche auch bei den Hightech-Futtermitteln keine Ekelgrenze kennt.

Als Wachstumsförderer ist das Bakterium aus dem Kalbsdarm bei Kälbern und auch bei Hühnern zugelassen. Die europäische Lebensmittelsicherheitsagentur Efsa fand keinerlei negative Begleiterscheinungen bei der Fütterung mit solchen Mikroben. Aber ganz ohne Risiko sind diese Fäkalbakterien freilich nicht. Sie können durchaus Krankheiten einschleppen, warnte der Tiermediziner Marco Weiß aus München in seiner Doktorarbeit an der Münchner Ludwig-Maximilians-Universität. Er untersuchte die Wirkung von *Enterococcus faecium* auf den Organismus neugeborener Hundewelpen.

Bei Haustieren geht es natürlich nicht um schnelle Gewichtszunahme.

Wobei diese ja, zum Leidwesen der Halter, häufig genug vorkommt. Und diese sogenannten Probiotika können, wie der Einsatz als »Leistungsförderer« zeigt, eben als Dickmacher eine Rolle spielen.

Weiß macht aber auch auf weitere Risiken und Nebenwirkungen aufmerksam: So könnte der Keim, wenn er ins Hundefutter gemischt werde, auch die Ausbreitung von Krankheitserregern fördern, erst beim Hund, dann beim Menschen. Bestimmte Probiotika des Typs *Enterococcus faecium* machten den Hund zu einem »potenziellen Träger« von *Campylobacter jejuni* und zu einer möglichen Quelle der Ansteckung für den Menschen.

Campylobacter ist die gefürchtete Bazille, die zu Erkrankungen des Darms führen kann. Das Bakterium verursacht unter Umständen Bauchschmerzen, Erbrechen, Durchfall und Fieber und kann manchmal sogar das rätselhafte Guillain-Barré-Syndrom einschließlich seiner zeitweiligen Lähmungen auslösen. Weiß warnt darum vor der Verwendung: »Diese Gefahrenquelle« für Herr und Hund sollte »nicht aus den Augen verloren werden«. Und er führt weiter aus: »Problematisch« sei zudem die »Anwendungssicherheit von *Ec. faecium* im Bezug auf die Übertragung von Antibiotikaresistenzen«.

Die Ausbreitung antibiotikaresistenter Keime ist ein Horrorthema für Mediziner, weil ihre Arzneien dadurch immer weniger wirken. 700 000 Menschen sollen jährlich weltweit daran sterben. Im Zentrum der Debatte steht bislang die allzu sorglose Verschreibung von Antibiotika, vor allem aber der verbreitete Einsatz in den Massenställen der Tierindustrie (siehe Hans-Ulrich Grimm: »Die Fleischlüge«).

Doch häufiger noch als bei Masthähnchen, Puten und Schweinen sind die resistenten Keime beim Hund zu finden. Das gilt jedenfalls für die besonders gefürchteten MRSA-Kei-

Hightech im Tierfutter. Die neue Dimension der Müllverwertung

me, die sich dadurch auszeichnen, dass sie immun gegen die meisten Antibiotika sind. Ihre hohe Verbreitung beim Hund hatte eine 2015 veröffentlichte Studie des Bundesamtes für Verbraucherschutz und Lebensmittelsicherheit (BVL) ergeben. Eine wichtige Rolle spiele auch hier das Verschreibungsverhalten der Veterinäre – aber offenbar können auch die Innovationen der Industrie die Probleme verschärfen.

Industriell genutzte Biotechnologie-Verfahren gibt es indes immer mehr. Die europäische Behörde für Lebensmittelsicherheit (Efsa) im italienischen Parma kommt kaum nach mit der Überprüfung der neuen Substanzen. Viele sind eigentlich gar nicht wegen ihres eigenen Nährwerts im Einsatz. Sie sind nur Hilfsmittel, um die Tiere gewissermaßen an die Futtermittel anzupassen. Das wäre etwa so, als wenn man Menschen plötzlich mit Holz füttern wollte, weil Holz im Überfluss vorhanden ist und viel billiger als Spätzle oder Spinat. Holz ist im Prinzip nichts Schlechtes, nur können die Menschen es nicht verdauen. Wenn man ihnen da ein bisschen helfen würde, mit ein paar Ingredienzen im Holz-Müsli, dann ginge das schon. Schließlich enthält so ein Baum wertvolle Nährstoffe. Und Wälder gibt es ja genug.

So ähnlich ist das beim Tier. Die Tiere bekommen eben nicht das, was sie von Natur aus fressen würden. Eicheln und Trüffeln für ein Schwein, Heu und Gras für eine Kuh, diese Zeiten sind vorbei. Mais und Soja sind die wichtigsten Futterpflanzen. Das ist schön billig für die Agrarier. Aber die Tiere können damit leider nicht umgehen. Sie werden häufig krank, vor allem im Verdauungstrakt, wo das Zeug ja landet. Und sie können offenbar auch die Nährstoffe nicht verwerten. Genau dafür gibt es die neuen Futterzusätze.

Unter ihnen gibt es einen Stoff namens »Rovabio PHY AP/LC«. Es handelt sich dabei um ein Enzym. Enzyme sind gewissermaßen die Handwerker unter den Chemikalien. Sie hämmern und sägen, spalten und schweißen und legen so auch Nährstoffe frei, die in dem täglichen Menü für Menschen oder Tiere enthalten sind. Weil Enzyme Zellwände zerstören und wertvolle Stoffe freisetzen können, kommen sie auch im Magen-Darm-Trakt zum Einsatz. Dort helfen sie bei der Verdauung, stellen dem Körper Vitamine, Mineralien und alle Arten von Nährstoffen zur Verfügung. Weil die Schweine und Hühner aber ein Futter vorgesetzt bekommen, mit dem sie offenbar nicht viel anfangen können, werden spezielle Enzyme zugesetzt.

»Rovabio« ist genau so ein Enzym, das künstlich zugefügt wird. Es soll einen wichtigen Nährstoff aus Soja, Mais, Weizen oder Sonnenblumen herauslösen: Phosphor. »Rovabio PHY AP/LC« ist kein Rohstoff, der abgebaut oder geerntet werden könnte. Es wächst nicht auf Bäumen, sondern wird ebenfalls von einem Kleinstlebewesen produziert. Es heißt *Penicillium funiculosum*. Das klingt nach Penicillin, ist aber gemeinhin eher ein Fall für den Mieterbund. Es ist der Pilz, der für schimmlige Wände in Wohnungen sorgt. Dieser Art sind die Lebewesen, die die Hightech-Leckereien für Mensch und Tier produzieren.

Bakterien und Pilze. Sie sind die Hauptfiguren der sogenannten Biotechnologie. Weil sie so winzig sind, werden sie in der Öffentlichkeit nicht so recht wahrgenommen. Dabei steigt ihre Bedeutung unaufhaltsam. Manche wurden jahrelang für ihre Aufgaben dressiert, damit sie schnell und in angemessener Menge produzieren. So eine Bazille und so ein Pilz wurde ja auch nicht für den Fabrikeinsatz geboren. Manche unter ihnen müssen also zusätzlich mit Hilfe der Gentechnik optimiert werden.

Das ist nicht ganz einfach, wie das Beispiel »Phytase SP 1002« zeigt. Dieses Enzym wird von der Firma DSM Nutritional Products in Basel hergestellt und an Schweine und Geflügel verfüttert. Als Hersteller für dieses Enzym wählten die Biotechniker eine Bazille vom Typ *Hansenula polymorpha*. Ihr Name deutet schon darauf hin, dass die Bazille ein vielseitiges Talent ist. Sie galt als vielversprechend, da sich ihre Verwandten schon bei der Herstellung von Impfstoffen etwa gegen Hepatitis bleibende Verdienste erworben hatten.

Impfstoff oder Enzym, das ist allerdings zweierlei. Einer, der einen Schrank schreinern kann, muss nicht unbedingt auch begabt für Autoelektrik sein. Die Bazille musste also für ihren neuen Beruf aufwendig umgerüstet werden. Aus 19 anderen Kleinstlebewesen lösten Gen-Ingenieure in mühevoller Arbeit einzelne Gensequenzen heraus, fügten sie in die *Hansenula* ein, nahmen schließlich noch Teile von *Escherichia coli* und *Saccharomyces cerevisiae* und vollendeten schließlich ihr Werk. Die umgerüstete *Hansenula* tat ihre Pflicht und produziert seither emsig die »Phytase SP 1002«, die dann im Stall verfüttert wird und die zukünftigen Grillhähnchen in Rekordzeit anschwellen lässt. Bei der höchsten Phytase-Dosis hatten die Hähnchen nach 36 Tagen 1953 Gramm auf den Rippen, bei der phytaselosen Kontrollgruppe nur 1585.

BASF lässt für die Produktion des Futtermittelenzyms »Natuphos®« einen anderen Kleinstorganismus, den Schimmelpilz *Aspergillus niger*, schuften. Er kommt ursprünglich aus der Dusche, produziert dort unangenehme schwarze Flecken, ist aber seit Jahrzehnten auch erfolgreich bei der Produktion von Zitronensäure tätig. Die entspricht offenbar seinen natürlichen Talenten, er musste nur durch normale Dressur- und Erziehungsmaßnahmen für die Fabrikarbeit abgerichtet werden.

Für die Enzymproduktion indessen reichten seine natürlichen Begabungen nicht. Da waren bei BASF einige gentechnische Manipulationen nötig. Der optimierte Gen-Schimmel hört dann auch auf den Namen *Aspergillus niger CBS 101.672* (NPH54) und produziert einen Stoff namens »3-Phytase«. Ein Enzym, das ebenfalls Phosphor aus der Schweine- und Geflügelnahrung herauslösen soll. BASF hat eine ganze Reihe von solchen Spalter-Chemikalien im Angebot. So ein Enzym habe, wie BASF in einem Prospekt schreibt, »eine ganze Reihe von Vorteilen« für die Geflügelproduzenten und die Mischfutterindustrie. So könne »preiswerteres Getreide in höherem Umfang eingesetzt werden«.

Der Stoff »Natuphos®« komme im Übrigen auch in der freien Natur vor, meinte die Efsa, die im Jahre 2006 über die Sicherheit zu entscheiden hatte, und sei daher unbedenklich. Nicht ganz so eindeutig war das Sicherheitsurteil bei einem Neu-Futter, über das die Sicherheitsagentur schon mehrfach befinden musste. Es handelt sich um ein ganz merkwürdiges Erzeugnis, um ein futuristisches Produkt, das wie eine Ersatznahrung von einem fernen Planeten anmutet. Von einem Planeten, auf dem es keinen Sauerstoff gibt, sondern nur Methangas und wo grüne Männchen das Gas verwandeln und daraus ihr Essen herstellen. Ein Erdgasschnitzel für die extraterrestrischen Sternenbewohner sozusagen. Das sollten nun auch die Erdlinge essen und ihre Tiere.

Auch das klingt wie Science-Fiction. Es ist aber nichts als die Wahrheit – wenn auch eine bittere Wahrheit. Zunächst gab es Bedenken, von praktisch allen für die Gesundheit zuständigen Behörden. Ein Erdgasschnitzel ist ja auch eine gewöhnungsbedürftige Vorstellung. Das Rezept lautet folgendermaßen: Man nehme Bakterien, die gerade zur Hand sind, etwa einen *Methylococcus capsulatus* oder auch den einfachen *Bacillus brevis*, und lasse ein bisschen Erdgas darüberstreichen. Mit Hilfe von eini-

Hightech im Tierfutter. Die neue Dimension der Müllverwertung

gen weiteren Zutaten hat man schon bald den neuen Nährstoff. Für den gibt es einstweilen keinen Namen, weil es ja den Stoff eigentlich nicht gibt. Man nennt ihn darum »Eiweißfermentationserzeugnis«. Die Substanz ist so eine Art Fleischersatz, man könnte auch sagen ein Erdgasschnitzel. Für die Tiere gibt es aber eher so eine Art Erdgas-Gulasch, ein Granulat, das im Futter praktisch eingesetzt werden kann.

Beim verwendeten Gas sollte man, so raten Fachleute, auf die richtige Mischung achten: 91 Prozent Methan, fünf Prozent Ethan, zwei Prozent Propan, 0,5 Prozent n-Butan. Das klingt alles ein bisschen nach der Mischungsvorschrift für die Camping-Gasflaschen, entstammt aber der entsprechenden Vorschrift aus der Futtermittelverordnung zum Erdgas-Fleischersatz. Denn die gibt es auch schon. Es ist ja keine Science-Fiction, sondern Realität.

Dabei wäre das ganze schöne Projekt fast schon gescheitert – an Gesundheitsbedenken. Es war, wieder einmal, eine tolle Idee zur Abfallverwertung. Der Abfall war in diesem Fall Erdgas, das überall auf der Welt an Bohrstellen einfach abgefackelt wird. Die besonders innovativen Holländer waren dafür ursprünglich einer besonders praktischen Idee gefolgt: ein Schiff, das ganz in der Nähe von Ölfeldern herumschwimmt, bei denen Erdgas ausströmt und bisher, völlig ohne Nutzen, angezündet und abgefackelt wird. Das Schiff besteht aus einem Reaktor, in dem die Erdgas-Fleischproduktion stattfindet, und Tanks, in denen Fische geboren, mit dem Erdgas-Gulasch gefüttert und auch gleich gefangen, getötet und verarbeitet werden.

An der Technologie waren Konzerne wie der Chemie-Multi ICI, die holländisch-britische Ölfirma Shell und der staatliche norwegische Ölkonzern Statoil beteiligt. Mit so einem innovativen Produkt sollte man natürlich nicht bei Fischen stehenbleiben, dachten wohl die Erfinder. So wurde gleich eine Pilotanlage an Land gebaut, betrieben von der eigens gegründeten Firma Norferm, einer Tochter von Statoil und dem Chemieriesen DuPont im norwegischen Tjeldbergodden. Eine Tochterfirma in Dänemark, Dansk Bioprotein A/S, widmete sich gleichfalls dem Projekt zum Gas-Mahl. »Bioprotein«, so nannten sie das innovative »Nahrungsmittel« damals.

Norferm-Chef Kurt Strand träumte schon von den neuen Möglichkeiten, Hamburger und Würstchen aus Gasfleisch herzustellen, und berichtete von ersten Tests mit »gutem Resultat«. Leider musste die Firma Anfang 2006 schließen. Denn, so sagte der Norferm-Manager Jan Ellevset auf Anfrage: »Es fehlt an der Zulassung.« Er klang ein bisschen niedergeschlagen. Für ihn war das natürlich ein schwerer Schuss vor den Bug. Die EU-Nahrungsbehörde Efsa hatte eben doch gesundheitliche Bedenken.

Was zunächst wie ein herber Rückschlag aussieht, war, im Nachhinein betrachtet, eher der Startschuss zu einer Weltkarriere. Denn in Dänemark arbeiteten sie weiter an der Entwicklung des Erdgasschnitzels. Auch die norwegische Anlage, teilte damals Manager Ellevset mit, sei »noch intakt«.

Bald schalteten sich auch die besonders innovationsfreudigen Amerikaner ein, mit viel Geld, neuen Strategien, neuen Namen und mit Marketingmacht. Klar, dass da die Bedenkenträger schließlich den Kürzeren zogen. Dabei gab es ziemlich viele, die skeptisch waren. Und ihre Argumente klangen plausibel. Das Norwegische Wissenschaftskomitee für Lebensmittelsicherheit (Vitenskapskomiteen for mattrygget), kurz VKM, listete 2006 die Problembereiche auf. Die Tiere reagierten offenbar mit allerlei Beschwerden auf das Futter, das von der Natur nicht vorgesehen ist.

So hatten die zuständigen britischen und auch die französischen Behörden Zweifel angemeldet. Die »Besorgnis« konzentrierte sich offenbar auf die Immunabwehr, die durch das Erdgas-Bakterien-Granulat geschwächt wird. Außerdem gab es »Veränderungen im Darm und in mehreren inneren Organen« bei den Tieren, denen das Granulat verabreicht wurde. Vor allem an den Lymphknoten, aber auch an Leber, Nieren und Milz waren Auffälligkeiten beobachtet worden, die zu Bedenken Anlass gaben. Das bedeutet: Die Tiere betrachteten die kühn komponierten Abfallbeseitigungsprodukte als suspekte Fremdkörper. Ihr Immunsystem schlug Alarm.

Und es deutet darauf hin, dass die Tiere mit dem innovativen Futter nicht problemlos zurechtkommen – was eigentlich auch kein Wunder ist. Ein Organismus ist ja nicht auf technische Wundermittel eingestellt. Die Hersteller meinten zwar, daran würden sich die Tiere schon gewöhnen, doch die norwegischen Wissenschaftler überzeugte das nicht: »Diese Interpretation« werde durch die Datenlage »nicht ausreichend unterstützt«.

Die französischen Behörden hatten sich auch zur Wirkung des Granulats auf Haustiere geäußert. So hätten die vorgelegten Studien »nicht die ganze Lebensspanne« umfasst, außerdem seien nur zehn Katzen gefüttert worden. Zudem wurden die Studienprotokolle und auch die Ergebnisse »als unzureichend betrachtet«, und überdies gab es keine Studien zum bei Katzen besonders problematischen »Risiko für Urinsteinleiden«. Die finnischen Behörden vermissten ausreichende Nachweise für die Effekte auf Hunde.

Die Gutachten der Behörden waren also keine optimalen Voraussetzungen für eine Zulassung. Bei all diesen Krankheiten und Gesundheitsstörungen. Die Tiere sollten ja auch nicht unnötig leiden an ihrem Futter. Und Allergien, Immunstörungen, Organveränderungen, das sind ja keine Kleinigkeiten.

Doch die Freunde des Erdgasgranulats ließen nicht locker. Der Druck kam schließlich von zwei Seiten: Auf der einen Seite besteht ein Entsorgungsdruck. Schließlich werden weltweit pro Jahr 140 Milliarden Kubikmeter Erdgas auf Ölfeldern verbrannt. Und es handelt sich dabei um Methan – ein gefürchtetes Klimagas. Aus Sicht der Wirtschaft sprechen für das Erdgasgulasch mithin also auch Umweltargumente.

Auf der anderen Seite steht der Futterbedarf. Vor allem bei den norwegischen Lachsfarmern. Sie müssen ihren Fischen in den Käfigen vor der Küste irgendwas zu fressen geben. Und die Lachsproduktion steigt und steigt, von 50 000 Tonnen in den 1990er Jahren auf 1,2 Millionen Tonnen im Jahr 2012. Die Prognose für 2050 rechnet sogar mit 5 Millionen Tonnen Lachs. Das Fischmehl wird knapp. Das Erdgasgranulat wäre da eine prima Lösung.

So sieht das auch die Europäische Union. Und sie überging kurzerhand die lästigen Innovationsbremser und ließ das Erdgasfutter einfach zu. In der »Verordnung (EG) Nr. 767/2009 des Europäischen Parlaments und des Rates vom 13. Juli 2009« wird festgestellt, dass »nach wie vor« ein »Mangel an proteinreichen Futtermitteln besteht« und daher dringend »die Versorgung mit als direkte und indirekte Proteinquelle dienenden Futtermitteln in der Gemeinschaft verbessert werden« sollte. Leider seien bisher »nur sehr wenige« dieser »Bioproteine«, wie sie das Erdgasfutter nennen, zugelassen worden, was an den innovationshemmenden Vorschriften liege: »Die allgemeine Vorschrift über die Zulassung vor Inverkehrbringen hat sich also als Hindernis herausgestellt.«

Lästige Vorschriften, die die Innovationen behindern, nur weil diese Innovationen ein bisschen ungesund sind, gehören natürlich abgeschafft. So sieht das jedenfalls die Europäische Union. Als Konsequenz stellte sie darum fest: »Die besondere

Hightech im Tierfutter. Die neue Dimension der Müllverwertung 263

Vorschrift, dass für Bioproteine ein allgemeines Zulassungsverfahren vor Inverkehrbringen durchzuführen ist, sollte abgeschafft werden.«

Man könne schließlich auch hinterher noch sehen, ob die Bioproteine schaden. Denn die »Sicherheitsrisiken könnten auch durch Marktüberwachung anstatt durch Verbot riskanter Produkte angegangen werden.« Und so wurde das Erdgasgranulat einfach, trotz aller Bedenken, zugelassen in der »Verordnung (EU) Nr. 68/2013 der Kommission vom 16. Januar 2013 zum Katalog der Einzelfuttermittel«. Das Granulat ist unter Punkt 12.1.2 aufgeführt als »Eiweiß« aus *Methylococcus capsulatus* (Bath). Es ist nicht als »Erdgasgranulat« verzeichnet, sondern als »Eiweißfermentationserzeugnis, das auf Erdgas (ca. 91% Methan, 5 % Ethan, 2 % Propan, 0,5 % Isobutan, 0,5 % n-Butan), Ammonium und Mineralsalzen unter Verwendung von *Methylococcus capsulatus* (Bath) (Stamm NCIMB 11132), *Alcaligenes acidovorans* (Stamm NCIMB 12387), *Bacillus brevis* (Stamm NCIMB 13288) und *Bacillus firmus* (Stamm NCIMB 13280) gezüchtet ist; Rohprotein mindestens 65 %«.

Die Verbraucher, auch die Verwender, die Farmer, die Hundehalter und Katzenfreunde, sie erfahren davon allerdings – gar nichts. Denn auf der Futterpackung muss davon nichts stehen. Als »obligatorische Angaben« vorgeschrieben sind allein die Bezeichnungen:

Rohprotein – Rohasche – Rohfett.

Das steht in der Verordnung (EU) 68/2013. Diese doch etwas allgemein gehaltenen Oberbegriffe sind das, was auf praktisch jeder Futterpackung steht. Auf dem Etikett steht also nicht, ob das Futter mit oder ohne Erdgas-Bakterien-Mehl produziert wurde. Die Innovation geht einfach im Alltäglichen auf, ohne groß aufzufallen. Das Prinzip bei der Deklaration lautet mithin: Es herrscht null Transparenz. Niemand soll erfahren, was da in Wahrheit in den Napf kommt oder in den Trog. Für die Tierfutterkonzerne ist das natürlich umso besser. Denn jetzt kann das Geschäft richtig losgehen.

Und es geht los.

Die dänische Bioprotein A/S wurde 2014 von einer kalifornischen Company namens Calysta in Menlo Park bei San Francisco übernommen. Eigentlich ist das eine Gasverwertungsfirma, jetzt hat sie auch einen Ableger namens Calysta Nutrition, der im norwegischen Stavanger sitzt. Und hier soll sich alles anders anhören. Nachdem »BioProtein« aufgrund der behördlichen Bedenken in diversen Ländern ein bisschen suspekt geworden ist, wird es erstmal umbenannt. In »FeedKind™«. Der Name »FeedKind« ist geschickt gewählt. Denn das englische Wort *kind* bedeutet so viel wie nett oder freundlich. Und das klingt viel vertrauenswürdiger. »FeedKind ist nett zum Konsumenten, nett zum Tier und nett zur Umwelt.« So der Originalton aus der FeedKind-Werbung.

Aber was ist »FeedKind«? Das Gasgranulat ist jetzt eine »natürliche Alternative zu Fischmehl und Soja«. So wirbt die US-Firma für ihr innovatives Produkt. »Natürlich« ist gut. Und wie wird es gewonnen? Voll natürlich, was sonst, und das kann man gar nicht oft genug sagen: »FeedKind™ ist eine Premium-Fischzutat, die produziert wird aus natürlich in Böden vorkommenden Mikroben, wobei ein natürlicher Fermentationsprozess verwendet wird, der mit der Herstellung von Hefe vergleichbar ist.« Also alles so ähnlich und natürlich wie beim Bäcker. Dass die natürliche Alternative zum ebenfalls unappetitlichen Fischmehl Erdgas sein soll, das lassen sie mal lieber weg in der Beschreibung. So geht Hightech-Innovation, mit dem passenden Marketing, das die Hightech ausblendet und viel pure Natur ins Licht rückt.

Auch in Großbritannien wird, zusätzlich zur Anlage in Norwegen, eine Fabrik gebaut. Und es geht natürlich nicht nur um Fische, sagte Alan Shaw, der Firmenchef: »Wir sehen auch starkes Interesse bei Schweineproduzenten, Shrimps-Farmern und Haustierfutterfirmen.« Namentlich die Heimtierfutterhersteller hatten sich schon früh für das innovative Erdgasfutter interessiert. So wurde es auf einem Symposium von Waltham International, dem Forschungs-Ableger des Chappi-Konzerns Mars, im Jahr 2001 im kanadischen Vancouver von zwei norwegischen Forschern vorgestellt. Sie hatten das Erdgas-Gulasch an Hunde verfüttert, die das offenbar gut vertragen haben.

Nach Angaben der Sicherheitsagentur Efsa wird es schon eingesetzt im Futter für Schweine, Masthähnchen, Hunde und Katzen. Neben den Zweifeln, welche Auswirkungen diese hochsynthetischen Substanzen auf die Nutz- und Haustiere haben, bleibt die Frage, wie es eigentlich den Menschen geht, die das Fleisch der gesundheitlich angeschlagenen Tieren verspeisen, die mit Erdgas-Bakterien-Granulat gefütterten worden sind.

Sicher ist: Übermäßig gesund ist es für die Menschen nicht. Der solchermaßen erzeugte Lachs jedenfalls hat 30 Prozent weniger sogenannte Omega-3-Fettsäuren, für die der Fisch berühmt ist. Ein gesundheitliches Risiko für den Menschen sei zwar vermutlich »vernachlässigbar«, meinten die Norweger. Aber es handle sich doch um einen »relativ neuen wissenschaftlichen Ansatz«, mit dem »vorsichtiger Umgang« angesagt sei. Nach vorsichtigem Umgang sieht es derzeit allerdings nicht aus. Eher nach galoppierender Innovation.

Als wenn es nicht schon lange genug wäre, geht es noch weiter mit den tollen Ideen. Professorin Margareth Øverland von der Universität Ås, die eine halbe Autostunde südlich von Oslo liegt, will die Fische nicht nur mit dem Granulat füttern, das sie »Bakterienmehl« nennt, sondern auch mit Hefe, die auf Fichtespänen lebt. Die solchermaßen gewonnene »Biomasse«, schwärmt

Frau Professor Øverland, bestehe »zu 70 Prozent aus Protein«. Der Professorin ist auch schon ein toller Werbespruch eingefallen: »Vom Baum zum Filet«.

Ist das die schöne neue Welt des Tierfutters? Wächst hier zusammen, was noch nie zusammengehörte? Wann wäre je ein Lachs in den Fichtenwald gekommen? Oder auf einen Kraftwerksschornstein? Auch von dort kann der Lachs jetzt sein Futter bekommen, gewonnen mit Hilfe von Mikroalgen vom Typ *Phaeodactylum* oder *Chlorella*, die das Kohlendioxid aus Kraftwerksschornsteinen heraussaugen.

In Brandenburg wird so etwas seit 2011 schon gemacht, im Heizkraftwerk Senftenberg, eineinhalb Autostunden südöstlich von Berlin. Das Kraftwerk gehört zum Vattenfall-Konzern und hat das Projekt »greenMission« aufgenommen, das vom Land Brandenburg und der Europäischen Union gefördert wird. Für Vattenfall wäre es natürlich auch praktisch, wenn sie ihre CO_2-Emissionen als Fischfutter verkaufen könnten. Oder, noch schöner, als Futter für Hunde und Katzen. Und natürlich so getarnt, dass die Tierhalter rein gar nichts davon erfahren.

Erdgasgulasch, Bakterienmehl, Rauchgasreinigungsleckereien – und keiner merkt was. Die schöne neue Welt im Futternapf. Kein Wunder, dass viele Tierhalter die Schnauze voll haben von solchen Innovationen, undurchsichtigen Rezepturen, irreführenden Etiketten – und unerklärlichen Beschwerden bei ihren Tieren. Viele wollen deshalb jetzt die Sache selbst in die Hand nehmen. Und machen sich auf die Suche nach dem artgerechten Futter, das Hund und Katze wahrhaft glücklich macht.

12.
Leuchtende Augen
Eigentlich ganz einfach: Die Suche nach dem besseren Futter

Ein Happy End in letzter Minute / Jetzt gibt es keine Leckerlis mehr, keine Hundekekse, ja nicht einmal Wurst / Der Hund als Veganer – kann das gutgehen? / Warum Teresa mitten in der Nacht auf den Berg hinauf muss / Käse, der glücklich macht / Was der Gourmet seinem Tier gibt

Für Rocky, einen altdeutsch-belgischen Schäferhund, war das Leben eine einzige Tortur, jahrelang. Er litt an Allergien, hatte empfindliche Haut, häufig Entzündungen und Juckreiz. Manchmal wälzte er sich deshalb stundenlang im Garten. Er hatte dauernd Durchfall, musste sich erbrechen, jeden Morgen. Und sein Fell war stumpf und schuppig. Die Halter schleppten ihn von Tierarzt zu Tierarzt, doch keiner konnte ihm helfen. Irgendwann merkten sie: Es liegt am Futter. »Er konnte praktisch kein Industriefutter vertragen. Kein Dosenfutter, kein Flockenfutter, erst recht kein Trockenfutter«, sagt seine Besitzerin.

Jetzt kocht sie selbst. Fleischbrocken, zehn Minuten erhitzt. Kartoffeln, »die stampf ich ihm«. Hirse, Möhren. »Alles Bio, außer dem Fleisch. Da ist mir Bio zu teuer.« Das Resultat spricht für sich. »Das ist ein Unterschied wie Tag und Nacht«, sagt sie. »Seine Augen leuchten klar, sein Fell wächst nach und wird immer länger, er tobt mehr, kann nachts schlafen.« Und: »Kürzlich erkannte ihn eine andere Hundehalterin kaum wieder, die Rocky längere Zeit nicht wiedergesehen hatte.«

Rockys Besitzerin heißt Tanja, sie wohnt mit ihrem Mann Peter am Stadtrand von Hamburg. Sie hatte zeitweilig eine Internetseite, auf der sie von ihrem allergischen Hund berichtete. Und konnte sich vor Anfragen kaum noch retten. So nahm sie irgendwann die Seite vom Netz, und jetzt möchte sie auch ihren Namen nicht mehr publik machen.

Das Interesse an Alternativen zum Industriefutter ist riesig. Und die Effekte sind oft spektakulär. Auch bei Sandrina, jener Hündin, bei der die Tierärztin und Autorin Jutta Ziegler beinahe am Ende ihres Lateins war, die sie schon fast einschläfern lassen wollte. Und dann gab es doch noch so etwas wie ein »Happy End in letzter Minute«. Es war unerträglich. Die Besitzer waren mit ihr kaum noch fertiggeworden. Sandrina war einfach nicht zu bändigen. Außerdem schien sie »immun zu sein gegen alle Erziehungsmaßnahmen«. In der Hundeschule wurde sie »regelrecht geächtet«, berichtet die Tierärztin. Auf sie wirkte das Tier »seltsam beziehungsunfähig«. Und extrem wechselhaft in ihren Stimmungen: »Wenn sie ausnahmsweise einmal nicht herumtobt, wirkt sie seltsam teilnahmslos und absentiert ... Wenn ich ehrlich bin«, gestand die Ärztin, »hatte ich anfangs selbst starke Zweifel daran, ob Sandrina noch zu helfen sei.«

Sandrina hatte von klein auf »ausschließlich Industriefutter« bekommen. Jutta Ziegler stellte Sandrina um. Erteilte die ärztliche Weisung, »jegliches industriell hergestellte Futtermittel zu meiden.« Also gab es keine Leckerlis, keine Hundekekse und auch keine Würste. »Also nichts, in dem Zusatzstoffe welcher Art auch immer enthalten sein könnten.« Stattdessen bekam die Hündin Knochen mit viel Fleisch. Roh. Und dazu Gemüse. Sandrina hat sich völlig verändert. Als Dr. med. vet. Jutta Ziegler sie nach der Umstellung zum ersten Mal sah, erkannte sie das Tier kaum wieder: »Sie ist zwar immer noch ein quirliger Hund, kann aber mit ihren Bezugspersonen Kontakt aufnehmen und kommunizieren«, berichtete sie in ihrem Buch »Hunde würden länger leben, wenn ...«.

Seit sich Allergien, Verhaltensstörungen, sogar Diabetes und andere ernährungsbedingte Krankheiten bei Haustieren häufen, suchen viele Halter nach Alternativen zum Industriefutter. Es gibt aber nicht nur medizinische Gründe, beim Futter umzuschwenken, sondern auch ethisch-moralische. Wenn die Tierliebe so weit geht, dass Fleisch und Knochen auf den Index kommen und auch die Haustiere ganz ohne Tierisches ernährt werden.

Die Schweizer Tierfreundin Edith Zellweger zum Beispiel hält das so. Sie lebt in dem 650-Einwohner-Dorf Salez in der Nähe von Liechtenstein, eineinhalb Autostunden östlich von Zürich. Frau Zellweger ist die größte Tierfreundin weit und breit. Ihr Haus ist sozusagen ein Wellnessparadies für Hunde. Eins aber bekommen ihre Hunde nicht: Knochen oder Fleisch. Die Hunde, sagt sie, leben alle »veganisch«.

Und was bekommen sie dann?

Zellweger: »Veganerfleisch.«

Veganerfleisch? Was ist das denn?

Zellweger: »Würste, alles. Ich kann Ihnen das zeigen.« Sie bringt zwei riesige Würste, schneidet sie auf: »Können Sie schmecken. Schmeckt super.« Sie geht noch mal los. Kommt zurück mit einem riesigen Sack.

Zellweger: »Das ist das Trockenfutter. Und dann gibt es noch Teigwaren. Und Veganerkäse und so.«

Auf Sojabasis?

Zellweger: »Oder Lupinen. Man kann auch aus Lupinen Fleisch machen.«

Und die Hunde mögen das?

Zellweger: »Also die Hunde merken das gar nicht, dass das

vegan ist. Die haben das wahnsinnig gern. Ich bin selber ein Veganer.«

Neue Wege: Schön und gut. Aber ist das wirklich besser für die Tiere? Brauchen die Tiere nicht doch Fleisch? Oder geht es auch ohne? Zweifel herrschen auch bei jenen, die sich jetzt abwenden vom industriellen Fertigfutter. Sie stehen dann vor der Frage, ob Selbermachen besser ist als das Fabrikfutter. Und ob die lieben Tiere dann auch wirklich alles bekommen, was sie brauchen? Das ist durchaus umstritten. Warnende Stimmen gibt es jedenfalls genug. Manche sagen sogar, dass veganes Futter sehr gefährlich ist. Und sogar das Selbstgemachte. Vor allem von den Vollprofis, den Tierärzten und ihren Professoren, kommen die Mahnungen. Sie sind zumeist noch auf der Seite des Kommerzfutters. Ist ja auch klar: Sie sind so groß geworden, mit freundlicher Unterstützung der Futterkonzerne. Und vielleicht sind sie sogar überzeugt von deren Produkten.

Aber trotz aller Warnungen wenden sich immer mehr Menschen ab von den Verheißungen der kommerziellen Tierfutterindustrie. Sie suchen nach eigenen Wegen und wollen etwas Besseres für ihre Lieblinge als den geschmacklich maskierten Müll aus den Futterfabriken.

Was aber ist das Beste für meinen Hund, meine Katze? Sicher ist: Es scheint ein wachsendes Unbehagen zu geben am Kommerzfutter aus Säcken und Dosen. Das Unbehagen wird noch verstärkt durch das Wissen um den wahren Inhalt, den Abfallcharakter mancher Bestandteile in handelsüblicher Tiernahrung, die Chemikalien, mit denen alles haltbar, ansehnlich und einigermaßen genießbar gemacht wird.

Dabei gibt es durchaus Qualitätsunterschiede zwischen den einzelnen Produkten. Sie sind allerdings nur schwer zu erkennen, da die Werbung trügerisch ist und auch die Etiketten nicht ehrlich sind. Sogar die völlig bizarren Hightech-Produkte wie das »Bakterienmehl« auf Erdgasbasis sind auf der Packung nicht zu erkennen (siehe Kapitel 11). Und da auch die Verwendung von Mitteln zur Geschmacksverbesserung auf dem Etikett in der Regel nicht angegeben werden, können Herrchen und Frauchen nicht wissen, ob da übelriechende Abfälle mit den Mitteln der Chemie geschönt wurden.

Orientierung geben bisweilen die Tests in Verbraucherzeitschriften.

Misstrauische Käufer können beim Hersteller ihres Vertrauens nach der Verwendung von Aroma-Chemikalien, nach »natürlichen« Aromen, Geschmacksverstärkern wie etwa Glutamat oder nach Süßstoffen fragen. All das kann dazu dienen, üble Düfte und Geschmäcker zu »maskieren«. Leider ist die Auskunftsfreude der Hersteller begrenzt. Sie mögen ungern ihre Lieferanten bekanntgeben und schon gar nicht ihre Rezepturen. Futterfabriken neigen dazu, so etwas als Betriebsgeheimnis zu betrachten.

Kein Wunder, dass die Produkte der entsorgungsgestützten kommerziellen Haustiernahrungsindustrie nicht mehr unbedingt erste Wahl sind. Die Tierfreunde, denen Hund oder Katz als Lebenspartner lieb geworden sind, beobachten den Gesundheitszustand und das Wohlbefinden ihrer vierbeinigen Freunde mit großer Aufmerksamkeit und wollen nur das Beste im Fressnapf. Und auch das Futter der Nutztiere genießt eine wachsende Wertschätzung, sogar bei Städtern. Was früher keinen gekümmert hat, wird jetzt zum Gegenstand öffentlicher Aufmerksamkeit.

Je mehr bekannt wird über die Zusammensetzung des Futters, je mehr Skandale ums Tierfutter kreisen, desto mehr machen sich die Menschen auf die Suche nach Alternativen. Aus Tierliebe, aber auch aus Sorge um das eigene Wohlbefinden. Weil die Menschen merken, dass das, was die Nutztiere bekommen, auch Folgen für die eigene, die menschliche Gesundheit hat. Wenn die Kuh glücklich ist, freut sich der Mensch. Denn das, was die glücklichen Kühe produzieren, macht auch die Menschen glücklicher.

Und deshalb muss Teresa nachts noch hinauf auf den Berg.

Tobias, 13, im blauen Overall, ermuntert mit dem Stecken zum Aufstieg: »Hoi, hoi, hoi.« Teresa trottet am Misthaufen vorbei gemächlich bergan. Und alle anderen Kühe mit ihr, Sara und Sidonia, Ornella und Orange, Noela und Reinerle, hinauf aufs Walighürli hoch droben auf 2000 Meter Höhe. Hin und wieder lassen die Kühe etwas fallen. Kalt wird es und dunkel. Und auch wenn dann der Mond aufgeht, legt sich nur ein mattes Leuchten auf die Wiesen. Zu sehen ist nicht viel, nur Silhouetten von den Bäumen rund um die Alm »Hintere Walig«, die hoch überm mondänen Schweizer Alpendorf Gstaad liegt. Überall aber tönt das Gebimmel von Kuhglocken.

Die Alp ist eine hölzerne Hütte, mit einem roten Wellblech gedeckt. Ein Toyota-Pick-up steht davor, in der Garage spielen die Buben Bauernhof, mit Spielzeugtraktoren und echtem Gras, und in der Küche decken die Mädchen den Tisch mit dem weiß-rot karierten Wachstuch. Eine Straße führt hier nicht herauf, nur ein steiler Feldweg, der selbst für Allradfahrzeuge eine Herausforderung ist. Ein Kofferradio in der Küche spielt alpine Volksmusik und amerikanische Schlager. Einen Fernseher gibt es nicht. Das wirkt wie Folklore. Doch es hat auch Vorteile: Zum einen schmeckt der Käse prima, im ersten Jahr zart, im vierten Jahr hart wie Parmesan. Und er ist auch gesünder. Denn der Käse vom Berg enthält mehr von den sogenannten Omega-3-Fetten.

Die sind gut für Herz und Kreislauf, auch für die Knochen und die Augen, vor allem aber auch fürs Gehirn, für die Intelligenz, ja sogar für Verhalten und Psyche. Ein Mangel an diesen

Fetten befördert die Alzheimer-Krankheit, die Hyperaktivität bei Kindern, ja sogar den Autismus. Wenn mehr von diesen Fetten verzehrt werden würden, wären die Menschen glücklicher, glaubt Andrew Stoll, Professor an der Harvard Medical School im US-Bundesstaat Massachusetts. »Ein erhöhter Omega-3-Anteil in unserer Ernährung könnte bewirken, dass Depressionen und andere psychische Erkrankungen seltener vorkommen.«

Mittlerweile hapert es mit der Omega-3-Versorgung. Der Verzehr ist nach Schätzungen von Wissenschaftlern in den westlichen Ländern rückläufig, 80 Prozent der Amerikaner sollen schon unter Omega-3-Mangel leiden.

Schuld daran ist das Agribusiness, meint Artemis P. Simopoulos, Präsidentin des »Zentrums für Genetik, Ernährung und Gesundheit« in Washington, D.C. »Die moderne Landwirtschaft mit ihrem Schwerpunkt auf den Produktionsmengen hat den Omega-3-Gehalt in vielen Lebensmitteln vermindert.« Das gilt für Fleisch, Milch, Eier und Geflügel, ja sogar für Fisch aus Aquakulturen.

Und auch die Nahrungsindustrie hat kein Interesse an den feinen Fetten. Denn die sind zwar überaus gesund, aber auch sehr fein und sensibel und nicht sehr lange haltbar. »Solches Fett ist für die Herstellung von Dauerwurstwaren wie zum Beispiel Salami, aber auch für die Herstellung lang haltbarer küchenfertiger Produkte ungeeignet«, konstatierte die *Neue Zürcher Zeitung* in einem Bericht über eine landwirtschaftliche Fachtagung.

Da kann ein Lebensmittel noch so gesund sein: Der Industrie ist das schnuppe. In der Welt der Supermärkte und globalen Nahrungsströme gibt es kein wichtigeres Kriterium als die Haltbarkeit. Und dann kommt der Preis.

Und beim Futter fürs Vieh kommt es in erster Linie auf den

Preis und die Leistung an: Milchmenge, Eierproduktion, Fleischmenge.

Daher bekommen die Kühe auch kein Heu oder Gras, sondern Kraftfutter mit Getreide. Das erhöht nicht nur die Ausbreitungsrate gefährlicher Krankheitserreger (siehe Kapitel 10), sondern senkt auch den Gehalt an wertvollen Omega-3-Fetten. Das Futter auf den Bergen sorgt für höhere Werte. Doch auch Kühe im Tal können besser abschneiden, wenn sie artgerechtes Futter bekommen, also Heu und Gras fressen. Das Thema in der Fachwelt publik gemacht hatte eine Ärztin aus Gstaad: Christa Hauswirth. Sie hatte in der Zeitschrift *Circulation*, dem renommierten Organ der American Heart Association, einen Aufsatz publiziert. Und auf einem Kongress in Genf hielt sie darüber einen Vortrag. Sein Titel: »Ist Schweizer Alpenkäse Functional Food?«

Käse ist das echte Functional Food, wenn er von Kühen stammt, die artgerecht ernährt werden. Von Bio-Kühen zum Beispiel. Denn hier ist noch alles drin im Käse, was bei Functional Food erst zugesetzt werden muss. Die Produkte dieser Bio-Kühe haben bis zu 56 Prozent mehr Omega-3-Fetten, wie eine große europäische Studie ergab, die im Januar 2016 im *British Journal of Nutrition* erschienen ist.

Functional Food – das sind eigentlich jene neuartigen Produkte aus den Labors, mit denen Pharmafirmen und Food-Konzerne Umsatz und Gewinne steigern möchten. Der Begriff bezeichnet Nahrung mit gesundheitlichem Zusatznutzen, chemisch verstärkt. Das ist jetzt auch Trend beim Tierfutter. Die Konzerne wollen natürlich auch profitieren von der Lust auf Veränderung, von der Bewegung zum Guten, Gesunden und auch zum Tiergerechten. Oder vom Kampf gegen die zunehmenden Zivilisationskrankheiten bei Hund und Katze.

Die Futterkonzerne überbieten sich mit immer neueren Kreationen für jedes Tier, für die jungen und die alten Hunde, für Dicke und für Diabetiker, für die Sehkraft und für die Seele. Zudem gibt es eine neue »Natur«-Bewegung, eine völlig neue Nische in der Kommerzfutterszene. Kurz: Es gibt für jeden etwas. »Lifecycle-Produkte« nennen die Marketingmanager die altersadäquate Lebensabschnittskost. Genau abgestimmt auf die zugehörigen Gebrechen. Von der Firma Grau gibt es sogar altersgerechte Kroketten: »*Excellence Adult Lamm Kroketten mit Reis*«, speziell »für Hunde mit Haut- und Fellproblemen oder für magensensible Tiere«.

Nestlé Purina verkauft »*Pro Plan Small & Mini Sensitive Skin Adult*«. Die Nestlé-Futterforscher haben da offenbar höchst kunstfertig diverse Fliegen mit einer Klappe geschlagen. Das Trockenfutter wurde »entwickelt für eine umfassende Zahnpflege«, es »hilft« aber auch, »ein gesundes Herz zu erhalten« und »die gesunden Gelenke«, und dient überdies der »Verbesserung der Darmgesundheit«. Es ist gesund für alle Körperregionen.

Bei den armen Haustieren vertrauen die Futterkonzerne offenbar unverdrossen auf die Macht der Werbung und das bisher so verkaufsfördernde Image der chemischen Zusätze mit den attraktiven Bezeichnungen. Sogar der Trend zum Vegetabilen wird hier bedient, etwa von Nestlé Purina. Unter der Katzenfutter-Marke Felix Crispies verkaufen sie unter anderem die Varianten »*Fleisch & Gemüse*«. Klingt natürlich schwer gesund. Auch die Werbung hört sich danach an: »Aufregender, luftigleckerer Knabberspaß für kleine Feinschmecker, in Mond- und Sternenform, mit wertvollen Proteinen, Vitaminen und Omega-6-Fettsäuren, in 4 schmackhaften Sorten«!

Allzu viel Gemüse ist mit nur 0,4 Prozent nicht im Futter enthalten. Dazu bekommt die Katze aber »Getreide, Fleisch und tierische Nebenerzeugnisse (30%)«. Getreide ist zwar überhaupt nicht gesund für Katzen, und Trockenfutter schon gar nicht, schließlich neigt das Wüstentier Katze dazu, eher wenig Flüssigkeit aufzunehmen, und fängt sich so Probleme im Harntrakt ein. Und »tierische Nebenerzeugnisse«, das sind ja die üblichen Abfälle aus der Abdeckerei, die Reste aus der »Kategorie 3«, wie es heute heißt.

Aber egal: Nestlé packt noch üppig Vitamine dazu, Eisen, Jod, Zink, Selen und dergleichen, klingt gesund, ist billig zu haben, das wird schon verkauft. Und die Leute rücken das Geld mit Freuden raus. Unglaubliche 28,70 Euro kostet das Kilo. »Felix – Echt clever!«. So der Slogan – und er stimmt. Es ist ja wirklich clever, wie man den Leuten so das Geld aus den Taschen ziehen kann.

Kaum vorstellbar, wie Katzen früher ohne so etwas wie Whiskas »Anti-Hairball« ausgekommen sind. Das soll verhindern, dass sich geleckte Katzenhaare im Darm verkleben und zu Verdauungsstörungen führen.

Ähnliche Produkte haben auch Royal Canin und Hill's im Angebot. Biskuit statt Brille: »Solid Gold Dyna Bone« des kalifornischen Herstellers Solid Gold ist ein »Biskuit zur Verbesserung der Sehkraft«. Es enthält unter anderem Blaubeeren, Preiselbeeren, Bockshornklee, Tomaten, Ingwer, Grüntee, Vanille und dazu Dinge wie Lutein und Rutein. Nahrung für Herz und Seele: »cdVet Herz-Agil« stärkt das Hundeherz, ein Zusatz namens »Purgerbe« von der Firma Naturkraft sorgt für »allgemeine innere Reinigung«.

Für jeden Käufer ist etwas dabei. Für jedes Bedürfnis gibt es das passende Produkt. Das ist das Schöne am Kapitalismus, dass die Warenwelt keine Wünsche offenlässt. Sogar der Überdruss an Kommerznahrung wird kommerziell genutzt. So haben das Unbehagen an chemieverstärkter Industrienahrung und das

Bedürfnis nach Alternativen einen ganz neuen Wirtschaftssektor entstehen lassen: Es produziert Natur in Dosen. Das klingt jetzt etwas widersprüchlich, scheint aber erfolgreich. Denn es liegt im Trend.

Immer mehr Futter wird so angepriesen: ohne Chemie, ohne Gentechnik oder Zucker, frei von Geschmacksverstärkern oder Aromen, voll Bio, total natürlich. 2011 waren 30 Prozent der Innovationen solche Produkte, drei Jahre später schon 60 Prozent, so das britische Marktforschungsunternehmen Mintel. Es bleibt ein gewisser Widerspruch. Natur aus der Dose, das gibt es nicht. Es gibt auch nichts Frisches, das ewig hält. Oder Regionales, das überall auf der Welt verkauft wird. Aber da die Menschen offenbar genau das wollen, bekommen sie es auch. Ein besonders mustergültiges Beispiel ist jene Firma, die »Biologisch angemessenes Hundefutter aus frischen regionalen Zutaten« feilbietet. Biologisch, frisch, regional: alles bestens. Doch die Firma kommt nicht von nebenan, sondern aus Kanada.

Mehr wohltönende Werbevokabeln kann man kaum auf knappem Raum unterbringen. Sie ist der wahre Champion und hat den Preis für bestes Natur-Marketing verdient: die Marke »Acana« von »Champion Petfoods« aus Kanada. Der Prospekt zeigt »Kanadas ausgedehntes und fruchtbares Land – unsere Quelle der Inspiration und frischer, regionaler Zutaten«.

Eine extrem pfiffige Deutung. So ist praktisch alles »frisch« und »regional«. Irgendwann. Irgendwo. Und klar ist auch: »Acana Hundefutter folgt den Regeln der Natur«. Zum Beispiel beim Trockenfutter »Lamb & Okanagan Apple«, mit vermutlich im kalten kanadischen Winter »gefriergetrockneten Lammleberstückchen« und dazu »Ganze Beute«-Portionen von, natürlich total regionalem, neuseeländischem Lammfleisch, »welche auf natürliche Weise Nährstoffe liefern«. In

Zusammenarbeit mit *Enterococcus faecium* NCIMB10415, einem Bakterium, das wohl auf völlig natürliche Weise aus dem Darminhalt eines nicht näher bezeichneten Lebewesens in den Trockenfuttersack der Regionalisten aus Kanada übergesprungen ist.

Vielleicht war es in einer der »Küchen« von Champion Petfoods. Pardon! In einer der »preisgekrönten Küchen«. Dort wird »nachhaltig produziert« und »jeden Tag frisch« angeliefert. Und »biologisch« und »angemessen« ist das Produkt auch noch. Das gehört zur »Mission«. Schließlich sind »Keine Schlachtabfälle« zu erwarten, wobei ja eigentlich gar nichts dagegen spricht, den Tieren Abfälle zu geben, wenn sie nicht mit massenhaft Chemie vermischt würden.

Der Trend zur Natur nährt auch andere Petfood-Produzenten. Wichtig ist nur, das alles »natürlich« und »naturbelassen« ist – sogar das Trockenfutter »Panys natürliche Heimtiernahrung«. Und artgerecht. So gibt es sogar »artgerechte« Knusper-Brezeln aus dem Hause Napfzeit.

Das neue Zauberwort aber heißt: Barf. Es gibt sogar eine Firma, die so heißt: »Graf Barf«. Die verkauft sogenannte Rohfutterwürfel. Weil »roh« auch super klingt. Erhältlich sind die Würfel in vielen Varianten, etwa »Ochsenmaul mit Knorpel«, »Herz«, sogar »Hoden« und »Luftröhre«. Alles »sortenrein«. Und eben quadratisch. Also total »roh«. Das ist zwar eine etwas eigenwillige Interpretation des Begriffes »roh«, aber die Aufsichtsbehörden sind offenbar tolerant genug, auch da ein paar Augen zuzudrücken. Graf Barf sagt sogar, was »Barf« eigentlich bedeutet: »Barf bedeutet biologisches, artgerechtes, rohes Futter.« Stimmt wohl. Wer dann aber, wie »Graf Barf«, Herz, Hoden und Luftröhre akkurat in Würfelform presst und sodann in Plastik verpackt, hat sich vom Rohen dann doch ein bisschen entfernt.

Die Firma hat ziemlich unverfroren einen Begriff gekapert, der eigentlich eine Gegenbewegung bezeichnet. Eine Gegenbewegung zur Fütterung mit der industriellen, von allerlei chemischen Zutaten begleiteten Kommerzkost. Eine ziemlich erfolgreiche Gegenbewegung. Ursprünglich war »Barf« als Schimpfwort gedacht, formuliert von der Amerikanerin Debbie Tripp. Sie wollte die Leute ein bisschen verspotten, die ihre Hunde mit rohem Futter traktieren. Weil es offenbar Leute mit Hang zu Spintisiererei waren, nannte sie sie »wiedergeborene Rohfütterer«, »Born Again Raw Feeders«, abgekürzt: Barf. Dann allerdings stellte sie fest, dass diese Methode so abwegig nicht sein muss, dass die Tiere damit vielleicht sogar artgerechter ernährt werden können.

So wandelte sich die Bedeutung des Kürzels. Barf bedeutet im Englischen nun »Biologically Appropriate Raw Feed« und wird mit »biologisch angemessenes Rohfutter« im Deutschen bezeichnet. Im Zentrum der Barf-Bewegung steht artgerechtes Fleisch, das roh verfüttert wird. Keine Konservierungsstoffe und andere Chemikalien sollen im Tierfutter enthalten sein. In der verfeinerten Version werden die Bestandteile der Barf-Diät bei unterschiedlichen Mahlzeiten verabreicht, einmal die fleischigen Knochen, zu anderen Zeiten das Gemüse. So hätten es die Ahnen der heutigen Hunde gehalten, meint jedenfalls der berühmte amerikanische Wolfsforscher Dr. David Mech, der an der Universität von Minnesota lehrt. Wölfe, so hat er herausgefunden, fressen verschiedene Teile ihrer Beute zu verschiedenen Zeiten. Vermutlich sei so für die beste Verwertung der verschiedenen Nahrungsbestandteile gesorgt.

Diese Fütterungspraxis ist sozusagen eine Art tierischer Trennkost-Diät. Dafür müssten heute die Menschen sorgen, weil sich der Hund selbst an sein wölfisches Wesen nicht mehr recht erinnert und, wenn man beides zusammen in den Napf legte, sich über das Fleisch hermachen würde und das Gemüse liegen ließe.

Mit dem neuen Trend zur Rohkost kommt auch ein Klassiker der Hundenahrung zu neuen Ehren, der in jüngerer Zeit nur noch in Witzzeichnungen und kulinarischen Klischees ein Reservat fand: der Knochen. Jetzt gibt es sogar eine Knochen-Bibel, die erstmals 1993 vom australischen Barf-Pionier und Tierarzt Ian Billinghurst veröffentlicht wurde. Sein Buch »Give Your Dog a Bone« (»Gib deinem Hund einen Knochen«) wurde zum Leitmedium der Knochenfresserbewegung.

Dass Hunde Knochen fressen, ist eigentlich normal, es ist nur mittlerweile ebenso in Vergessenheit geraten wie der Umstand, dass Rinder eigentlich Gras fressen. Dabei sind Knochen wahre Wunderorgane. Das wissen Feinschmecker schon lange, wenn sie Knochen als Basis für feine Saucen, die sogenannten Fonds, stundenlang kochen. Dass sie auch ein quasi kosmetisches Mittel sind, zeigt sich an der »Kollagen-Diät«, die neuerdings in Japan und anderswo Furore macht – und gegen Falten helfen soll.

Kollagen ist ein wichtiger Knochenbestandteil mit wundersam anmutenden Fähigkeiten. Die Kollagenfasern sind unvorstellbar stabil. Sie können Gewichte vom bis zu Zehntausendfachen ihres Eigengewichts halten. Wenn ein 70-Kilo-Mensch also aus Kollagen bestünde, könnte er 700 Tonnen halten und als stabilster Mensch der Welt im Zirkus auftreten. Mit den Händen an einem Trapez und unten an den Beinen 580 Mittelklassewagen vom Typ Golf VII, von denen jeder ein Leergewicht von 1205 Kilogramm hat. Was den Knochen den Geschmack gibt, sind darüber hinaus unüberschaubar viele Substanzen, darunter Calcium, Phosphor und viele andere.

Der Hund kann Knochen knabbern und so all diese Bestandteile nutzen, die der Mensch mühsam herauskochen muss. Die

Knochenfresserbewegung breitet sich aus. Immer mehr Hunde kehren wieder zu der klassischen Knabberware zurück. In Großbritannien gibt es schon eine »Vereinigung der Fleischknochenfreunde im Vereinigten Königreich« (»United Kingdom Raw Meaty Bones«, abgekürzt ukrmb). Schon 2001 erschien das Buch zur Bewegung, das »Raw Meaty Bones«, also »Rohe Fleischknochen« heißt. Die Anhänger dieser Bewegung sind nicht nur Freunde des Knochens, sondern auch Gegner von Dosenfutter. Sie glauben, dass industriell hergestelltes Futter für viele unter Haustieren grassierende Krankheiten verantwortlich ist. Und sie verbreiten auch wissenschaftliche Vergleichsstudien wie etwa jene, der zufolge Industriefutterhunde nur 10,4 Jahre leben, Fresser von Hausgemachtem hingegen 13,1 Jahre.

Mit der Rückkehr zum Rohen und zu Klassikern wie dem Knochen kommt auch wieder ein Futter zu Ehren, das die Fertigfutterkäufer bisher verschmähten. Was das ist? »Es heißt da grüner Pansen und stinkt«, schrieben die Autoren Heiko Gebhardt und Gert Haucke in ihrem Buch »Die Sache mit dem Hund«. Darin freuen sich Gebhardt und Haucke: »Etwas Besseres können Sie Ihrem Hund nicht bieten.« Grüner Pansen, das ist Magen vom Rind mit halbverdauter Nahrung drin, auch mit den Bakterien, die dem Rind beim Verdauen behilflich waren. Pansen ist offenbar so etwas wie das natürliche Wunderfutter für den Hund. »Eine wertvollere Nahrung für Ihren Hund als dieses unbehandelte Stinkezeug gibt es nicht.«

Heute muss niemand heimlich an der Hintertür beim Metzger ein Säckchen holen, heute gibt es das Stinkezeug tiefgefroren im Internet, vom »Pansen-Express« (www.pansen-express.de). Die kleine Firma aus dem schleswig-holsteinischen Ellingstedt verschickt neben Pansen auch Spezialitäten wie Maulfleisch oder Schlundfleisch, und das »beugt Lahmheiten vor«.

Auch Katzen können so gut leben. Fleisch und andere tierische Teile sind genau das Richtige für sie. Schließlich würden sie in freier Natur sechs bis zwölf Mäuse pro Tag fressen, sagt die Veterinärin Jutta Ziegler. Damit würden sie ausreichend versorgt. Den besonders kritischen Nährstoff Taurin kriegen sie, weil sie Herz besonders gern mögen vom Rind, Schwein oder Geflügel. Und da ist viel Taurin drin. Die Tiere wissen offenbar immer noch instinktiv, was gut für sie ist.

Knochen für die Hunde. Und Fleisch. Auch für die Katzen. Das liegt im Trend jetzt. Dabei ist es ja eine uralte Methode, eigentlich die, mit der Hund, Katze, Mensch gemeinsam durch die letzten Jahrtausende gekommen sind. Die Wahl des richtigen Futters gelingt oft ohne Tierärzte und ihre Professoren. Für sie und die ihnen eng verbundenen Konzerne ist es natürlich ganz schrecklich, wenn Katzen jetzt Mäuse oder einfaches Fleisch fräßen.

Die Rückkehr des Rohen ist für die Tierfutterindustrie natürlich eine ernste Bedrohung. Schließlich kann der Hund ohne Chappi leben, Chappi aber nicht ohne Hund. So mehren sich in jüngerer Zeit besorgte Stimmen, die auf die Gesundheitsrisiken durch Rohes und einfache Schlachtnebenprodukte aufmerksam machen.

Vor allem bei Katzen rät Hill's »Handbuch zur Klinischen Diätetik für Kleintiere« streng von Rohfleisch ab. »Wenn es nicht mit Vitaminen und Nährstoffen ergänzt wird, ist rohes Fleisch zur Ernährung unausgewogen« und könne einen ernährungsbedingten Jodmangel hervorrufen. Ausdrücklich warnt das Buch in diesem Fall vor dem »Hyperparathyreoidismus«, einer Schilddrüsenüberfunktion. Seltsam nur, dass Löwen und Luchse und Tiger, die ja vorwiegend von erjagtem Fleisch leben, nicht an Hyperparathyreoidismus leiden.

Doch damit nicht genug. Naturnahrung hat noch weitere

gefährliche Folgen, glaubt man den Konzernexperten. Zu den möglichen Risiken zählt zum Beispiel auch Übervitaminisierung. Darauf macht nicht nur das Hill's-Handbuch, sondern auch die amerikanische Überwachungsbehörde FDA aufmerksam: »Wenn Leber als Hauptbestandteil verabreicht wird, kann es zu einer Vitamin-A-Vergiftung kommen.« Hill's ist verständlicherweise nicht so begeistert über »hausgemachte Futterrationen«. Denn, so das Handbuch: »Im Hinblick auf die Versorgung mit Mineralstoffen ist ein hausgemachtes Futter per se so gut wie nie ausreichend.« Hinzu kommt, dass die Halter dann auch noch nachlässig werden: »So ist das Weglassen der Vitamin-Mineralstoff-Präparate einer der häufigsten Fehler.« Kurz und gut, Hill's fasst es so zusammen: »Die meisten kommerziellen Futtermittel sind praktischer in der Handhabung, weniger teuer und ausgewogener im Hinblick auf die Nährstoffzusammensetzung.«

Hill's sieht es daher auch als seine Pflicht an, die Tierärzte auf die Risiken hinzuweisen, die aus falscher Tierernährung erwachsen können. Das klingt dann fast ein bisschen bedrohlich. »Lethargie und Erbrechen« wurden bei drei Katzen beobachtet, deren Besitzer beschlossen hatte, »seine Katzen nicht länger mit kommerziell hergestelltem Katzenfutter zu füttern«.

Ein anderer Fall: »Rückenprobleme und Schwäche bei einem Springer-Spaniel«. Auch dessen Besitzer, so tadelt Hill's streng, war »nicht gewillt, ein kommerziell hergestelltes Futter für seinen Hund zu verwenden«. Und das kommt dabei raus: »Weicher Kot bei einem jungen Riesenschnauzer«. Zum Beispiel. Das Futter bestand aus »nicht näher bekannten Anteilen an rohem Fleisch, Leber, Eiern, gekochtem braunem Reis, einigen Gemüsesorten und etwa 100 Gramm an verschiedenen Ergänzungsmitteln«. Kaum dass der Hund wieder handelsübliche

Industrieware bekam, ein Diät-Trockenfutter, wurde alles gut: »Zwei Wochen später war der Stuhl des Hundes normal.«

Auch hierzulande verbreitet sich der Barf-Trend, und auch hier waltet Skepsis. »Die Barf-Fütterung ist unter hygienischen Aspekten kritisch zu betrachten«, schrieb Tierärztin Susanne Mück in der Zeitschrift *Der Hund*.

Zwar sei es »ohne weiteres möglich, Hunde mit selbst zusammengestellten Rationen ausgewogen zu füttern«, meinte Veterinärin Mück. Allerdings besteht »immer eine gewisse Gefahr der Unterversorgung an Nähr- und Mineralstoffen und Vitaminen«. Beispielsweise drohe »Calciummangel«. Durch Knochen, darauf weist sie auch hin, könne natürlich einem Mineralstoffmangel vorgebeugt werden. Jedoch: Wenn der Hund Knochen bekommt, drohe »die Entstehung von schweren Verstopfungen (sogenannter Knochenkot)«. Zudem sei »rohes Fleisch«, so warnte Mück, »immer ein potenzieller Träger pathogener Bakterien«.

Nun arbeitet Tierärztin Mück zusammen mit Professor Jürgen Zentek, der ein ausgewiesener Unterstützer industriellen Tierfutters ist, mit ihm veröffentlichte sie wissenschaftliche Artikel. Man könnte sie daher für eine Befürworterin des Dosenfutters halten. Die bakterielle Gefahr wird jedoch auch von anderen gesehen: Tatsächlich ergab eine Studie des schwedischen Nationalen Veterinärinstitutes vom Oktober 2015, dass rohes Fleisch eine Aufnahmequelle resistenter *E. coli*-Bakterien sein kann. Auch die Zeitschrift *Tierärztliche Praxis* mahnte im Dezember 2015: »Zu den Risiken der Rohfütterung gehören Infektionen der Hunde mit Parasiten, Bakterien und Viren.«

Schon im Jahre 2002 stellte eine kanadische Studie fest, dass bei rohem Geflügelfleisch 80 Prozent der Barf-Proben Salmonellen enthielten. Sie fanden sich bei 30 Prozent der Barf-Hunde sogar noch im Kot.

Eigentlich ganz einfach: Die Suche nach dem besseren Futter

»Hunde, die rohes Huhn bekommen, können zu einer Quelle von Umwelt-Kontamination werden«, folgerten die Kanadier. Und nicht nur Huhn ist bakteriell befallen. Im Jahr 2005 musste in den USA Tierfutter aus »100%« Rindfleisch zurückgerufen werden wegen möglicher Salmonellenkontamination.

Die amerikanische Überwachungsbehörde FDA hat im Jahre 2004 Richtlinien für den Umgang mit der Rohware herausgegeben. Sie machte auf Risiken durch bakterielle Kontamination aufmerksam.

Da die Bakterienkontamination vor allem ein Problem der industrialisierten Fleischwirtschaft ist und es in den USA kaum anders produziertes Fleisch gibt, sind selbst Kritiker des kommerziellen Futters wie die US-Autorin Ann N. Martin nicht immer fürs Rohe. Sie füttert vorsichtshalber gekochte Menüs an ihre Hunde, allerdings hausgemacht: »Ich koche das Fleisch immer für meine Burschen.« Sie hat ihre Gründe und vor allem eine gesunde Skepsis gegenüber den Erzeugnissen der US-Fleischindustrie: »Weil ich alle Aspekte der Fleischindustrie recherchiert habe, inklusive der Bedingungen in einigen Schlachthäusern.« So scheint auch unter den Alternativköstlern kein Dogma vorzuherrschen und sich eher der Trend zum Vielseitigen durchzusetzen. Der Rest, so scheint es, kann dem Hund und der Katze selbst überlassen werden.

Aber wie sieht es aus, wenn Tierfreunde zu radikalen Lösungen greifen? Und ihre Hunde und Katzen zum Beispiel völlig fleischfrei ernähren. So wie Tierfreundin Zellweger aus der Schweiz.

Vor allem Vegetarier und Veganer füttern ihre Haustiere häufig, ihren eigenen Vorlieben folgend, fleischreduziert oder gar fleischlos. Sie halten ja überdurchschnittlich häufig Hunde und Katzen. Vegetarier und Veganer befinden sich in einem Dilemma, wie der Psychologe Hank Rothgerber von der University of Bellarmine im US-Bundesstaat Kentucky herausfand. Er hatte mehr als 500 Vegetarier und Veganer interviewt, von denen 72 Prozent Hunde oder Katzen hielten.

Im Fachmagazin *Appetite* berichtete Rothgerber über einen Konflikt, den er tragisch nennt. Seine Probanden litten unter Schuldgefühlen, manche fühlten sich gar wie Heuchler. Besonders im Zwiespalt waren Veganer und Vegetarier, die sich als ethisch motiviert bezeichneten – im Unterschied zu denjenigen, die aus Gesundheitsgründen auf Fleisch verzichten. Ihre Lösung: weniger Tierisches fürs Tier. Manche gaben ihren Lieblingen weniger als 25 Prozent Fleisch, Milch und Ei. Aber ist das auch gut für den Liebling?

Wer kommerzielle Vegetarierprodukte kauft, ist jedenfalls nicht unbedingt auf der sicheren Seite. So stellte die Stiftung Warentest fest, dass »Benevo Duo Complete Food for Cats & Dogs«, »laut Deklaration ein vegetarisches Futter«, für das der Hersteller angeblich auf jegliche tierische Zutaten verzichte, womöglich gar nicht so tierfrei entstanden ist. Darauf deuteten jedenfalls die Analysen der Warentester hin. Denn im Ergebnis hieß es: »Wir wiesen Huhn nach.«

Eine Studie, die 2015 im *Journal of the American Veterinary Medical Association* erschienen war, ergab, dass bei den untersuchten vegetarischen Produkten die Etikettierungsvorschriften nicht angemessen befolgt wurden und die Nährstoffgehalte ebenfalls nicht immer angemessen seien. So gab es »Bedenken bezüglich der Angemessenheit des Aminosäuregehalts«. Dabei glauben Wissenschaftler, dass eine vegetarische Ernährung von Hunden und Katzen durchaus möglich sei – jedenfalls theoretisch. Es sei nur schwierig.

Das hatte schon eine Doktorarbeit an der Ludwig-Maximilians-Universität (LMU) München Ende der 1990er Jahre ergeben, bei der die Futterrationen von über 90 Hunden und Katzen analysiert wurden. Leider gelänge es den Tierhaltern nicht, das Futter so zusammenzustellen, dass das Tier bedarfsgerecht versorgt wird.

So hätten die hausgemachten Veggie-Diäten für Hunde und Katzen zu diversen Nährstoffmängeln geführt, bei Eiweiß etwa, aber auch Calcium, Phosphor und Vitamin B_{12} bei Hunden. Bei Katzen mangelte es an Taurin, einem Nahrungsbestandteil, den sie nicht selbst herstellen können. Theoretisch, so das Fazit der Studie, sei eine solche Form der Fütterung mithin »akzeptabel«, in der Praxis allerdings oft »tierschutzrelevant«.

Auch Professorin Ellen Kienzle, die Tierernährungsexpertin an der LMU, meinte gegenüber *Spiegel online*, eine gemäßigte ovo-lacto-vegetarische Ernährung beim Hund sei »an und für sich möglich«. Möglich ist sie aber nur unter strenger Kontrolle: »Ich empfehle jedem Hundehalter dringend, das nur unter fachtierärztlicher Aufsicht zu machen. Es gibt immer wieder Probleme, wenn die Leute die Hundenahrung selbst zusammenstellen.«

Spiegel online fragte: »Hunde vegetarisch zu ernähren, ist also möglich. Wie sieht es mit veganer Ernährung aus?«

Kienzle: »Wenn es unbedingt sein muss, kann man das beim erwachsenen Hund machen – unter den genannten Vorbehalten. Aber bei trächtigen oder Milch gebenden Hündinnen und bei Welpen ist vegane Ernährung nicht in Ordnung.«

Und bei Katzen erst recht nicht, meinte die Professorin: »Hunde sind wesentlich flexibler in ihrer Ernährung als Katzen, die während der Domestizierung ja weiterhin Mäuse gefressen haben – deswegen wurden sie ja vom Menschen gehalten. Der Stoffwechsel der Katze ist außerdem noch nicht so gut erforscht wie der des Hundes.« Die Tierfreundevereinigung Peta rät vorsichtshalber zur genauen Beobachtung des Gesundheitszustandes des Lieblings: »Schauen Sie nach chronischen Magen-Darm- und Hautproblemen und beachten Sie jegliche neuen Gesundheitsprobleme. Die Gesundheit vieler Hunde und Katzen verbessert sich durch eine vegetarische Ernährung, aber gelegentlich mag ein Tier nicht gedeihen. Benutzen Sie Ihren gesunden Menschenverstand, sollte dies vorkommen.«

Auch viele Tierhalter, ob Fleischfreunde oder nicht, neigen daher zu pragmatischen Lösungen und vertrauen auch auf den Instinkt der Vierbeiner. Ein bisschen Rohfutter. Klassiker wie Knochen. Vergessenes wie Pansen. Manchmal auch kochen. Natürlich eine Maus für die Katze, wenn sie eine findet. Mitunter das, was übrig bleibt vom Mahl der Menschen. Und dann und wann mal Fertigfutter, von der besseren Sorte. Sogar die kritische Tierärztin Jutta Ziegler sagt: »Ich möchte hier nicht jedes Fertigfutter in Bausch und Bogen verdammen, denn wenn keine Möglichkeit besteht, Rohfleisch zu geben, gibt es sehr wohl vereinzelte Marken, die man guten Gewissens füttern kann.« Es seien »meist kleinere und innovativere Firmen, die auf wirklich ausgesuchte Rohstoffe achten und ihre Kunden direkt und ohne Zwischenhändler beliefern.«

Das Problem ist nur: »Diese Futtermittel bekommen Sie aber nicht beim Tierarzt, nicht im Supermarkt, nicht im Zoofachhandel und schon gar nicht in den seit einigen Jahren massiv expandierenden ›Tier-Supermarkt-Ketten‹.« Wo dann? Bei ihr, zum Beispiel. Jutta Ziegler hat sogar einen eigenen kleinen Shop dafür aufgemacht. Ein Stück außerhalb des 20 000-Einwohner-Städtchens Hallein, eine halbe Autostunde südlich von Salzburg. Ein Wegweiser mit Pfeil gibt die Richtung an: »Tierärztin«. Auf dem Weg in die Praxis kommt man erst einmal am Geschäft vorbei: »Dr. Zieglers Naturfutterlädchen« steht außen dran. Drinnen gibt es, in urigen Holzkisten – Fertigfutter.

Bei ihr, der Industriekritikerin? Immerhin: Es riecht nicht so streng wie sonst in einem Tierfutterladen. Trotzdem hat es, meinen Branchenbeobachter, ein »G'schmäckle«, wenn die profilierteste Kritikerin der Futterindustrie ihr eigenes Business betreibt. Allerdings eher widerwillig, wie sie durchaus glaubhaft versichert. Denn »nur aufgrund der immensen Nachfrage hab ich das gemacht«.

Das kann man sich schon vorstellen: dass die Tierfreunde immer wieder nachfragen, was sie denn nun füttern sollen – und die Veterinärin gleichsam drängen, ins Futterbusiness einzusteigen. Mit erhöhtem Anspruch, sozusagen. Darum verkauft sie zum Beispiel nicht die üblichen üblen Abfallprodukte wie gemahlene Federn. Und von ihrem Fertigfutter rät sie eigentlich auch eher ab: »Es ist ein Kompromiss für den Urlaub. Ich empfehle es nicht als Alleinfutter.« Und das Rohfutter gibt es, naturbelassen, in der Tiefkühltruhe. Das ist es, was sie eigentlich empfiehlt. Und das klingt ja auch vernünftig.

Doch was ist natürlich bei Haustieren, die seit Tausenden von Jahren keinen näheren Kontakt zur Wildnis hatten und näher am Menschen sind als am Urwald? In der freien Wildbahn kämen heutige Haustiere nicht mehr zurecht – es sei denn, sie würden wieder verwildern.

Ohne Kompromisse kommt also eigentlich kein Tierhalter aus. Viele suchen sich daher ihren ganz privaten Mix aus Natur, ein bisschen Bequemlichkeit aus der Dose und Selbstgekochtem.

Am Ende hängt eben auch viel davon ab, was so ein Tier selbst bevorzugt. Wenn es an der »Akzeptanz« fehlt, kann man es ja nicht zwingen. Merlin zum Beispiel mag das testweise vorgesetzte Fertigfutter von Aldi nicht. »Romeo Pastete mit Lachs auf Aspik mit Ente« zum Beispiel lässt er stehen, nachdem er ein bisschen dran geschnuppert hat. Ebenso wie »OptiDog Paté«, im Napf daneben. Das ist für die »Optimale Hundeernährung«. Von Lidl. »Mit 5 Sorten Fleisch«. Merlin knabbert ein bisschen an OptiDog. Dann lässt er es stehen.

Dabei schneidet das Billigfutter bei Tests oft ganz gut ab. Bei Merlin nicht.

Sohn Konstantin sagt: »Unser Hund ist ein Feinschmecker.« Der Vater sagt: »Der isst nur Rinti oder Selbstgekochtes.«

Rinti ist eine Dosenfutterfirma mit hohem Qualitätsanspruch, die Zusatzstoffe im Dosenfutter ablehnt. Hohe Ansprüche scheint Hund Merlin dabei nicht zu haben, glaubt man Tochter Josefine:

»Was er roh isst, sind Paprika, Kirschen, auch Brot mit Butter. Und der isst noch Nüsse, die knackt er sich selber aus der Schale.«

Ein- bis zweimal die Woche kocht Mutter Margarita Kaufmann:

»Hackfleisch, das wird ein bisschen mit Öl und Zwiebeln angebraten, Karotten, Petersilie oder so. Und dann frischen Reis dazu.« Grünen Pansen mag er auch. Und er frisst Suppenknochen.

So sieht heute ein Hundeleben aus, wenn der Hund Glück hat. Er weiß ja, dass es noch etwas anderes gibt, und muss das Billigfutter nicht fressen. Die große Dose von Aldi hat er komplett stehenlassen. Sie steht auch am nächsten Morgen noch völlig unangetastet. Obwohl er eigentlich ziemlich Hunger hat. So ähnlich ist das offenbar auch bei Hund Kinky. Dessen Herrchen heißt Peter Ploog, und Herr Ploog hat sogar von seinem Hund etwas gelernt: »Ich habe von Kinky gelernt, dass man dem Hang zum Allesfressen nur durch Qualität und Frische beikommen kann.« Dabei ist auch Kinky nicht besonders anspruchsvoll, glaubt man Herrchen Ploog: »Das muss nicht luxuriös sein, nicht Filetsteak und Austern. Nein, nur frisch und solide muss es sein, und schon verweigert Kinky sogar die

Aufnahme von Bio-Dosenfutter, knabbert er fröhlich seine Bio-Möhre.«

Peter Ploog war einmal Chefredakteur der Zeitschrift *Essen + Trinken*. Er hat daher aus dem Fressverhalten seines Hundes eine allgemeine Lebensmaxime destilliert, seine »Moral von der Geschicht«. Und diese lautet: »Gut essen heißt vor allem, beste Lebensmittel möglichst frisch zu genießen.«

Literatur

Bücher

Aldington EHW: Was tu ich nur mit diesem Hund? Weiden: Gollwitzer 2000.

Biber V: Futterprobleme beim Hund: vorbeugen und natürlich behandeln; Auslöser erkennen und vermeiden. Bernau: Animal-Learn-Verlag 2007

Campbell WE: Behavior Problems in Dogs. Goleta, Calif.: American Veterinary Publications 1992.

Dodds WJ: Canine Nutrigenomics: The New Science of Feeding Your Dog for Optimum Health. Wenatchee, Washington U.S.A., Dogwise Publishing, 2015.

Dodds WJ: The Canine Thyroid Epidemic: Answers You Need for Your Dog. Wenatchee, Wash.: Dogwise Pub., 2011.

Edtstadtler-Pietsch G: Untersuchungen zum Energiebedarf von Katzen. Dissertation. Ludwig-Maximilians-Universität München 2003.

El Boushy ARY, van der Poel AFB: Handbook of Poultry Feed from Waste. Dordrecht: Springer Netherland 2000.

El Boushy ARY, van der Poel AFB: Poultry Feed from Waste. Processing and Use. London: Chapman & Hall 1994.

Grimm H-U: Aus Teufels Topf. Die neuen Risiken beim Essen. München: Droemer Knaur 2001.

Grimm H-U: Die Suppe lügt. Die schöne neue Welt des Essens. Droemer 2015 (Klett-Cotta 1997).

Grimm H-U: Die Fleischlüge. Wie uns die Tierindustrie krank macht. München: Droemer 2015.

Grimm H-U: Die Ernährungslüge. Wie uns die Lebensmittelindustrie um den Verstand bringt. München: Knaur 2011 (2003).

Grimm H-U: Die Kalorienlüge. Wie uns die Nahrungsindustrie dick macht. Knaur 2015. Aktualisierte und erweiterte Neuausgabe (Dr. Watson Books 2008).

Grimm H-U, Ubbenhorst B: Chemie im Essen. Lebensmittel-Zusatzstoffe: Wie sie wirken, warum sie schaden. Knaur 2013 (Dr. Watson Books 2007).

Hand MS, Thatcher CD, Remillard RL, Roudebush P: Klinische Diätetik für Kleintiere. Band I und II. Hannover: Schlütersche 2002.

Kammerer KD: Der Jahrtausendirrtum der Veterinärmedizin. Die Hüftgelenksdysplasie infolge Fehlernährung als nicht erbliche Skeletterkrankung des Hundes. Karlsruhe: Transanimal 2002.

Fox MW et al.: Not Fit for a Dog! The Truth about Manufactured Dog and Cat Food. Fresno, Calif.: Quill Driver Books, 2009.

Jung C: Schwarzbuch Hund: die Menschen und ihr bester Freund. Norderstedt: Books on Demand 2010.

Kaufmann C, Zey CJ: Liebestöter auf vier Pfoten. Bergisch Gladbach: Ehrenwirth 2006.

Kirchgeßner M et al.: Tierernährung. Frankfurt: DLG-Verlag 2014.

Krautwurst F: Einmaleins der Hundeernährung. Der Schlüssel zur artgerechten Hundeernährung. Mürlenbach/Eifel: Kynos 2000.

Kusch C: Gesunde Hundeernährung. Lauwil, Schweiz: Est media 1999.

Martin AN: Food Pets Die for. Shocking Facts about Pet Food. Troutdale, Oregon: NewSage Press 2003.

Martin AN: Protect your Pet. More shocking facts. Troutdale, Oregon: NewSage Press 2001.

Mugford R: Hunde auf der Couch – Verhaltenstherapie bei Hunden. Zum besseren Verständnis der Hunde und ihrer Menschen. Mürlenbach/Eifel: Kynos 1991.

Neumann S: Friedrich der Große in der pommerschen Erzähltradition. Rostock: Wossidlo-Archiv 1998.

Pegius M: Juristische Ergoetzlichkeiten vom Hunde-Recht, und denen darbey vorkommenden Faellen: welchen, als ein Anhang, das Recht derer Tauben und Huener beygefueget worden. Frankfurt: Immig 1725.

Pennington H: When Food Kills. BSE, E. coli and disaster science. New York: Oxford University Press 2003.

Scheffer M: Die Original Bach-Blütentherapie für Haustiere. München: Heinrich Hugendubel Verlag 2005.

Schlumpf M, Lichtensteiger W: Hormonaktive Chemikalien. Bern: Verlag Hans Huber 2000.

Simopoulus AP, Cleland LG: Omega-6/Omega-3 Essential Fatty Acid Ratio. The Scientific Evidence. Basel: Karger 2003.

Spangenberg R: Katzenkrankheiten. Erkennung und Behandlung. Steuerung des Sexualverhaltens (6. Auflage). München: Falkenverlag 1987.

Späth H, Löw G, Reinhart E: Gesunde Tiere mit biologischer Medizin. Naturheilkunde für Heim- und Haustiere. Paderborn: Media-Print 2005.

Studer T: Die prähistorischen Hunde in ihrer Beziehung zu den gegenwärtig lebenden Rassen. Zürich: Zürcher & Furrer 1901.

Trumler E: Der schwierige Hund. 111 Fragen an den Fachmann. Mürlenbach/Eifel: Kynos 1986.

Ullrich K: Über Hormonanwendung bei endokrin bedingten Erkrankungen des Hundes. Kleintierpraxis 1970.

Vandemeulenbroucke J: De Hormonenmaffia. Antwerpen: Hadewijch 1993.

Literatur

Weiß M: Wirkungen von Enterococcus Faecium auf den Organismus neonataler Hundewelpen. Dissertation. Ludwig-Maximilians-Universität München 2003.

Wolff G: Friedrich der Große. Krankheiten und Tod. Mannheim: Waldkirch 2000.

Nestle M: Pet Food Politics: The Chihuahua in the Coal Mine. Berkeley: University of California Press, 2008.

Westendorf ML: Food Waste to Animal Feed. Ebook. Iowa State University Press 2000.

Zentek J: Hunde richtig füttern: 37 Tabellen. Stuttgart (Hohenheim): Ulmer 2012.

Ziegler J: Hunde würden länger leben, wenn ... München: mvg Verlag 2011.

Ziegler J: Tierärzte können die Gesundheit Ihres Tieres gefährden: Neue Wege in der Therapie. München: mvg Verlag 2013.

Aufsätze

Becker N, Dillitzer N, Sauter-Louis C, Kienzle E: Feeding of Dogs and Cats in Germany. Tierarztl Prax Ausg K Kleintiere Heimtiere. 2012; 40(6):391-7.

Belfield WO: Chronic Subclinical Scurvy and Canine Hip Dysplasia. Vet Med Small Anim Clin. 1976; 71:1399–1403.

Belfield WO: The Dysplastic Dog Can Be Helped. Vet Med Small Anim Clin 1971; 66:883–886.

Berge E: Die angeborene Hüftgelenksdysplasie beim Hund. Dtsch. Tierärztl. Wschr. 1957; 64:509.

Bhattacharyya S, Feferman L, Unterman T, Tobacman JK: Exposure to Common Food Additive Carrageenan Alone Leads to Fasting Hyperglycemia and in Combination with High Fat Diet Exacerbates Glucose Intolerance and Hyperlipidemia without Effect on Weight. J Diabetes Res. 2015; 513429.

Blaszczyk A: DNA Damage Induced by Ethoxyquin in Human Peripheral Lymphocytes. Toxicol Lett. 2006; 163(1):77–83.

Brass W: Hip Dysplasia in dogs. J Small Anim Pract 1989; 30 (3):166–170.

Böttcher P, Klüter S, Grevel V: Fettabsaugung: Eine minimal-invasive Methode zur Entfernung subkutaner und intramuskulärer Lipome beim Hund. Kongressband 52. Jahreskongress der Deutschen Gesellschaft Kleintiermedizin (DGK-DVG). Berlin 2006: 297–301(ISBN 3-938026-95-2)

Böttcher P, Klüter S, Krastel D, Grevel V: Liposuction--removal of giant lipomas for weight loss in a dog with severe hip osteoarthritis. J Small Anim Pract. 2007 Jan; 48(1):46-48.

Bundesamt für Veterinärwesen: Verordnung über die Entsorgung von tierischen Nebenprodukten (VTNP) vom 23. Juni 2004, Stand 2005.

Burgess TM, Meyer EK, Bataller N: Practitioner Report Involving Intravenous Use of Vitamin K1 Prompts Label Review and Revision. J Am Vet Med Assoc. 2001 Jun; 218(11):1767–1770.

Cerundolo R, Court MH, Hao Q et al.: Identification and Concentration of Soy Phytoestrogens in Commercial Dog Foods. Am J Vet Res. 2004 May; 65(5):592–596.

Cerundolo R, Michel KE, Reisner IR et al.: Evaluation of the Effects of Dietary Soy Phytoestrogens on Canine Health, Steroidogenesis, Thyroid Function, Behavior and Skin and Coat Quality in a Prospective Controlled Randomized Trial. Am J Vet Res. 2009 Mar; 70(3):353–360.

Cerundolo R, Court MH, Hao Q et al.: Identification and Concentration of Soy Phytoestrogens in Commercial Dog Foods. Am J Vet Res. 2004 May; 65(5):592–6.

Cerundolo R, Michel KE, Reisner IR et al.: Effects of Dietary Soy Phytoestrogens on Health, Steroidogenesis, and Thyroid Gland Function in Dogs. Am J Vet Res. 2009 Mar; 70(3):353-60.

Cooke PS, Selvaraj V, Yellayi S: Genistein, Estrogen Receptors, and the Acquired Immune Response. J Nutr. 2006 Mar; 136(3):704–708.

Dämmrich K: Die Beeinflussung des Skeletts durch die Schilddrüse bei Tieren. BMTW 1963; 76:31–34.

Dämmrich K: Zur Pathogenese der Skeletterkrankungen bei Hunden und Katzen. Wiener Tierärztl. Mschr. 1981; 68:109–115.

Dodman NH, Reisner I, Shuster L et al.: Effect of Dietary Protein Content on Behavior in Dogs. J Am Vet Med Assoc. 1996 Feb; 208(3):376–379.

Donoghue S, Scarlett JM: Diet and feline obesity. J Nutr 1998 Dec; 128(12): 2776–2778.

Dreesmann J, Cleves S: Ökologische Studie zu regionalen Risikofaktoren für EHEC und HUS in Niedersachsen. Niedersächsisches Landesgesundheitsamt, Hannover 2003; http://public.beuthhochschule.de/~kred/akmedgeo/pdf/J2004_pdfs/dreesman_cleves.pdf.

Edinboro CH, Scott-Moncrieff JC, Janovitz E et al.: Epidemiologic Study of Relationships Between Consumption of Commercial Canned Food and Risk of Hyperthyroidism in Cats. J Am Vet Med Assoc. 2004 Mar; 224(6):879–886.

Edney AT, Smith PM: Study of Obesity in Dogs Visiting Veterinary Practices in the United Kingdom. Vet Rec 1986 Apr; 118(14):391–396.

Efsa – European Food Safety Authority: Opinion of the Scientific Panel on Additives and Products or Substances Used in Animal Feed and of the Scientific Panel on Genetically Modified Organisms on the Safety and Efficacy

of the Enzyme Preparation Natuphos® (3-phytase) Produced by Aspergillus Niger. Efsa Journal 2006; 369:1–19.
- Efsa – European Food Safety Authority: Opinion of the Scientific Panel on Additives and Products or Substances Used in Animal Feed and of the Scientific Panel on Genetically Modified Organisms on the Safety and Efficacy of the Enzyme Preparation Phytase SP 1002 (3-phytase) for Use as Feed Additive for Piglets, Pigs for Fattening, Sows, Chickens for Fattening, Turkeys and Laying Hens. Efsa Journal 2006; 333:1–27.
- Efsa – European Food Safety Authority: Opinion of the Scientific Panel on Additives and Products or Substances Used in Animal Feed on the Safety and Efficacy of the Product »Biomin IMB 52« a Preparation of Enterococcus Faecium as a Feed Additive for Chicken for Fattening in Accordance with Regulation (EC) No 1831/2003. Efsa Journal 2006; 335:1–10.
- Efsa – European Food Safety Authority: Opinion of the Scientific Panel on Additives and Products or Substances Used in Animal Feed on a Request from the Commission on the Safety of BioProtein: Product of Fermentation from Natural Gas. The Efsa Journal 2005; 230,1–6.
- Efsa – European Food Safety Authority: Opinion of the Scientific Panel on Genetically Modified Organisms on a Request From the Commission Related to the Notification (Reference C/SE/96/3501) For the Placing on the Market of Genetically Modified Potato EH92-527-1 With Altered Starch Composition, For Cultivation and Production of Starch, under Part C of Directive 2001/18/EC From BASF Plant Science. Efsa Journal 2006; 323:1–20.
- Efsa – European Food Safety Authority: Opinion of the Scientific Panel on Genetically Modified Organisms on an Application (Reference Efsa-GMO-UK-2005–14) for the Placing on the Market of Genetically Modified Potato EH92-527-1 With Altered Starch Composition, For Production of Starch and Food/Feed Uses, Under Regulation (EC) No 1829/2003 from BASF Plant Science. Efsa Journal 2006; 324:1–20.
- Efsa – European Food Safety Authority: Opinion of the Scientific Panel on Additives and Products or Substances Used in Animal Feed on the Safety and Efficacy of the Product »Calsporin«, a Preparation of Bacillus subtilis, as a Feed Additive For Chickens For Fattening in Accordance with Regulation (EC) No 1831/2003. Efsa Journal 2006; 336:1–15.
- Efsa – European Food Safety Authority: Scientific Opinion on the Risks of Poor Welfare in Intensive Calf Farming Systems. An Update of the Scientific Veterinary Committee Report on the Welfare of Calves. Efsa-Q-2005-014 The Efsa Journal. 2006; 366:1–36. http://www.efsa.europa.eu/en/science/ahaw/ahaw_opinions/1516.html
- Efsa – European Food Safety Authority: Use of an Enzyme Preparation Based

on Thrombin: Fibrinogen Derived from Cattle and/or Pigs as a Food Additive for Reconstituting Food. Efsa Journal 2005; 214:1–8.

Efsa – European Food Safety Authority: Risk to Public and/or Animal Health of the Treatment of Dead-in-Shell Chicks (Category 2 material) to Be Used as Raw Material for the Production of Biogas or Compost with Category 3 Approved Method. Efsa Journal 2015; 13(11):4306.

Eigenmann JE: Wachstumshormon und insulinähnlicher Wachstumsfaktor beim Hund: Klinische und experimentelle Untersuchungen. Schweiz. Arch. Tierheilk. 1986; 108:57–78.

Fernandez-Tresguerres Hernandez JA: Effect of Monosodium Glutamate Given Orally on Appetite Control (a New Theory for the Obesity Epidemic). An R Acad Nac Med (Madr). 2005; 122(2):341–355.

Finley R, Reid-Smith R, Weese JS: Human health implications of Salmonella-contaminated natural pet treats and raw pet food. Clin Infect Dis. 2006 Mar; 42(5):686–691.

Flückinger M, Lang J, Binder H et al.: Die Bekämpfung der Hüftgelenksdysplasie in der Schweiz. Ein Rückblick auf die vergangenen 24 Jahre. Schweiz. Arch. Tierheilk. 1995; 137:243–250.

Franz E, van Diepeningen AD, de Vos OJ et al.: Effects of Cattle Feeding Regimen and Soil Management Type on the Fate of Escherichia coli O157:H7 and Salmonella Enterica Serovar Typhimurium in Manure, Manure-Amended Soil, and Lettuce. Appl Environ Microbiol. 2005 Oct; 71(10):6165–6174.

Freudiger U, Flückinger M: Untersuchung auf Hüftgelenksdysplasie in der Schweiz. Kleintierpraxis 1991; 36:391–399.

Futtermittelverordnung 8. April 1981. BGBl I 1981, 352. Neugefasst durch Bek. v. 7.3.2005: 522; zuletzt geändert durch Art. 1 V v. 22. 12. 2005:3707.

Gardner HL, Fenger JM, London CA: Dogs as a Model for Cancer. Annu Rev Anim Biosci. 2016 Feb; 4:199-222.

Goldin BR, Brauner E, Adlercreutz H et al.: Hormonal Response to Diets High in Soy or Animal Protein Without and With Isoflavones in Moderately Hypercholesterolemic Subjects. Nutr. Cancer. 2005; 51(1):1–6.

Goldman AL: Hypervitaminosis A in a cat. J Am Vet Med Assoc. 1992 Jun; 200(12):1970–1972.

Gustafsson P, Kasström H, Olsson S et al.: Skeletal Development and Sexual Maturation in German Shepherds, Greyhounds and Their Crossbreed Offspring. An Investigation with Special Reference to Hip Dysplasia. Acta Radiol Suppl 1972; 319:187–190.

Hadad, R. (n.d.). Raising Organic Chickens, Salmonella, and the Issues of Outdoor Access. U.S. Food and Drug Administration. Retrieved from http://www.fda.gov/ohrms/dockets/

Hamann I, Seidlova-Wuttke D, Wuttke W et al.: Effects of Isoflavonoids and Other Plant-Derived Compounds on the Hypothalamus-Pituitary-Thyroid Hormone axis. Maturitas. 2006 Nov; 55(1):14–25.

Hazewinkel HAW, v.d. Brom W et al.: Influences of Different Calcium Intakes on Calcitropic Hormones on Skeletal Development in Young Growing Dogs. Front Horm Res 1987; 17:221–232.

Hedhammar A, Wu FM, Krook L et al.: Overnutrition and Skeletal Disease. An Experimental study in Growing Great Dane dogs. IX. The Long bones. Cornell Vet. 1974 Apr; 64(2):5:83–114.

Henricson B, Norberg I, Olsson SE: On the Etiology and Pathogenesis of Hip Dysplasia: A Comparative Review. J Small Anim Pract. 1966 Nov; 7(11):673–688.

Hermanussen M, Garcia AP, Sunder M et al.: Obesity, Voracity, and Short Stature: The Impact of Glutamate on the Regulation of Appetite. Eur J Clin Nutr. 2006 Jan; 60(1):25–31.

Hlinak Z, Gandalovicova D, Krejci I: Behavioral Deficits in Adult Rats Treated Neonatally with Glutamate. Neurotoxicol Teratol. 2005 May-Jun; 27(3):465–473.

Hunt GB, Wong J, Kuan S: Liposuction for Removal of Lipomas in 20 Dogs. J Small Anim Pract. 2011 Aug; 52(8):419–25.

Iwai K, Hasegawa T, Taguchi Y et al.: Identification of Food-Derived Collagen Peptides in Human Blood After Oral Ingestion of Gelatin Hydrolysates. J Agric Food Chem. 2005; 53(16):6531–6536.

Jayathilakan K, Sultana K, Radhakrishna K et al.: Utilization of Byproducts and Waste Materials From Meat, Poultry and Fish Processing Industries: A Review. J Food Sci Technol. 2012 Jun; 49(3):278-93.

Joffe DJ, Schlesinger DP: Preliminary Assessment of the Risk of Salmonella Infection in Dogs Fed Raw Chicken Diets. Can Vet J. 2002; 43(6):441–442.

Kanakubo K, Fascetti AJ, Larsen JA: Assessment of Protein and Amino Acid Concentrations and Labeling Adequacy of Commercial Vegetarian Diets Formulated for Dogs and Cats. J Am Vet Med Assoc. 2015 Aug; 247(4):385-92.

Kahl R, Kappus H: Toxicology of the Synthetic Antioxidants BHA and BHT in Comparison With the Natural Antioxidant vitamin E. Z. Lebensm. Unters. Forsch. 1993; 196(4):329–338.

Kallfelz FA, Dzanis DA: Overnutrition: An Epidemic Problem in Pet Animal Practice? Vet Clin North Am Small Anim Pract. 1989; 19(3):433–446.

Kang JH, Kondo F: Determination of Bisphenol A in Canned Pet Foods. Res Vet Sci. 2002 Oct; 73(2):177–82.

Kaufmann R, Frey R, Kasper S: Neue pharmakologische Ansätze in der Therapie. Depression im Alter. Extracta geriatrica 2005; 1:7–10.

Kealy RD, Lawler DF, Ballam JM et al.: Effects of Diet Restriction on Life Span and Age-Related Changes in Dogs. J Am Vet Med Assoc. 2002; 220 (9):1315–1320.

Kealy RD, Lawler DF, Ballam JM et al.: Five-Year Longitudinal Study on Limited Food Consumption and Development of Osteoarthritis in Coxofemoral Joints of Dogs. J Am Vet Med Assoc 1997; 210(2):22–25.

Kienzle E: Gesunde Knochen mit dem Taschenrechner, Wieviel Calcium braucht ein junger Hund? Calciumversorgung von Welpen und Junghunden, leider immer noch ein Thema! Unser Rassehund, Off. Organ des VDH 1997, 3.

Kiss P, Tamas A, Lubics A et al.: Development of Neurological Reflexes and Motor Coordination in Rats Neonatally Treated with Monosodium Glutamate. Neurotox Res. 2005; 8(3–4):235–244.

Kleiveland CR, Olsen Hult LT, Spetalen S et al.: The Noncommensal Bacterium Methylococcus Capsulatus (Bath) Ameliorates Dextran Sulfate (Sodium Salt)-Induced Ulcerative Colitis by Influencing Mechanisms Essential for Maintenance of the Colonic Barrier Function. Appl Environ Microbiol. 2013 Jan; 79(1):48–56.

Kolb E, Seehawer J, Wiegand K: Zum Bedarf an Vitaminen und an Ascorbinsäure beim Hund, mit Bemerkungen zur Publikation von M. Torel, TU 51, 785–790, 1996; Tierärztl. Umschau 1997; 52:728–733.

Latteman D: Einfluss einer Xylanase und von Flavophospholipol allein und in Kombination auf die Leistung, die Verdaulichkeit der Nährstoffe sowie die intestinale Mikroflora bei Legehennen. Tierärztliche Hochschule Hannover und Institut für Tierernährung der Bundesforschungsanstalt in Braunschweig, Hannover 2000.

Lind PM, Johansson S, Ronn M et al.: Subclinical Hypervitaminosis A in Rat: Measurements of Bone Mineral Density (BMD) Do Not Reveal Adverse Skeletal Changes. Chem Biol Interact. 2006; 159(1):73–80.

Loftus JP, Wakshlag JJ: Canine and Feline Obesity: a Review of Pathophysiology, Epidemiology, and Clinical Management. 2014 Dec; Volume 2015(6):49–60.

Maor G, Hochberg Z, von der Mark et al.: Human Growth Hormone Enhances Chondrogenesis and Osteogenesis in a Tissue Culture System of Chondroprogenitor cells. Endocrinology 1989; 125(3):1239–1245.

March SB, Ratnam S: Sorbitol-MacConkey Medium For Detection of Escherichia Coli O157:H7 Associated with Hemorrhagic Colitis. J Clin Microbiol. 1986; 23(5):869–872.

Nguyen P, Dumon H, Martin L et al.: Weight Loss Does Not Influence Energy Expenditure or Leucine Metabolism in Obese Cats. J Nutr 2002; 132(6):1649–1651.

Nilsson O: Hygiene Quality and Presence of ESBL-Producing Escherichia Coli in Raw Food Diets for Dogs. Infect Ecol Epidemiol. 2015 Oct; 5:28758.

Normenkommission für Einzelfuttermittel im Zentralausschuss der Deutschen Landwirtschaft: Positivliste für Einzelfuttermittel. 11. Auflage Berlin, im August 2014. http://www.landwirtschaftskammern.de/pdf/futtermittel-positivliste.pdf (Stand: 19.02.2016).

Norwegian Scientific Committee for Food Safety: Opinion on the Safety of BioProtein® by the Scientific Panel on Animal Feed of the Norwegian Scientific Committee for Food Safety Revised Version Adopted on the 5th of October 2006. http://www.vkm.no/dav/a0782dea9c.pdf (Stand: 19.02.2016).

Opheim M, Lenz Strube M, Sterten H et al.: Atlantic Salmon (Salmo Salar) Protein Hydrolysate in Diets For Weaning Piglets – Effect on Growth Performance, Intestinal Morphometry and Microbiota Composition. Arch Anim Nutr. 2016 Feb; 70(1):44–56.

Øverland M Karlsson A, Mydland LT et al.: Evaluation of Candida Utilis, Kluyveromyces Marxianus and Saccharomyces Cerevisiae Yeasts as Protein Sources in Diets for Atlantic Salmon (Salmo salar). Aquaculture 2013; 402–403:1–7.

Paatsama S, Rokkanen P, Jussila J et al.: Somatotropin, Thyrotropin and Corticotropin Hormone-Induced Changes in the Cartilages and Bones of the Shoulder and Knee Joint in Young Dogs. An Experimental Study Using Histological OTC, Bone Labelling and Microradiographic Methods. J Small Anim Pract. 1971; 12(11):595–601.

Patisaul HB: Phytoestrogen Action in the Adult and Developing Brain. J Neuroendocrinol. 2005; 17(1):57–64.

Patrick JS: Deconstructing the Regulatory Façade: Why Confused Consumers Feed their Pets Ring Dings and Krispy Kremes. Harvard Law School 2006. https://dash.harvard.edu/bitstream/handle/1/10018997/Patrick06.html (Stand: 19.02.2016).

Pierce KR, Bridges CH: The Role of Estrogens in the Pathogenesis of Canine Hip Dysplasia. Metabolism of Exogenous Estrogens. J Small Anim Pract. 1967; 8(7):383–389.

Plechner AJ: Cortisol Abnormality as a Cause of Elevated Estrogen and Immune Destabilization: Insights for Human Medicine From a Veterinary Perspective. Med Hypotheses 2004; 62(4):575–581.

Pollack W: Elimination of Common Diseases in Dogs and Cats Trough Diet alone. Fairfield Animal Hospital 2003 http://www.healthyvet.com/documents/PDF/Elimination_of_Common_Diseases.pdf (Stand 19.02.2016).

Pratt AG, Norris ER, Kaufmann M: Peripheral Vascular Disease and Depression. J Vasc Nurs. 2005 Dec; 23(4):123–127.

Prusiner SB: Detecting Mad Cow Disease. Sci Am. 2004 Jul; 291(1):86–93.

Raila J, Schweigert FJ: Physiologische Besonderheiten im Vitamin-A-Stoffwechsel von Karnivoren. Tierärztl. Praxis 2002; 30(K):1–7.

Re S, Zanoletti M, Emanuele E: Aggressive Dogs Are Characterized by Low Omega-3 Polyunsaturated Fatty Acid Status. Vet Res Commun. 2008 Mar; 32(3):225–30.

Reinstein S, Fox JT, Shi X, Alam MJ, Renter DG, Nagaraja TG: Prevalence of Escherichia coli O157:H7 in Organically and Naturally Raised Beef Cattle. Appl Environ Microbiol. 2009 Aug; 75(16):5421–3.

Reinle K, Block G: Phytoestrogen Content of Foods. A Compendium of Literature Values. Nutrition and Cancer. 1996; 26:2.

Reinwald S, Weaver CM: Soy Isoflavones and Bone Health: A Double-Edged Sword? J Nat Prod. 2006 Mar; 69(3):450–459.

Ritzmann M, Heinritzi K: Klinisches Bild, Diagnostik und Differenzialdiagnostik der Glässer'schen Krankheit. Tierarztl. Prax. 2005; 33(G): 61–64.

Robert Koch-Institut: Risikofaktoren für sporadische STEC(EHEC)-Erkrankungen. Ergebnisse einer bundesweiten Fall-Kontroll-Studie. Epidemiologisches Bulletin 2004 Dez; 433–444.

Rothgerber H: A meaty matter. Pet Diet and The Vegetarian's dilemma. Appetite. 2013 Sep; 68:76–82.

Rothgerber H: Underlying Differences Between Conscientious Omnivores and Vegetarians in the Evaluation of Meat and Animals. Appetite. 2015 Apr; 87:251–8.

Roudebush P: Pet Food Additives. J Am Vet Med Assoc. 1993 Dec; 203(12): 1667–1670.

Sasaki K, Tatsuno T, Nomura T et al.: [Performance Study of Analytical Method for Ethoxyquin in Fruit]. Shokuhin Eiseigaku Zasshi. 2002 Dec; 43(6): 366–370.

Schecter A, Malik N, Haffner D et al.: Bisphenol A (BPA) in U.S. Food – Environmental Science & Technology (ACS Publications). Environ. Sci. Technol., 2010; 44(24):9425–9430.

Schnelle GB: Some new diseases in dogs. Am Kennel Gazette. 1935; 52: 25–26.

Seabolt BS, van Heugten E, Kim SW, Ange-van Heugten KD, Roura E: Feed Preferences and Performance of Nursery Pigs Fed Diets Containing Various Inclusion Amounts and Qualities of Distillers Coproducts and Flavor. J Anim Sci. 2010 Nov; 88(11):3725–38.

Selvaraj V, Bunick D, Finnigan-Bunick C et al.: Gene Expression Profiling of 17Beta-Estradiol and Genistein Effects on Mouse Thymus. Toxicol Sci. 2005, Sep; 87(1):97–112.

Shannon LM, Boyko RH: Genetic Structure in Village Dogs Reveals a Central

Asian Domestication Origin. Proc Natl Acad Sci U S A. 2015 Nov 3; 112 (44):13639-44.

Shen YB, Carroll JA, Yoon I, Mateo RD, Kim SW: Effects of Supplementing Saccharomyces Cerevisiae Fermentation Product in Sow Diets on Performance of Sows and Nursing Piglets. J Anim Sci. 2011 Aug; 89(8):2462-71.

Siewert F: Entwicklung der Ernährungsforschung bei der Katze (bis 1975). Dissertation. Tierärztliche Hochschule Hannover 2003 http://elib.tiho-hannover.de/dissertations/siewertf_ws03.pdf (Stand 19.02.2016).

Skrede A, Ahlstrøm Ø: Bacterial Protein Produced on Natural Gas: A New Potential Feed Ingredient for Dogs Evaluated Using the Blue Fox as a Model. J Nutr. 2002 Jun; 132(6 Suppl 2):1668-9.

Średnicka-Tober D, Barański M, Seal C: Composition Differences Between Organic and Conventional Meat: A Systematic Literature Review and Meta-Analysis. Br J Nutr. 2016 Feb; 16:1-18.

The National Workgroup for Safe Markets: No silver lining. 2010. http://www.foodpolitics.com/wp-content/uploads/No-Silver-Lining_10.pdf (Stand: 19.02.2016).

Vigne J-D, Evin A, Cucchi T, Dai L, Yu C, Hu S, et al. (2016): Earliest »Domestic« Cats in China Identified as Leopard Cat *(Prionailurus bengalensis)*. PLoS ONE 11(1): e0147295. doi:10.1371/journal.pone.0147295

Weese JS, Rousseau J, Arroyo L: Bacteriological Evaluation of Commercial Canine and Feline Raw Diets. Can Vet J. 2005 Jun; 46(6):513-516.

Willis CM, Church SM, Guest CM, Cook WA, McCarthy N, Bransbury AJ, Church MR, Church JC: Olfactory Detection of Human Bladder Cancer by Dogs: Proof of Principle Study. BMJ. 2004 Sep; 329(7468):712.

Woodworth JC, Goodband RD, Nelssen JL: Added Dietary Pyridoxine, But Not Thiamin, Improves Weanling Pig Growth Performance. J ANIM SCI 2000; 78:88-93.

Wozniak B, Minta M, Stypula-Trebas S, Radko L, Zmudzki J: Evaluation of Estrogenic Activity in Animal Diets Using in Vitro Assay. Toxicol In Vitro. 2014 Feb; 28(1):70-5.

Yellayi S, Naaz A, Szewczykowski MA et al.: The Phytoestrogen Genistein Induces Thymic and Immune Changes: A Human Health Concern? Proc Natl Acad Sci USA. 2002 May 28; 99(11):7616-21.

Yellayi S, Zakroczymski MA, Selvaraj V et al.: The Phytoestrogen Genistein Suppresses Cell-Mediated Immunity in Mice. J Endocrinol. 2003 Feb; 176 (2): 267-274.

Zentek J, Fricke S, Hewicker-Trautwein M et al.: Dietary Protein Source and Manufacturing Processes Affect Macronutrient Digestibility, Fecal Consistency, and Presence of Fecal Clostridium Perfringens in Adult Dogs. J Nutr. 2004 Aug; 134(8 Suppl):2158-2161.

Zentek J, Hall EJ, German A et al.: Morphology and Immunopathology of the Small and Large Intestine in Dogs with Nonspecific Dietary Sensitivity. J Nutr. 2002 Jun; 132(6 Suppl 2):1652–1654.

Zentek J, Kaufmann D, Pietrzak T: Digestibility and Effects on Fecal Quality of Mixed Diets with Various Hydrocolloid and Water Contents in Three Breeds of Dogs. J Nutr. 2002 Jun; 132(6 Suppl 2):1679–1681.

Zentek J: HD – eine fütterungsbedingte Erkrankung? Der Hund 1997. 10, 11.

Quellenhinweis

Verwendet wurden auch folgende Zeitschriften und Zeitungen: *Frankfurter Allgemeine Zeitung, die tageszeitung, Neue Zürcher Zeitung, Süddeutsche Zeitung, New York Times, Stern, Der Spiegel, Die Welt, Die Zeit, New Scientist.*

Register

Abdeckerei 26 f., 84, 90, 117
Aflatoxine 31, 226 ff.
Agravis 215
Agrimerica 205
Aldi 32, 223, 289 f.
Alfred C. Toepfer 123 f.
Allergie 52, 57 f.,
Animal Aid 72
Antibiotikaresistenz 45, 254 f.
Antioxidantien 161, 199, 201, 211
Arbeitsgemeinschaft für Wirkstoffe in der Tierernährung 215
Archer Daniels Midland (ADM) 123
Aroma 33, 157 f., 202–212
Aspergillus flavus/niger 31, 226, 257 f.
Austria Wirtschaftsservice Gesellschaft (aws) 188
Azofarbstoffe 199 f.

Badenhop 15, 17
BASF 130, 215, 257 f.
Basko, Ihor 43
Bayer 108, 123, 169, 177 ff., 187
Bayerisches Landesamt für Gesundheit und Lebensmittelsicherheit (LGL) 226 ff., 237
Becker, Nicola 47

Belgien 127–146
Bell Flavors & Fragrances 203, 206
Berberovic, Faruk 78
Big Dutchman 235
Bigarol 203 f.
Bigazzi, Beppe 69
Billinghurst, Ian 280
Binal, Irene 53
Bioprotein 260, 262 ff.
Biotechnologie 244 f., 255 ff.
Bismarck, Otto von 74
Bisphenol A (BPA) 162, 165 f., 170
Bisphenol A Toxicology Task Force (BATTF) 170
Blähungen 160
Blake, John P. 98
Blumberg, Bruce 166 f.
Bockstahler, Barbara 186
Boehringer Ingelheim 184, 187
Born Again Raw Feeders (Barf) 278 ff., 284
Bovine spongiforme Enzephalopathie (BSE) 18, 89, 91, 128, 137 f., 205, 221 f., 224 f.
Brito, Edgard M. 110
Brustimplantat 145
Bühmann, Matthias 234
Bundesamt für Verbraucherschutz und Lebensmittelsicherheit (BVL) 255

Bundesinstitut für Risikobewertung (BfR) 228 f.
Bundesverband Praktizierender Tierärzte (BPT) 178
Bundesverband Tiergesundheit 187

Calysta 264
Campbell (Firma) 106
Campbell, William E. 56
Campina 144, 250 f.
Campylobacter 230 f., 254
Center for Veterinary Medicine (CVM) 94
Champion Petfoods 277 f.
ChemNutra 88
Chiemgauer Naturfleisch 241
Chrom 161, 215
Clenbuterol 167 f.
Clostridium botulinum 16
Cochrane Collaboration 214
Coele, Peter 92 f.
Colgate Palmolive 180 f., 189
Colla, Marcel 126
Corcoran, Bianca 109
Cornell-Universität 239
Corona, Jesus 168
Costa, Olga 95

Danisco 205, 207
Dansk Bioprotein A/S 260, 264
Darling Ingredients 26, 117
De Brabander 143 f.
Dehaene, Jean-Luc 139
Del Monte 85, 87
Denghui, Ji 87
Deoxynivalenol (DON) 31 f.
Destrickere, André 144

Deutsche Gesellschaft für Krankenhaushygiene (DGKH) 238
Deutscher Olympischer Sportbund (DOSB) 167
Deutscher Schäferhund 75 ff.
Diabetes 58 ff., 140, 155, 157
Diamond Pet Foods 31
Dierickx N.V. 138
Dioxin 124 ff., 129–133, 138–144, 146 f.
Dirnhofer, Miranda 173
Dobermann, Karl Friedrich Louis 75
Dodds, W. Jean 159
Dog Beauty Lounge 110
Dogdance 111
Doping 136, 165, 167 f.
Draap Trading 133 f.
Dragoco 202
Dried Poultry Waste (DPW) 97
DSM 215
DSM Nutritional Products 257
DuPont 207, 260
Dutroux, Marc 128, 135
Dvořak, Jiří 168

E. coli siehe Escherichia coli
Edtstadtler-Pietsch, Gertrude 49
Effem 10
Ehec siehe Escherichia coli
Eichelberg, Helga 43
El Boushy, Adel 97 f.
Elanco 108, 187, 202
Eli Lilly 55, 187
Ellevset, Jan 260

Enterococcus faecium 253 f., 278
Enzyme 252, 255 ff.
Eon 116
Epilepsie 212
Erdgas 28 f., 242, 245 f., 258–266, 271
Escherichia coli (E. coli/Ehec) 45, 205, 220 ff., 231 ff., 236–241, 257, 284
Ethoxyquin 193–197, 201
Eukanuba 32, 58 f., 118, 176, 183, 185, 188, 197
Europäische Agentur für Lebensmittelsicherheit (Efsa) 100, 195, 225, 227, 253, 255, 258, 260, 265
European Society of Veterinary and Comparative Nutrition (ESVCN) 189
Ewering, Cornelia 47

Fäkalbakterien 253
Fasen, Jan 133
Federation of European Companion Animal Veterinary Associations (FECAVA) 172, 177
FeedKind 264
Fernando Corral e Hijos S.L. 95 f.
Fleisch, rohes 283 ff.
Food and Drug Administration (FDA) 31, 85 f., 94, 161, 195, 283, 285
Foodwatch 251
Fox, Michael W. 39, 41, 50 ff., 181, 200

Fressnapf (Firma) 120 f.
Friedrich der Große, König von Preußen 72 f.
Fujian Sanming Dinghui Chemical Company 87
Functional Food 274
Futter, Suche nach besserem 267–291
Futtermittelzusatzstoffe 193–218

Gamma, Richard 169
Gebhardt, Heiko 281
Gentechnik 243 f., 246–252, 256 ff.
Gepro Geflügel-Protein Vertriebs-GmbH & Co. KG 202
Geschlechtsumwandlung 164
Geschmack 21, 33, 91 f., 157 f., 190, 201–211, 271
Gesellschaft Forschung für das Pferd 192
Gimborn 109
Gimpet 121
Glutamat 50, 150, 157 f., 210 ff.
Goitrogene 159
Gradlyn 78
Graf Barf 278
Grau (Firma) 275
Greenpeace 149, 250 f.
Greif, Gerhard 187 f.
Grewe, Barbara 14, 34
Grolm, Michael 247
GSF-Forschungszentrum für Umwelt und Gesundheit 237
Guillain-Barré-Syndrom 231, 254

Haarmann & Reimer 202, 208
Halsband, Ulrike 78
Hamburger-Krankheit 220
Hammerschmid, Sonja 188
Hämolytisch-urämische Syndrom (HUS) 236
Handelshof 233
Hansenula polymorpha 257
Hansmeier 91
Harles und Jentzsch 141 f.
Harnwege 50 f.
Harvard School of Public Health 166
Haucke, Gert 281
Haustier 62–81
– Branchenumsätze 106 ff., 122
– als Futter 93 ff.
Hauswirth, Christa 274
Hayali, Dunja 79
Hefeextrakt 150, 157 f., 212
Henrik, Prinz von Dänemark 71
Hentges, Steven 169
Heristo 138
Hermanussen, Michael 211
Herodot 76
Herzog, Hal 69
Heubuch, Maria 225 f.
High-Tech 243–266
Hill, Richard C. 187 f.
Hill's 21 f., 32 f., 48, 87, 93, 106, 158, 177, 179–183, 189, 200, 211, 213, 276, 282 f.
Himmler, Heinrich 76
Hindenburg, Paul von 76
Hissting, Alexander 250
Hitler, Adolf 76
Hoden-Implantat 110
Hodgkins, Elisabeth 39, 49, 208

Hof, Christina 206
Hoffmann-La Roche 129, 215
Hormon-Chemikalien 148–170
Hormone 161–169
Hormonmafia 136 ff.
Hüftgelenksdysplasie 39 f., 163 f., 217
Hund 65 f., 69–79, 81
–, Kriegs- 76 f.
– als Speise 62 ff., 69 ff.
–, Vermenschlichung des 72 f., 112
– Zucht 73 ff.
Hundetagesstätte/-hotel 111

Iams Company 121, 161, 176, 178, 183, 185, 188, 215
Iben, Christine 186
ICI 259
Inglis, Joe 57
Insulin 155 ff., 165 f.
Islamischer Staat 128

Jones, Mason 232
Jung, Christoph 77

Kaminski, Juliane 78
Kammerer, Klaus Dieter 40
Karch, Helge 238
Karolinska Institut 215
Katze 66 ff., 79 ff.
– Kohlenhydrate 155 ff.
– als Speise 68 f.
Katzencafé 107
Kaufland 232 f.
Kehrenberg, Corinna 187
Keime 219–242
Kienzle, Ellen 48, 191 f., 287

Register

Kirchgeßner, Manfred 198, 225
Klärschlamm 26, 88, 114, 132
Knochen 280 ff., 284
Knoevenagel, Heinrich Emil Albert 196
Knopp, Nadja 111
Kohlenhydrat 32, 57, 80 f., 150, 155 ff.
Koko von Knebel 110
Kollagen 166, 280
Kot als Futter 97 ff.
Krankheiten 11 ff., 28 ff., 34–61, 85 f., 103 f., 139 f., 151, 155, 212, 219–242, 254, 260 f.
Krebs 38 f., 43 ff., 70, 140, 193, 201
Kreil, Wolfgang 185 f.
Krieger, Heidi/Andreas 164 f.

La Clair, James 148
Landesverband für Tierkörperbeseitigung und Schlachtnebenproduktverwertung (LTS) 19
Lankenfeld, Helmar 40
Layne, Eileen 93
Leugner, Silvia 172 ff., 176 f., 188 f.
Levey, Richard 148
Lidl 121, 138, 223, 232, 290
Liebhardt, Nadine 213
Lipton 106
Loftus, John P. 154
Lohmann Animal Health 108, 187, 189, 202, 206, 215
Luans, Noel 110
Lucido, Frank 29 f.
Ludendorff, Erich 75

Mackenzie, Debora 98
Maculan, Fausto 69
Mais 31, 227 ff., 239, 243 f., 246 f., 250 f., 255 f.
Mann, Thomas 72
Marin, Manuel 168
Mars 9 f., 20, 23, 47 f., 96, 106, 121 f., 172, 183, 187 f., 213, 265
Mars, Forrest senior 10
Martin, Ann N. 41, 285
Mas, Claude 145
Massa, Hubert 135
Mast 50, 153 f., 156, 167, 206, 212, 217
Masterfoods 10, 21
McDonald's 220, 251
Mech, David 279
Meier, Friedrich 15 ff., 21
Melamin 87 f.
Menarini Diagnostics 177
Menu Foods 87 f., 161
Merrick Pet Care 20
Methionin 214 f.
Milchaustauscher 222, 224 f.
Miller, Gregg A. 110
Millstream Power Recycling 141
Mineralstoffe 40 f., 194, 213, 216 f., 283 f.
Mintel 277
Missbildung 193
Moksel 114
Monsanto 130, 195 f., 243 f., 246, 251
Morris Animal Foundation 43
MRSA-Keime 254 f.
Mück, Susanne 284

Müller-Milch 251
Müllverwertung 82–101

N.V. Verkest 126
Nardelli, Denise 111
National Canine Cancer Foundation 43
National Research Council 181
Nationale Anti-Doping Agentur (Nada) 167
Nationales Institut für Tierwissenschaften Foulum 207
Nationales Veterinärinstitut Schweden 284
Natuphos 257 f.
Nature's Recipe 31
Nestlé 10, 23, 121, 209
Nestlé Purina 10, 25, 29 ff., 85, 87, 93, 100, 102, 105 ff., 178 f., 182, 189, 246, 248 f., 275 f.
Neurotoxin 16
Neuticles 110
Nolte, Detlev 80, 109
Noppen, Flor van 137
Noppen, Karel van 136 f.
Norddeutsche Fleischzentrale 114
Norferm 260
Novartis 108, 174, 177, 187
Novus 196

Ochratoxin A 32
Olney, John 212
Omega-3-Fette 57, 223, 265, 272 ff.
Osteoporose 162, 215 f.
Ostermann, Willi 68

Österreichische Gesellschaft der TierärztInnen (ÖGT) 185
Øverland, Margareth 265 f.
Ovtcharov, Dimitrij 168

Pansen-Express 281
Pape, Constanze 54
Parry, Vivienne 154
PDSA 46
Pedersen, Ib Borup 250
Pentobarbital 94
Pet Food Institute (PFI) 106, 181 f.
Pet Interiors 109
Peta 160, 287
PetConnection 86
Petry, Philip 98
Pevenage, Rudy 136
Pferdefleisch 105, 128, 133 f.
Pfizer 54
Phthalate 162, 166
Phytase 257
Phytoöstrogene 158 ff.
Ploog, Peter 290 f.
Poel, Antionius van der 97 f.
Poly Implant Prothèse (PIP) 145
Pommersche Fleischwaren Anklam 114
Pothmann, Harald 185
Prinxten, Karel 126
Probiotika 254
Profat 125 ff., 145
Psychopharmaka 53 f.
Puls, Christoph 109
Pyle, Mike 110

Register

Raiffeisen 122 ff., 215, 235, 241
Ramsleben, Wolfgang 40
Range, Friederike 186
Reiter, Thomas 241
Rendac 26, 82 f., 88–93, 114 ff., 131 ff.
Research Council Committee on Animal Nutrition 187
Rethmann-Gruppe 132
Rheingold Institut 79
Richter Pharma AG 178
Riepe, Thomas 79
Rinti 290
Robert Koch-Institut 233
Rothgerber, Hank 285 f.
Rovabio 255 f.
Royal Canin 56, 58, 93, 100, 102, 106, 119, 159, 172–179, 182, 185 f., 188 f., 215, 276
Rudolph, Lauren Beth 219 f., 231
Rudolph, Michael 219
Rudolph, Roni 219 f.

Saal, Frederick vom 165
Safewastes (Müll-Recycling-Projekt) 24
Saga, Manfred 138
Salmonellen 226, 230, 284 f.
Salocin 252
Salzman, Bill 30
Santoquin 196
Saria 132
Savolainen, Peter 69
Schilddrüse 159, 162, 164, 201, 282
Schimmelpilze 29, 31 f., 226–230, 257 f.
Schindler, Peter 237
Schlachtnebenprodukte 17, 23, 282
Schönheitsoperation 110
Schrader, Dirk 28, 35–39, 163, 184, 191
Schrader, Rudi 37 f.
Seabolt, Brynn S. 209
Seveso 129 f., 144
Shannon, Laura M. 66
Shaw, Alan 265
Shell 259
Shiga-Toxin 236
Siewert, Frauke 180 f., 191
Silbermayr, Katja 186
Simopoulos, Artemis P. 273
Skandale 14, 18 f., 86 ff., 92, 124–147
– Brustimplantate 145
– BSE 18, 137 f., 205, 221 f., 224 f.
– Dioxin 124 ff., 129–133, 138–144, 146 f.
– Ehec 45, 205, 220 ff., 231 ff., 236–241, 257, 284
– Hormone 136 ff.
– Pferdefleisch 128, 133 f.
– Schimmelpilz 29, 31 f., 226–230, 257 f.
Skeletterkrankungen 39, 162 f.
Smart, Marion E. 39
Smith, Alyn 96
Soja 122, 150, 158 ff., 227, 244, 248 f., 255 f.
Solid Gold 276
Sonac 114–118
Spangenberg, Rolf 52
Sparwasser, Friedrich 75

Sponsoren 171–192
Spratt, James 104 f.
Statoil 259 f.
Stengers, Isabelle 137
Stephanitz, Max von 75 f.
Stiftung Warentest 22, 31 ff., 216, 248 f., 286
Stockmeyer 137 f.
Stoll, Andrew 273
Strand, Kurt 260
Studer, Theophil 74
Südfleisch 114
Symrise 202, 208

Taurin 80, 282, 287
Tengelmann 138
Tessenderlo Chemie 131
Tierarzt 171–179, 182
Tierärztliche Hochschule (TiHo) Hannover 53, 186 ff.
Tierkörperbeseitigung 25 ff., 83 ff., 90, 94 f., 103, 113 f., 117, 132
Tierkrematorium 12
Tierkrematorium Kirchberg 179
Tiermehl 91 ff., 95, 118, 132 f., 205, 222, 224
Toeller, Torsten 120
Tributylzinn (TBT) 166 f.
Tripp, Debbie 279
Trockenfutter 29, 32 f., 50 f., 80 f., 105, 155 f., 189 ff., 202 f., 205
Trockenkauartikel 85
Turner, Dennis C. 53

Übergewicht 46–50, 150–155, 158, 166, 208, 214, 218

Ullrich, Jan 136
United Kingdom Raw Meaty Bones (ukrmb) 281
Universität Zürich 44, 53
Upgrading 84 f., 88, 101

V.I.Pets 109
Van Larebeke, Nik 140
Vanderstappen, Guido 133
Vattenfall 266
Veganer 238, 269 f., 285 ff.
Vegetarier 285 ff.
Velden, Geert van der 102, 113, 115 f.
Verband der Chemischen Industrie (VCI) 169 f.
Verband für das Deutsche Hundewesen (VDH) 108
Verdauungstrakt 50 ff.
Verein für Deutsche Schäferhunde 75
Verein Schweizerische Tierärztetage 179
Vereinigung Österreichischer Kleintiermediziner (VÖK) 171 f., 176 ff.
Vereinten Nationen 99
Verhaltensstörung 52–57, 212
Verhofstadt, Guy 135
Verkest, Jan 125 ff., 130 f., 140, 142, 144 ff.
Veterinärmedizinische Universität Wien (Vetmeduni Vienna, VUW) 24, 44, 53, 172 ff., 182, 184, 186, 188 f.
VGH-Versicherungen 234
Vigne, Jean-Denis 67

Vion 26, 113 f., 133
Vitamine 33, 40 f., 150, 194, 197, 213–217, 252, 282 ff.
Vitenskapskomiteen for mattrygget (VKM) 260
Vomitoxin 32

Wakshlag, Joseph J. 154
Wal-Mart 31
Waltham 178, 183, 185, 187, 265
Weber, Frank 58
Weiß, Marco 253 f.
Welternährungsorganisation (FAO) 99, 226
Weltgesundheitsorganisation (WHO) 162, 226, 236 f.
Wensley, Sean 46 f.
Werbung/Wahrheit 9–34
Werfft-Alvetra 178

Wesjohann, Doris 187
Wiesenhof 187
Wilks, Ken 20
Wolf 64 ff., 69, 74, 81, 270
Wolfschmidt, Matthias 251
Woodworth, Jason C. 214
World Small Animals Veterinary Association (WSAVA) 179
Wowbow 110

Zearalenon (ZEA) 31 f.
Zellweger, Edith 62 ff., 269, 285
Zentek, Jürgen 188 ff., 284
Ziegler, Jutta 39, 54–60, 175, 217, 268, 282, 288
Zimen, Erik 73
Zimmermann, Romina 212
Zoetis 108
Zucker 150, 155 f., 200

Hans-Ulrich Grimm

Die Fleischlüge

Wie uns die Tierindustrie krank macht

Was alles schiefläuft zwischen Stall und Pfanne

Fleisch ist reich an Eiweiß, Mineralien und anderen wertvollen Bestandteilen. Vergleichbares gilt für Milch, Eier und Fisch. Doch zu viel davon schadet. Herzkrankheiten, Krebs, Alzheimer und Diabetes sind nur einige der Gesundheitsfolgen. Und nicht nur die Mengen an tierischen Lebensmitteln, die wir verzehren, sind ein Problem. Denn der überwiegende Teil unserer Nahrungsmittel stammt aus industrieller Erzeugung: Auf Leistung gezüchtete Rassen, aufgezogen mit chemisch angereichertem Futter, routinemäßig mit Medikamenten behandelt, liefern Lebensmittel von bedenklicher Qualität.

Hans Ulrich Grimm prangert die ökologisch und ethisch himmelschreienden Machenschaften der Tierindustrie an und plädiert für mehr Respekt vor dem Tier – und einen reduzierten und genussfreudigen Umgang mit Fleisch, Fisch und Co.

Hans-Ulrich Grimm

Chemie im Essen

Lebensmittel-Zusatzstoffe. Wie sie wirken, warum sie schaden

Die Nahrungsindustrie braucht Chemie.
Der Mensch nicht. Ihn macht sie krank.

»Wer nach Lektüre des Buches seinen Kindern immer noch Limonade und Gummibärchen kauft, dem ist nicht zu helfen; und wer noch an die deutsche Vorreiterrolle bei der Lebensmittelkontrolle glaubt, verdankt seinen Patriotismus einer Augenkrankheit.«

Die Zeit

»Dem Autor Hans Ulrich Grimm kommt das Verdienst zu, die Gefahren von Zusatzstoffen im Essen hartnäckig auszuleuchten. Er dokumentiert eindringlich, wie Verbraucher und besonders Kinder durch den sorglosen Umgang mit Zusatzstoffen und das Wegschauen der Politik gefährdet werden.«

Foodwatch